普通高等教育电气工程与自动化类系列教材

现场总线及工业控制网络

汤旻安　邱建东　汤自安　令晓明　编著

本书配有教学课件
和习题答案

机械工业出版社

本书以现场总线及控制网络技术为基线，阐述现场总线、计算机网络与控制网络的基本知识，突出控制网络技术的特点与优势。在追踪国内外该领域理论与技术发展的基础上，阐述几种典型现场总线的相关理论知识，深入描述其各自的技术特点、通信控制芯片、接口电路以及控制网络的设计与应用等方面的内容；重点介绍了串行通信、LonWorks、FF、PROFIBUS、CAN、AS-i以及工业以太网控制网络与现场总线系统技术，并介绍了控制网络系统的集成技术以及工业数据交换中的OPC技术。

本书主要是为了满足当前高等学校自动化、电气工程以及机械电子类等相关专业本科高年级学生、研究生的教学需要，也可作为控制网络系统设计与工程技术人员的培训教材及参考资料。

本书配有电子课件和习题答案，欢迎选用本书作教材的教师登录www.cmpedu.com注册下载，或发jinacmp@vip.163.com索取。

图书在版编目（CIP）数据

现场总线及工业控制网络/汤旻安等编著. —北京：机械工业出版社，2018.6（2023.12重印）
普通高等教育电气工程与自动化类系列教材
ISBN 978-7-111-59259-4

Ⅰ.①现… Ⅱ.①汤… Ⅲ.①总线-高等学校-教材
②工业控制系统-高等学校-教材 Ⅳ.①TP336②TP273

中国版本图书馆CIP数据核字（2018）第038418号

机械工业出版社（北京市百万庄大街22号 邮政编码100037）
策划编辑：吉 玲 责任编辑：吉 玲 周金峰 王 荣 刘丽敏
责任校对：张 薇 封面设计：鞠 杨
责任印制：郜 敏
中煤（北京）印务有限公司印刷
2023年12月第1版第10次印刷
184mm×260mm·16印张·385千字
标准书号：ISBN 978-7-111-59259-4
定价：45.00元

电话服务　　　　　　　　　　　网络服务
客服电话：010-88361066　　　机 工 官 网：www.cmpbook.com
　　　　　010-88379833　　　机 工 官 博：weibo.com/cmp1952
　　　　　010-68326294　　　金 书 网：www.golden-book.com
封底无防伪标均为盗版　　　机工教育服务网：www.cmpedu.com

前 言 PREFACE

现场总线及控制网络技术是计算机控制系统和现代控制工程应用系统的一个重要硬件组成部分和软件技术实现的基础平台。经过近 30 年的迅速发展，在国际标准化组织和诸多世界知名公司的共同推动下，现场总线及控制网络技术已经形成了明晰的理论技术体系和相对成熟的应用与设计方法。随着计算机技术和网络技术的发展，现场总线及控制网络技术在实践中被越来越广泛地应用，而且它的性能也在逐步地充实和提高，在高等级控制工程应用中表现出了卓越的性能和无与伦比的优越性。

本书是在编者为本科生开设的"工业控制网络技术"课程和研究生"控制网络与现场总线""控制网络与现场总线工程应用"课程讲义的基础上编写而成的。全书分为 10 章，第 1 章概述现场总线和控制网络的基本情况，第 2 章阐述数据通信与控制网络的基础知识，第 3 章讨论通用串行端口的数据通信，第 4 章讲述 LonWorks 控制网络，第 5 章具体讲述 FF 技术，第 6 章讲述 PROFIBUS 总线技术，第 7 章介绍 CAN 总线技术，第 8 章介绍 AS-i 总线技术，第 9 章讲述工业以太网技术，第 10 章讲述控制网络集成与 OPC 技术。其中，第 2、4、6、10 章由汤旻安编写；第 3、9 章由邱建东编写；第 5、7 章由汤自安编写；第 1、8 章由令晓明编写。第 1~3 章是基础知识部分；第 4~9 章针对目前几种流行的现场总线技术做了详细的介绍，在部分章节的最后增加了实验内容，目的是使读者能够更好地掌握相关内容，加强实际应用能力和实践能力。同时，为了便于教学工作的展开，每章的最后还附加了习题部分，这些内容可供不同读者选择使用。

兰州交通大学陈小强教授欣然接受了审阅本书稿的邀请，阅后又提出了宝贵的修改意见，作者在此表达诚挚的感谢。作者还要感谢本书的参考文献中所列的专家和学者，他们的专著和工程实践资料为现场总线及控制网络技术的发展做出了巨大的贡献，也为本书的编写打下了基础。

本书在编写过程中，得到了兰州交通大学米根锁教授、董海鹰教授及诸多老师的大力支持，王茜茜、刘赞科、李滢、谷宝慧、郑悦校对了全部的书稿，机械工业出版社的吉玲编辑对本书的早日出版做了大量的工作，对他们的支持和帮助，作者深表谢意。

作者试图全力写好此书，但由于学识水平有限，书中难免存在不足甚至错误，恳请有关专家和读者指正和赐教，以便将来有机会再版时改进、修正和提高。反馈信息可通过电子邮件送达，邮箱为 tangminan@ mail. lzjtu. cn。同时，通过该邮箱，读者可以索取本书的多媒体电子课件。

编　者

目 录 CONTENTS

第1章

概　述

1.1　现场总线与控制网络简介

1.1.1　现场总线

1. 现场总线的定义

在工业数据通信领域，总线是指由导线组成的传输线束，连接多个传感器和执行器，实现各部件之间传送信息的公共通信干线。导线介质可以是有线介质，也可以是无线介质。总线上除了传输测量控制的数值外，还可传输设备状态、参数调整和故障诊断等信息。由于串行通信具有通信方便、经济和安装简便的优点，因此，节点众多的工业数据通信系统一般都采用串行通信方式。

现场总线是当今自动化技术发展的热点之一，被称为自动化领域的计算机局域网。现场总线的出现，标志着自动化技术跨入了一个新的时代，对该领域的技术发展产生了重要的影响。过去对现场总线有很多种不同的定义，国际电工技术委员会（International Electrotechnical Commission，IEC）在 IEC 61158 中给现场总线的定义是：安装在制造或过程区域的现场装置与控制室内的自动控制装置之间的数字式、串行、多点通信的数据总线。可以认为它是关于现场总线的标准定义。

在该定义中，首先说明了它的主要使用场合，即制造业自动化、批量流程控制、过程控制等领域；其次说明了系统中的主要角色是现场的自动装置和控制室内的智能化自动控制装置；第三点说明它是一种数据总线技术，即一种通信协议，而且该通信是数字式、串行、多节点的。这三点结合起来描述了现场总线技术中最实质性的内容。

2. 现场总线的分类

一般在工业生产过程中，除了计算机及其外围设备，还存在大量检测工艺参数数值与状态的变送器和控制生产过程的控制设备。这些设备的各功能单元之间、设备与设备之间以及这些设备与计算机之间遵照通信协议，利用数据传输技术传递数据信息的过程，称为工业数据通信。工业数据通信系统的规模从简单到复杂，从两三个数据节点到成千上万台设备，各类应用俱全。

在工业数据通信领域中，人们通常按数据通信帧的长短，把数据传输总线分为传感器总线、设备总线和现场总线。传感器总线属于数据位级的总线，其通信帧的长短只有几个或十几个数据位，如后续章节要介绍的 AS-i（Actuator Sensor Interface）总线。设备总线属于字节级的总线，其通信帧的长度一般为几个到几十个字节，如后续章节要介绍的 CAN（Controller Area Network）总线。而现场总线则属于数据块级的总线，它所传输的数据块长度可达几百个字节，当要传输的数据块更长时，可支持打包分批传送。但现场总线中传输的与控制直接相关的数据帧的长度一般也只有几个到几十个字节，例如后续章节要介绍的 Foundation Fieldbus、PROFIBUS 等都属于典型的现场总线。通常，习惯上把以上几种数据长度不一的总线统称为现场总线。

3. 现场总线的核心及基础

现场总线的核心是总线协议。虽然目前现场总线协议并不统一，但是对于各种总线，协议的基本原理都是一样的，都是为了实现串行双向数字化通信。每一种总线协议，只要其协议已经确定，则包括通信速度、节点容量、各系统相关的网关、网桥、体系结构、现场智能仪表及网络供电方式等在内的相关的关键技术和软硬件设备也都会确定。由于现场总线是众多仪表之间的接口，在实际应用过程中也希望现场总线满足可互操作性的要求。因此，对于一个开放的现场总线而言，一个标准化的总线协议尤为重要，可以说标准化的总线协议是现场总线的核心。

现场总线的基础是现场总线仪表，或称为智能现场设备。现场总线技术的发展带来了总线仪表在通信及检测控制功能上的革新，微电子技术的发展也为仪表的智能发展带来了技术支撑。智能仪表采用超大规模集成电路设计，利用嵌入式软件协调内部操作，在完成输入信号的非线性补偿、温度补偿、故障诊断的基础上，还可完成对工业过程的控制，使控制系统的功能进一步分散，同时还可以保障数据处理的质量，提高系统的抗干扰性能。

现场智能仪表使传感器由单一功能、单一检测向多功能和多变量检测发展，由被动信号转换向主动控制转变和主动进行信息处理的方向发展，且数据处理具有较高的线性度和较低的漂移，使传感器由孤立的元件向系统化、网络化方向发展，降低了系统的复杂性，简化了系统结构。正是由于现场仪表智能化的发展和改善，它已经成为现场总线控制系统有力的硬件支撑，是现场总线控制系统的基础。

目前，现场仪表包括多类工业产品，如过程量类的压力、温度、流量、振动、转速仪表、各种转化器或变送器、现场的可编程序控制器（Programmable Logic Controller，PLC）和远程的单回路或多回路调节器等；数字量类的自动识别器、ON-OFF 开关、光电传感器，还包括控制阀和执行器等。主要的应用领域包括交通领域、过程控制领域、制造领域和物业领域等。目前，已开发的多功能智能化现场仪表产品中包含有通信功能、多变量检测功能、提供诊断信息的功能、复合控制功能和信息的差错检测等一些常用功能。

现场总线智能仪表是未来工业过程控制系统的主流仪表，它与现场总线组成了现场总线控制系统（FCS）的两个重要部分，将会给传统控制系统结构和方法带来革命性的变化。

4. 现场总线的发展现状

国际电工技术委员会/国际标准化协会（IEC/ISA）于 1984 年开始着手现场总线标准化工作，但统一的标准至今仍未完成。世界上许多国家都提出了自己的现场总线技术，但是由于存在太多标准和协议的差异，给工程实践和应用推广带来了诸多不便，影响了系统的开放性和互操作性，因而 IEC 在最近几年里开始标准统一工作，减少现场总线协议的数量，以达到单一标准协议的目标。各种协议标准合并的目的是为了达成国际上统一的总线标准，以实现各家产品的互操作性。

IEC TC65（负责工业测量和控制的第 65 标准化技术委员会）以 1999 年年底通过的 8 种类型的现场总线作为 IEC 61158 最早的国际标准。最新的 IEC 61158 标准（第四版）于 2007

年 7 月发布。

IEC 61158 第四版由多个部分组成，主要包括以下内容：

IEC 61158-1　 总论与导则；

IEC 61158-2　 物理层服务定义域协议规范；

IEC 61158-300　 数据链路层服务定义；

IEC 61158-400　 数据链路层协议规范；

IEC 61158-500　 应用层服务定义；

IEC 61158-600　 应用层协议规范。

IEC 61158 第四版标准包括的现场总线类型如下：

Type 1　 IEC 61158（FF 的 H1）技术报告；

Type 2　 CIP 现场总线；

Type 3　 PROFIBUS 现场总线；

Type 4　 P-Net 现场总线；

Type 5　 FF HSE 现场总线；

Type 6　 SwiftNet 现场总线（被撤销）；

Type 7　 WorldFIP 现场总线；

Type 8　 INTERBUS 现场总线；

Type 9　 FF H1 以太网；

Type 10　 PROFINET 实时以太网；

Type 11　 TCnet 实时以太网；

Type 12　 EtherCAT 实时以太网；

Type 13　 Ethernet Powerlink 实时以太网；

Type 14　 EPA 实时以太网；

Type 15　 Modbus-RTPS 实时以太网；

Type 16　 SERCOS I 、II 现场总线；

Type 17　 VNET/IP 实时以太网；

Type 18　 CC-Link 现场总线；

Type 19　 SERCOS III 现场总线；

Type 20　 HART 现场总线。

用于工业测量与控制系统的 EPA（Ethernet for Plant Automation），其系统结构与通信规范是由浙江大学中控技术股份有限公司、中国科学院沈阳自动化研究所、重庆邮电大学、清华大学、大连理工大学等单位联合制定的用于工厂自动化的实时以太网通信标准。EPA 标准在 2005 年 2 月经国际电工委员会 IEC/TC65/SC65C 投票通过，已作为公共可用规范（Public Available Specification，PAS）IEC/PAS 62409 标准化文件正式发布，并作为公共行规（Common Profile Family 14，CPF14）列入正在制定的实时以太网应用行规国际标准 IEC 61748-2，2005 年 12 月正式进入 IEC 61158 第四版标准，成为 IEC 61158-314/414/514/614 规范。

每种总线都有其产生的背景和应用领域。总线是为了满足自动化发展的需求而产生的，由于不同领域的自动化需求各有其特点，因此在某个领域中产生的总线技术一般对这一领域的满足度高一些，应用多一点，适应性好一些。

工业以太网的引入成为新的热点。工业以太网正在工业自动化和过程控制市场上迅速增长，几乎所有远程 I/O 接口技术的供应商均提供一个支持 TCP/IP 的以太网接口，如西门子（Siemens）、罗克韦尔（Rockwell）、通用电气（GE）、发那科（FANUC）等，他们销售各自的控制产品及系统解决方案，一般都提供远程 I/O 与基于 PC 的控制系统相连的以太网接口。

1.1.2 控制网络

1. 控制系统的发展历程与控制网络的兴起

随着科学技术的迅猛发展，控制系统在 19、20 世纪里发生了巨大的变革。150 多年前出现的基于气动信号标准的气动控制系统（Pneumatic Control System，PCS）标志着控制理论及控制系统的初步形成。纵观控制系统的发展过程，大致可以分为如下几个阶段。

（1）基地式和单元组合式的气动、液动仪表控制阶段　20 世纪 50 年代以前，控制系统中主要采用以气动和液动为主的仪表作为控制装置，组成基地式和单元组合式两种结构。基地式的特点是仪表的所有部件之间以不可分离的机械结构相连接，装在一个箱壳内，利用一台仪表，如温度控制器、压力控制器、流量控制器、液位控制器等就能解决一个简单自动化系统的测量、记录、控制等全部问题。单元组合式控制器包括变送、调节、运算、显示、执行等单元。如图 1-1 所示为基地式气动仪表与仪表操作控制中心系统。

图 1-1　基地式气动仪表与仪表操作控制中心系统

（2）集中式电动模拟仪表阶段　由于基地式和单元组合式的气动、液动仪表仅具备简单的测控功能，信号只能在本仪表内起作用，不具备仪表间数据传输功能，因此，随着生产规模的扩大，出现了电动系列的单元组合式仪表。这种仪表采用统一的模拟信号，如 4 ~ 20mA 的直流电流信号、1 ~ 5V 的直流电压信号，将生产现场各处的数据送往集中控制室。操作人员不用通过生产现场巡视，直接坐在控制室内就可以实现对生产过程的操作和控制。

（3）以 PLC 为核心的逻辑控制和顺序控制阶段　20 世纪 60 年代出现了可编程序控制器（PLC），PLC 一出现便得到了快速发展，给工业自动化领域带来了巨大变革。由于其具有使用方便、编程简单、价位较低、可靠性高、适应性和抗干扰能力强等优点，因此，无论是简单的顺序控制系统，还是复杂的过程控制和运动控制系统，PLC 扮演的角色都无可替代。

以 PLC 为核心的逻辑控制和顺序控制方式主要用于以开关量为主且控制环境恶劣的场合。

（4）以计算机为控制核心的计算机控制系统阶段 计算机控制系统（Computer Control System，CCS）是应用计算机参与控制，借助一些辅助部件与被控对象相联系，以获得一定控制目的而构成的系统。这里的计算机通常指数字计算机，可以是各种规模，如从微型到大型的通用或专用计算机。辅助部件主要指输入输出接口、检测装置和执行装置等。与被控对象及部件间的联系，可以是有线方式或无线方式，如通过电缆的模拟信号或数字信号进行联系，或用红外线、微波、无线电波、光波等进行联系。在以计算机为控制核心的计算机控制系统中，主要包括以下几个典型的应用系统。

1）数据采集系统（Data Acquisition System，DAS）。在这种应用中，计算机只承担数据的采集与处理工作，而不直接参与控制。该系统对生产过程各种工艺变量进行巡回检测、处理、记录及发出变量的超限报警，同时对这些变量进行累计分析和实时分析，从而得出各种趋势分析数据，为操作人员提供参考。

2）直接数字控制（Direct Digital Control，DDC）系统。DDC 系统是用一台计算机对被控参数进行检测，再根据设定值和控制算法进行运算，然后输出到各执行机构对生产进行控制。直接数字控制系统是利用计算机的分时处理功能直接对多个控制回路实现多种形式控制的多功能数字控制系统。在这类系统中，计算机的输出直接作用于控制对象，故称为直接数字控制。计算机根据控制规律进行运算，然后将结果经过过程输出通道作用于被控对象，从而使被控变量符合所要求的性能指标。数字系统与模拟系统不同之处在于，在模拟系统中，信号的传送不需要数字化，而数字系统必须先进行模-数转换，输出控制信号也必须进行数-模转换，然后才能驱动执行机构。因为计算机有较强的计算能力，所以控制算法的改变很方便。直接数字控制系统具有在线实时控制、分时方式控制、多功能性这三个特点。由于计算机直接承担控制任务，所以要求其实时性好、可靠性高、适应性强。

3）监督计算机控制（Supervisory Computer Control，SCC）系统。SCC 系统是指利用计算机对工业生产过程进行监督管理和控制的数字控制系统。计算机监督控制系统是在操作指导系统的基础上发展起来的。操作指导系统是一种开环控制结构，系统中计算机的作用是定时采集生产过程参数，按照工艺要求或指定的控制算法求出输入输出关系和控制量，并通过打印、显示和报警提供现场信息，以便管理人员对生产过程进行分析或以手动方式相应地调节控制量（给定值）去控制生产过程。监督控制系统在输入计算方面与操作指导系统基本相同，不同的是监督控制系统计算机的输出可不经过系统管理人员的参与而直接通过过程通道按指定方式对生产过程施加影响。因此，计算机监督控制系统具有闭环形式的结构，而且监控计算机具有较复杂的控制功能，它可以根据生产过程的状态、环境、条件等因素，按事先规定的控制模型计算出生产过程的最优给定值，并据此对模拟式调节仪表或下一级直接数字控制系统进行自动整定，也可以进行顺序控制、最优控制以及自适应控制计算，使生产过程始终处于最优工作状况下。监督控制的内容极为广泛，包括控制功能、操作指导、管理控制和修正模型等。这个系统根据生产过程的工况和已定的数学模型，进行优化分析计算，产生最优化设定值，送给直接数字控制系统执行。监督计算机系统承担着高级控制与管理任务，要求数据处理功能强、存储容量大等，一般采用较高档微机。

（5）以大规模集成电路和微型处理机为基础的 DCS 控制 集散控制系统（Distributed

Control System，DCS）是为了克服集中控制系统易失控、可靠性低的弊端而随之产生发展起来的控制系统。

集散控制系统又称为分布式控制系统。在集中型计算机控制系统中，一台主机往往要控制十几个甚至几十个回路，一旦该计算机出现故障，系统危险集中，会对生产带来很大影响。为了提高系统的安全性和可靠性，可将系统的控制权进行分级和分散。随着大规模集成电路及微型计算机技术的迅速发展，采用多个微型处理机为基础的现场控制站各自实现"分散控制"。通过计算机网络形成的高速数据通道，将所有过程信息传送到上位计算机，以便对生产过程进行集中监视和管理，从而构成了以"集中管理、分散控制"为核心的集散型计算机控制系统。其实质是利用计算机技术、信号处理技术、测量控制技术、通信网络技术和人机接口技术等对生产过程进行分散控制与集中监视、操作和管理的一种控制概念和系统工程技术。集散控制系统的组成框图如图1-2所示。

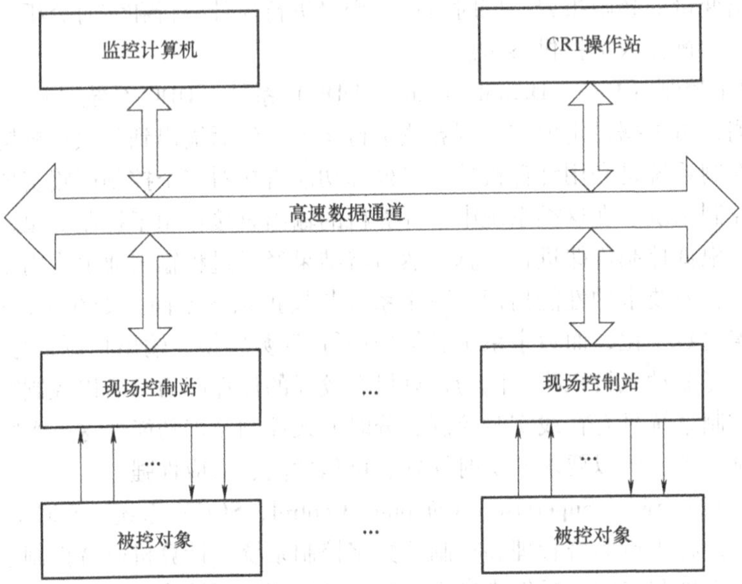

图1-2 集散控制系统的组成框图

1）DCS的产生及发展历程。DCS是在集中式控制系统的基础上发展演变而来的。它的设计思想是"集中管理、分散控制"，与传统的集中式控制系统相比，控制系统的危险被分散，可靠性大大增强，具有显著的优越性。DCS系统经过20多年的发展和变迁，主要经历了4个阶段。20世纪70年代为初创期，80年代为成熟期，90年代由于计算机技术的快速发展，DCS硬件和软件都采用了一系列高新技术，使DCS向更高层次发展，出现了第三代DCS。DCS发展到第三代，尽管采用了一系列新技术，但是，生产现场层仍然没有摆脱常规模拟检测仪表和执行机构的状况，因而制约了它的发展。

为实现DCS的变革，人们将现场模拟仪表改为现场数字仪表，并用现场总线实现互联。由此带来DCS控制站的变革，将控制站内的功能块分散地分布在各台现场数字仪表中，并可统一组态构成控制回路，彻底实现分散控制。

20世纪90年代，现场总线技术的发展，现场总线国际标准的形成及现场总线数字仪表的生产，标志着新一代DCS的产生，即现场总线控制系统（Fieldbus Control System，FCS）。

2）DCS 的特点。

① 自治性。DCS 的自治性是指 DCS 的组成部分均可独立地工作，各控制站均可独立自主地完成所分配的规定任务，操作站能自主地实现监控和管理功能。

② 协调性。DCS 各工作站之间采用实时性的、安全可靠的通信网络传送各种信息并协调工作，以完成控制系统的总体功能和优化处理，实现整个系统信息共享。

③ 灵活性。DCS 的硬件和软件均采用开放式、标准化和模块化设计，系统可根据用户需要进行灵活配置。当需要改变控制流程时，通过组态软件及操作可改变系统的控制结构和便于系统的灵活扩充。

④ 分散性。DCS 的分散性包含地域的分散、设备的分散、功能的分散、电源的分散和危险的分散等含义，而分散的最终目的还是为了将危险分散，进而提高系统的安全性和可靠性。

⑤ 便捷性。DCS 操作方便，显示直观。其简洁的人机对话系统、CRT 交互显示技术等使得系统具有便捷性和实用性。

⑥ 可靠性。DCS 的生命力在于高可靠性、高安全性和高效率。为了保证 DCS 控制系统的可靠性，对系统结构采用容错设计，所有硬件采用冗余设计，软件采取容错设计、"电磁兼容设计"（指抗干扰能力与系统内外的干扰相适应，并留有充分的余地，以保证系统的可靠性）以及在线快速排查故障的设计等。

（6）以微芯片技术为核心、智能仪表为基础的 FCS 控制　现场总线控制系统（FCS）是在计算机和网络技术的飞速发展下而迅猛发展起来的控制系统。传统的过程控制系统中，仪器设备与控制器设备之间是点对点的连接，现场总线控制系统中现场设备多点共享总线，不仅节约了连线，而且实现了通信链路的多点信息传输。

从物理结构上来说，现场总线控制系统主要由现场设备（智能化设备或仪表、现场 CPU、外围电路等）和传输介质（双绞线、同轴电缆、光纤等）组成。现场总线控制系统典型结构（以 FF 总线技术为例）如图 1-3 所示。

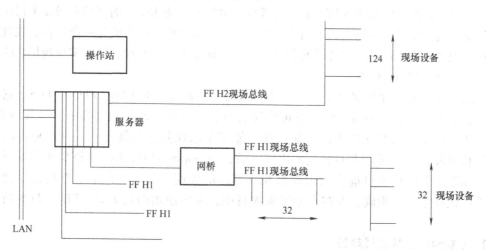

图 1-3　现场总线控制系统典型结构（以 FF 总线技术为例）

1）FCS 的技术特点。

① 系统的开放性。通信标准的公开、一致性使系统具备开放性。现场总线既可以与同层网络互联，也可以与不同层网络互联，各不同厂商设备之间也可以互联，还可实现网络数

据库的共享。开放系统把选择设备进行系统集成的权力交给了用户，用户可以按自己的需求把来自不同厂商的产品组成任意大小的系统。

② 互操作性与互用性。互操作性是指互联设备之间、系统间的信息传递与沟通；互用性意味着用户选择的不同厂商或不同型号的产品、设备之间具有互换性。

③ 系统结构的分散性。现场总线已构成一种新的全分布式系统的体系结构，把 DCS 控制站的功能块分散地分配给现场的仪表，从而构成了虚拟控制站，彻底实现了分散控制，从根本上改变了现有 DCS 集中与分散相结合的集散控制系统，简化了系统结构，提高了系统可靠性和现场设备的适应性。

④ 现场设备的智能化与自治性。FCS 将传感测量、补偿计算、工程量处理与控制等功能分散到现场设备中完成，仅靠现场设备即可完成自动控制的基本功能，可随时诊断设备的运行状态。

2) FCS 的发展背景与趋势。FCS 作为第 5 代控制系统体系结构，体现了其分布、开放、互联、高可靠性的特点。

FCS 采用一对多的双向传输信号，采用数字信号，提高了数据传输精度，增强了可靠性。设备始终处于操作员的远程监控和控制状态下。现场总线的开放性可以使用户按需求自由选择不同厂商的设备并构成系统，而无须考虑接口问题。智能仪表具有通信、控制和运算等丰富的功能，且控制功能都分散到各个智能仪表中去了。正是由于 FCS 的以上特点，帮助用户降低了安装、使用和维护的成本，最终达到了增加利润的目的。

现场总线技术是控制技术、计算机技术、通信技术的交叉与集成，几乎涵盖了所有离散、连续工业领域，如过程自动化、加工制造自动化、楼宇自动化及家庭自动化等。它的出现和快速发展体现了控制领域对降低成本、提高可靠性、增强可维护性和提高数据采集智能化的要求。现场总线技术的发展体现为两方面：一方面是低速现场总线的不断发展和完善；另一方面是高速现场总线技术的发展。

工业自动化技术应用于各行各业，要求也不尽相同，使用单一的现场总线技术很难满足所有行业的技术要求。现场总线不同于计算机网络，人们将要面对的是一个多种总线技术标准并存的现实世界。现场总线技术的关键技术之一就是彼此的互操作性，实现现场总线技术标准的统一是所有用户的愿望。

目前，在工业过程控制系统中，主要有三大控制系统，即 DCS、PLC 和 FCS。它们在自动化技术发展的过程中都扮演了不可替代的角色。虽然 FCS 是现在和未来的发展方向，但是由于一些主观和客观因素的限制，还不能完全取代其他控制系统。每一种控制系统都有其特色和长处，所以当 FCS 技术出现以后，在一定时期内，DCS、PLC 和 FCS 三大控制系统相互融合的程度可能会大大超过相互排斥的程度。目前，在中小型项目中使用的控制系统比较单一和明确，但在大型工程项目中，大多使用的是 DCS、PLC、FCS 的混合系统。

2. 控制网络及其发展趋势

工业企业网络一般包含两部分：处理工业控制系统管理与决策信息的信息网络和处理控制现场实时测控信息的控制网络。信息网络一般处于企业中上层，处理大量的、变化的、多样的信息，具有高速综合的特征。控制网络主要位于企业中下层，处理实时的、现场的信息，具有实时性强、可靠安全性要求高等特征。

（1）控制网络的定义与发展　控制网络是指将具有数字通信能力的测量控制仪表作为网络节点，采用公开、规范的通信协议，把控制设备连接成可以相互沟通信息、共同完成自控任务的网络系统。

与普通网络计算机系统相比，工业控制网络具有以下特点：

1）实时性和时间确定性。

2）信息多为短帧结构，且交换频繁。

3）可靠性和安全性高。

4）网络协议简单实用。

5）网络结构具有分散性。

6）易于实现与信息网络的集成。

（2）控制网络与信息网络的集成　将控制网络和信息网络集成，主要基于以下几点考虑：

1）可以建立企业综合实时信息库，为企业的优化控制、调度决策提供依据。

2）可以建立分布式数据库管理系统，保证数据的一致性、完整性和可操作性。

3）可以实现对现场设备及控制网络的远程监控、优化调度及远程诊断等功能。

4）可以实现控制网络的远程软件维护与更新功能。

5）可以将测控网络连接到更大的网络系统中，如 Intranet、Extranet 和 Internet。

（3）管控一体化的网络集成式控制系统　管控一体化集成系统（Management- Control Integration System，MCIS）是采用计算机、网络、工业电视、数据库、自动控制和接口通信等诸多先进技术，以生产过程控制系统和工厂安全监控系统为基础，通过对企业生产管理、过程控制、安全监控等信息的处理、分析、优化、整合、存储和发布，应用现代化企业管理模式建立覆盖企业生产管理与基础自动化的综合系统。MCIS 可将企业生产全过程的实时数据、音视频数据及生产管理信息有机集成并优化，实现企业信息共享和有效利用，实现企业经营过程的整体优化。图 1-4 所示为开放互联网络管控一体化系统集成原理示意图，图 1-5 所示

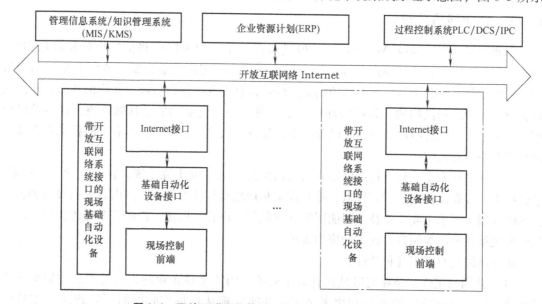

图 1-4　开放互联网络管控一体化系统集成原理示意图

为具体的工厂管控一体化网络结构图。

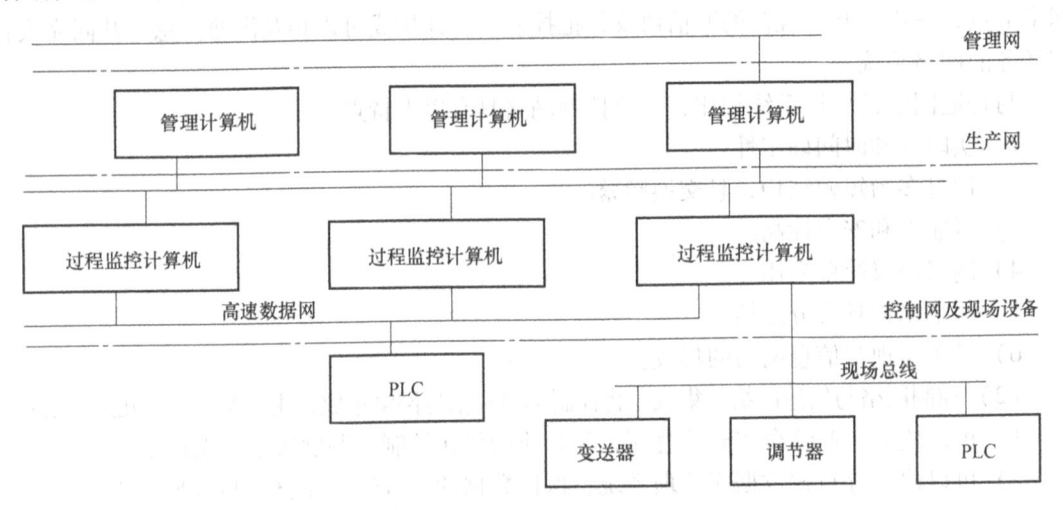

图 1-5　工厂管控一体化网络结构图

管控一体化集中控制室是一个数字化"大"控制室，它不仅包含企业底层生产过程控制、产品质量控制、设备运行状态监控、能源监测与监控等大量工业现场实时数据信息、工业电视监控信息和安全报警监控信息，而且覆盖了企业内部安全生产管理全过程，通过流程整体优化、信息集成和功能集成，实现对企业资源的计划、调度和控制，增加产品产量，提高产品质量，降低生产消耗和生产经营成本，提高整个企业的运营效率和市场竞争力。

1.2　控制网络在企业网络系统中的作用

1.2.1　企业网络系统

企业网络（Enterprise Network），一般是指在一个企业范围内将信号检测和数据传输、处理、存储、计算、控制等设备或系统连接在一起，以实现企业内部的资源共享、信息管理、过程控制、经营决策，并能够访问企业外部信息资源，使得各项事务协调动作，从而实现企业集成管理和控制的一种网络环境。企业网是一个企业的信息基础设施，它涉及局域网、广域网、现场总线以及网络互联等技术，是计算机技术、信息技术和控制技术在企业管理与控制中的有机统一。

企业网络技术是一种由控制网络和信息网络综合而成的集成系统，它涉及计算机技术、通信技术、多媒体技术、管理技术、控制技术和现场总线技术等。因国内需求的提高和相关技术的发展，要求工业企业技术网能同时处理数据、声音、图像、视频等多媒体信息，满足从管理决策到现场控制自上而下的应用需求。

企业网络具有以下几种特性：

（1）范围确定性　企业网络是在有关企业范围内为实现企业的集成管理和控制而建成的网络环境，具有特定的地域和服务范围，并能实现从现场实时控制到管理决策支持的功能。

（2）集成性　企业网络通过对计算机技术、信息与通信技术和控制技术等技术的集成，达到了现场信号检测、数据处理、实时控制到信息管理、经营决策等功能上的集成，从而构成了企业信息基础设施的基本骨架。

（3）安全性　企业网络不同于 Internet 和其他网络。它作为相对独立单位的某个企业的内部网络，在企业信息保密和防止外部入侵方面要求高度的安全性，要确保企业能通过企业网络获取外部信息和发布内部公开信息，相对独立和安全地处理内部事务。

（4）相对开放性　企业网络系统早期的结构复杂，功能层次较多，包括从过程控制、监控、调度、计划、管理到经营决策等。随着互联网的发展和以太网技术的普及，企业网络早期的技术办公协议/制造自动化协议（TOP/MAP）式多层次分布式子网的结构逐渐被以太网、FDDI 主干网取代。企业网络系统的结构层次趋于扁平化，同时对功能层次的划分也更为简化。企业网络是连接企业各部门的桥梁和纽带，它是一个广域网，并与 Internet 连接，实现企业对外联系的职能。也就是说，企业网络是作为 Internet 的一个组成部分出现的，它具有开放性，但这种开放性是在高度安全保障措施下的相对的开放性。

按网络连接结构，一般将企业的网络系统划分为 3 层，它以底层的控制网（Infranet）为基础，中间为企业的内部网（Intranet），并通过它伸向外部的互联网（Internet），从而形成了 Internet- Intranet- Infranet 的网络结构。从功能上将企业网结构划分为信息网和控制网上下两层，其层次结构如图 1-6 所示。

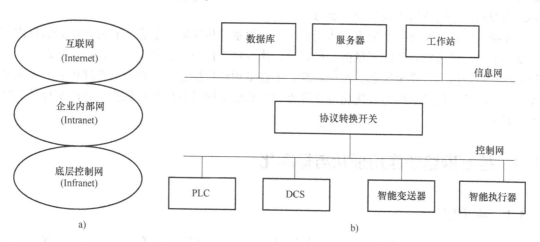

图 1-6　企业网络系统层次结构

a）网络连接层次　b）网络功能层次

企业网络为企业综合自动化服务。信息网络一般处理企业管理与决策信息，位于企业网中上层，具有综合、信息量大等特征。控制网络处理企业实时控制信息，位于企业网中下层，具有协议简单、容错性强、成本低廉等特征。

信息网是企业数据共享和传输的载体，它需要满足如下要求：

① 高速通信网。

② 能够实现多媒体传输。

③ 能与 Internet 互联。

④ 开放系统。

⑤ 满足数据安全性要求。

⑥ 易于扩展和更新。

控制网络与信息网络紧密地集成在一起,服从信息网的操作,同时又具有独立性和完整性。这种用于自动控制的下层网络,可把具有通信功能的控制设备连接起来,在控制现场形成低成本高可靠性的分布式系统控制网络。可以说,Internet-Intranet-Infranet 这种结合相得益彰,进一步提升了企业网络的作用,为企业实现管理控制一体化创造了良好条件。

企业要实现高效率、高效益、高柔性,必须有一体化的企业网络作为支撑。建立控制与管理一体化的工业企业网络将为计算机集成工厂自动化(Computer Integrated Plant Automation, CIPA)与信息化创造有利的条件。

1.2.2 控制网络的地位与作用

从以上分析中可以看到,生产过程的控制参数与设备状态等信息是企业信息的重要组成部分。无论从哪个角度来看,控制网络处于企业网络的下层,可以说它是构成企业网络的基础。

现场控制层所采用的控制网络种类繁多,内部通信一致性差,个体之间的差异性大,技术标准形形色色,这些差异使得控制网络之间、控制网络与外部互联网之间实现信息交换的难度加大,实现互联和互操作存在较多障碍。因此,需要从通信一致性、数据交换技术等方面改善控制网络的数据集成与交换能力。

控制网络在企业网络中的主要作用是为自动化系统传递数字信息。它所传输的信息内容主要是生产装置运行参数的测量值、控制量、执行器工作位置、开关状态、报警状态、设备的资源与维护信息、系统组态、参数修改、零点量程调校信息等,企业的管理控制一体化系统需要这些控制信息的参与,优化调度等也需要集成不同装置的生产数据,并能实现装置间的数据交换。

1.3 控制网络的应用现状与标准化

1.3.1 应用现状

将 DCS 列为一类非开放性系统,则可以认为控制网络技术起源于现场总线。现场总线技术产生于 20 世纪 80 年代,但对它的研究开发之热却是近年之举。这一方面是因为信息时代各项技术的发展对自动化系统提出了更新的要求,促进了该领域的网络化、信息化进程;另一方面也是由于它本身所蕴含的技术经济潜力。欧洲、亚洲、北美洲的许多国家都投入巨额资金与人力研究开发该项技术,出现了现场总线技术与产品百花齐放、兴盛发展的态势。例如丹麦 Proces Data 公司 1983 年推出的 P-Net、德国 Siemens 公司 1984 年推出的 PROFIBUS (Process Field Bus)、法国 Alston 公司 1987 年推出的 FIP (Factory Instrumentation Protocol)等都属于早期推出且至今仍有较大影响的总线技术。

据资料分析,世界上已经出现的各式各样的总线有 100 多种,其中宣称为开放性的总线就有 40 多种。同时也出现了各种以开发推广现场总线技术为目的的组织,例如现场总线基金会(Fieldbus Foundation, FF)、LonMark 协会、PROFIBUS 协会、工业以太网协会(Industrial Ethernet Association，IEA）、工业自动化开放网络联盟（Industrial Automation Open Network Alliance，IAONA）等。

1.3.2　控制网络的标准化

随着技术的发展，在许多国家、企业、地区形成了各式各样的现场总线标准。就国际标准而言，国际标准化组织（ISO）、IEC 都卷入了该项标准的制定。最早成为现场总线国际标准的是 CAN，它属于 ISO 11898 标准。

IEC/TC65 负责测量和控制系统数据通信国际标准化工作的 SC65C/WG6，是最先开始现场总线标准化工作的组织。它于 1984 年开始着手总线标准的制定，致力推出世界上单一的现场总线标准，也因此而历经坎坷。作为一项数据通信技术，单从应用需要与技术特点的角度统一通信标准是首选，但由于行业、地域发展历史和商业利益的驱使以及种种经济社会的复杂原因，总线标准的制定工作并非一帆风顺。在经历了多年的艰难历程和波及全球的现场总线大战之后，迎来的依旧是多种总线并存的尴尬局面。IEC 现场总线物理层标准 IEC 61158-2 诞生于 1993 年，从数据链路层开始，标准的制定一直处于混乱状态。IEC 在经历多年争斗与调解的努力之后，于 2000 年宣布，原有的 IEC 61158、ControlNet、PROFIBUS、P-Net、Hight Speed Ethernet、Newcomer SwiftNet、WorldFIP 以及 INTERBUS-S 共 8 种现场总线标准共同构成 IEC 现场总线国际标准子集，这一结果违背了当初制定世界上单一现场总线标准的初衷。此后，人们对于制定国际现场总线标准已明显失去信心与兴趣。

相比较而言，IEC/17B 的工作要顺利得多。它负责制定的低压开关装置与控制装置作为控制设备之间的接口标准，即 IEC 62026 国际标准已获通过。该标准包括第 2 部分 AS-i、第 3 部分 DeviceNet、第 4 部分智能分布式系统（Smart Distributed System，SDS）和第 5 部分 Seriplex。

2006 年 11 月，全国工业过程测量和控制标准化技术委员会与中国机电一体化技术应用协会在北京钓鱼台国宾馆联合举行了"国家标准 GB/T 20540—2006 PROFIBUS 规范"和"国家标准化指导性技术文件 GB/Z 20541—2006 PROFINET 规范"的新闻发布会。至此，PROFIBUS 成为中国第一个工业通信领域现场总线技术国家标准。其中 PROFIBUS 规范的标准号为 GB/T 20540—2006，PROFINET 规范的编号为 GB/Z 20541—2006。现场总线 PROFIBUS 技术从宣传和推广应用开始到最后制定为我国的国家标准，经过了十年的历程。PROFIBUS 是现场总线国际标准 IEC 61158 中的类型 3，它既适用于离散生产过程，如机械装备制造过程，又适用于连续生产过程，如石油化工过程等。

PROFIBUS 是全球范围内唯一能够以标准方式应用于包括制造业、流程业及混合自动化领域并贯穿整个工艺过程的单一现场总线技术，它不仅可以无缝集成 HART 设备，保护用户的长期投资，而且可以安全地用于危险区域，同时在驱动技术和故障安全技术等领域有独特优势。PROFIBUS 解决了企业生产现场设备之间的数字通信问题，为实现企业生产过程的自动化、智能化提供了保障，并将企业生产现场的信息纵向集成到企业管理层，为实现企业信息化和管控一体化创造了必要条件。

PROFINET 是一种以标准以太网为基础，适用于工业环境的工业以太网技术。它很好地解决了适用于工业环境的不同等级的实时性、网络安全以及与制造执行系统（MES）和企业管理系统（如 ERP）透明集成等问题，还很好地解决了集成现有的现场总线系统保护原有投资的问题等，所有这些都是工业控制网络技术发展的方向和趋势。

第1章习题

1-1 什么是现场总线？其核心与基础是什么？可以用到什么地方？

1-2 简述工业数据通信领域按照通信帧长短对数据传输总线的分类。

1-3 从企业网络的连接层次、功能层次两个方面说明控制网络在企业网络系统中的作用和地位。

1-4 企业网络具有哪几种特性？其系统层次结构如何？

第 2 章
数据通信与控制网络基础

数据通信是从 20 世纪 50 年代初开始，随着计算机的远程信息处理应用的发展而发展起来的。早期的远程信息处理系统大多是以一台或几台计算机为中心，依靠数据通信手段连接大量的远程终端，构成一个面向终端的集中式处理系统。20 世纪 60 年代末，以美国的 ARPA（Advanced Research Project Agency）计算机网的诞生为起点，出现了以资源共享为目的的异机种计算机通信网，从而开辟了计算机技术的一个新领域——网络化与分布处理技术。20 世纪 70 年代后，计算机网络与分布处理技术获得了迅速发展，从而也推动了数据通信的发展。1976 年，国际电报电话咨询委员会（CCITT）正式公布了分组交换数据网的重要标准——X.25 协议，其后又经多次的完善与修改，为公用与专用数据网的技术发展奠定了基础。20 世纪 70 年代末，国际标准化组织（ISO）为了推异机种系统的互连，提出了开放系统互连（OSI）参考模型，并于 1984 年正式通过，成为一项国际标准。此后，计算机网络技术与应用的发展即按照这一模型来进行，并得到了飞速发展。

2.1　数据通信

数据通信是通信技术和计算机技术相结合而产生的一种新的通信方式。要在两地间传输信息必须有传输信道，根据传输媒体的不同，有有线数据通信与无线数据通信之分。但它们都是通过传输信道将数据终端与计算机连接起来，而使不同地点的数据终端实现软、硬件和信息资源的共享。数据通信系统指的是通过数据电路将分布在远地的数据终端设备与计算机系统连接起来，实现数据传输、交换、存储和处理的系统。

2.1.1　通信系统模型

传递信息所需的一切技术设备的总和就是通信系统。通信系统一般由信息源、发送设备、传输介质、接收设备和信息接收者这几部分组成。单向数字通信系统的结构如图 2-1 所示。

1. 信息源与信息接收者

信息源是信息的产生者，信息的接收者是信息的使用者。在数字通信系统中传输的信息是数据，是数字化了的信息。这些信息可能是原始数据，也可能是经计算及处理后的结果，还可能是某些指令或标志。

根据输出信号的性质的不同，信息源可分为模拟信息源和离散信息源。模拟信息源（如电话机、电视机、摄像机）输出幅度连续变化的信号；离散信息源（如计算机）输出离散的符号序列或文字。模拟信息源可通过抽样和量化变换为离散信息源。随着计算机和数字通信技术的不断发展，离散信息源的种类和数量越来越多。

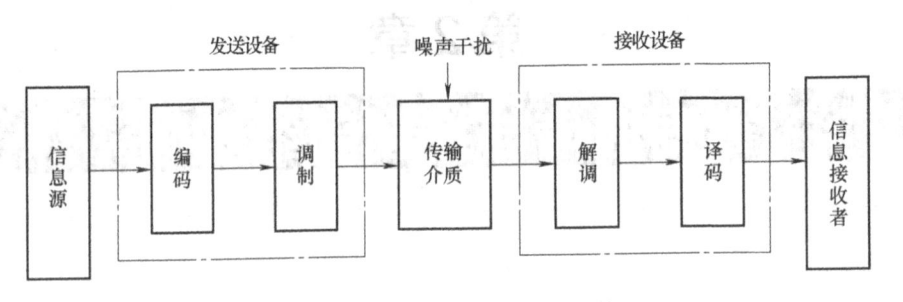

图 2-1　单向数字通信系统的结构

2. 发送和接收设备

发送设备的基本功能是将信息源和传输介质匹配起来，即信息源产生的消息信号经过编码，变换为便于传输的信号形式，送往传输介质。

对于数字通信系统来说，发送设备的编码又常常可以分为信源编码和信道编码两部分。信源编码是把连续消息变换为数字信号；而信道编码则是使数字信号与传输介质匹配，提高传输的可靠性或有效性。变换方式是多种多样的，调制就是最常见的变换方式之一。

接收设备的基本功能是完成发送设备的反变换，即进行解调、译码、解密等。它的任务是从带有干扰的信号中正确恢复出原始信息。对于多路复用信号，还包括解除多路复用，实现正确分路。

3. 传输介质

从发送设备到接收设备之间信号传递所经过的媒介就是传输介质。传输介质可以是无线的，也可以是有线的。有线和无线均有多种传输介质，如电磁波、红外线为无线传输介质，各种电缆、光缆、双绞线、光纤等为有线传输介质。

介质在传输过程中必然会引入某些干扰，如热噪声、脉冲干扰、衰减等。媒介的固有特性和干扰特性直接关系到变换方式的选择。

4. 通信软件

报文与通信协议都属于通信系统中的软件，一般把需要传送的信息（包括文本、命令、参数值、图片、声音等）称为报文。它们是经过数字化后的信息，这些信息或是原始数据，或是测控参数值，或是经过计算机处理后的结果，还可能是某些指令或标志。

各通信实体之间仅仅依靠传送的二进制码就希望能互相理解信息的内容是不可能的，还需要有一套事先规定的、共同遵守的规约。通信设备之间控制数据通信与理解通信数据的一组规则，即通信协议。协议定义了通信的内容、通信何时进行以及通信如何进行等内容。协议的关键要素是语法、语义和时序。

2.1.2　通信系统的性能指标

在设计及评价一个通信系统时，必然涉及通信系统的性能指标问题。一般通信系统的性能指标包括信息传输的有效性、可靠性、适应性、经济性、保密性、标准性及维护使用方便等。对于一个通信系统，从信息传输角度讲，其主要任务是快速、准确地传递信息，因而有效性和可靠性是评价通信系统优劣的主要性能指标，也是通信技术讨论的重点。

1. 有效性指标

数字通信系统的有效性可用传输速率和频带利用率来衡量，传输速率越高，系统的有效性就越好。可从以下两个不同的角度来定义传输速率。

（1）码元传输速率 R_B 码元传输速率简称码元速率，是指单位时间内即每秒传输码元的数目，单位为波特（Baud），常用符号"B"表示。例如，某系统在 2s 内共传送 4800 个码元，则该系统的传码率为 2400B。

虽然数字信号有二进制和多进制的区分，但码元速率与信号的进制无关，只与一个码元占有时间 T_b 有关，$R_B = 1/T_b$。

（2）信息传输速率 R_b 信息传输速率简称信息速率，又可称为传信率、比特率等，它是指单位时间即每秒钟内传送的信息量，单位为比特/秒（bit/s），常用符号 R_b 表示。例如，若某信源在 1s 内传送 1200 个符号，且每一个符号的平均信息量为 1bit，则该信源的信息传输速率为 $R_b = 1200 \text{bit/s}$。

（3）R_B 与 R_b 之间的关系 携带数字信息的信号单元叫码元，一般几个二进制数组成一个码元。对于二进制系统，一位二进制数表示一个码元。对于 M 进制来说，每一码元的信息含量为 $\log_2 M$ 比特，故码元传输速率与比特传输速率之间的关系可用式 $R_B = R_b/\log_2 M$ 表示。

（4）频带利用率 频带利用率是表征信息传输速度的指标，定义为单位频带内所能实现的码元速率或信息速率，单位是 Baud/Hz 或 bit/(s·Hz)。在频带宽度相等的条件下，码元速率（或信息速率）越高，频带利用率就越高，反之越低。

2. 可靠性指标

可靠性指的是接收信息的准确程度，它是通信系统传输信息质量的象征。

衡量数字通信系统可靠性的指标，可用信号在传输过程中出错的概率来表述，即用差错率来衡量。差错率越大，表明系统可靠性越差。差错率通常有以下两种表示方法。

（1）误码率 P_e 误码率是指在传输过程中发生差错的码元数在传输总码元数中所占的比例，更确切地说，误码率就是码元在传输系统中被传错的概率。用表达式可表示为

$$P_e = 接收错误的码元数/传输的码元总数$$

（2）误信率 P_b 误信率是指在传输过程中发生差错的信息量在信息传输总量中所占的比例，或者说，它是码元的信息量在传输系统中被丢失的概率。用表达式可表示为

$$P_b = 错误的信息数/传输的信息总数$$

通信系统的有效性和可靠性两者之间是相互联系、相互制约的，可通过降低有效性的方法来提高系统的可靠性，或反之。

2.1.3 数据编码

数据通信系统中采用最广泛的编码是美国标准信息交换码（American Standard Code for Information Interchange，ASCII），这是一种 7 位编码，其 128 种不同组合分别对应一定的数字、字母、符号或特殊功能。例如十六进制的 30～39 分别表示数字 0～9；十六进制的 41 表示字母 A；十六进制的 26、2B 分别表示"&"和"+"；十六进制的 0A、0D 则分别表示换行与回车功能。图 2-2 列出了 ASCII 码所有组合的含义。

计算机网络系统的通信任务是传送数据或数据化的信息。这些数据通常以离散的二进制 0、1 序列的方式表示。码元是传输数据的基本单位。在计算机网络通信中，传输的大多为二元码，它的每一位只能在 1 或 0 两个状态中取一个，每一位就是一个码元。

b4	b3	b2	b1	000	001	010	011	100	101	110	111
0	0	0	0	NUL	DLE	SP	0	@	P	`	p
0	0	0	1	SOH	DC1	!	1	A	Q	a	q
0	0	1	0	STX	DC2	"	2	B	R	b	r
0	0	1	1	ETX	DC3	#	3	C	S	c	s
0	1	0	0	EOT	DC4	$	4	D	T	d	t
0	1	0	1	ENQ	NAK	%	5	E	U	e	u
0	1	1	0	ACK	SYN	&	6	F	V	f	v
0	1	1	1	BEL	ETB	'	7	G	W	g	w
1	0	0	0	BS	CAN	(	8	H	X	h	x
1	0	0	1	HT	EM	)	9	I	Y	i	y
1	0	1	0	LF	SUB	*	:	J	Z	j	z
1	0	1	1	VT	ESC	+	;	K	[	k	{
1	1	0	0	FF	FS	,	<	L	\	l	|
1	1	0	1	CR	GS	-	=	M	]	m	}
1	1	1	0	SO	RS	.	>	N	^	n	~
1	1	1	1	SI	US	/	?	O	_	o	DEL

（比特位置 7、6、5、4、3、2、1；不可打印的控制字符）

图 2-2 ASCII 码所有组合的含义

数据编码是指通信系统中以何种物理信号的形式来表达数据。分别用模拟信号的不同幅度、不同频率、不同相位来表达数据的 0、1 状态的，称为模拟数据编码；用高低电平的矩形脉冲信号来表达数据的 0、1 状态的，称为数字数据编码。

采用数字数据编码，在基本不改变数字信号频率的情况下，直接传输数据信号的传输方式叫基带传输。基带传输可以达到较高的数据传输速率，是目前广泛应用的数据通信方式。下面讨论几种数字数据编码波形。

1. 单极性码

单极性码指信号电平是单极性的编码。例如逻辑"1"用高电平表示，逻辑"0"用零电平表示的信号表达方式为单极性码，如图 2-3 和图 2-4 所示。

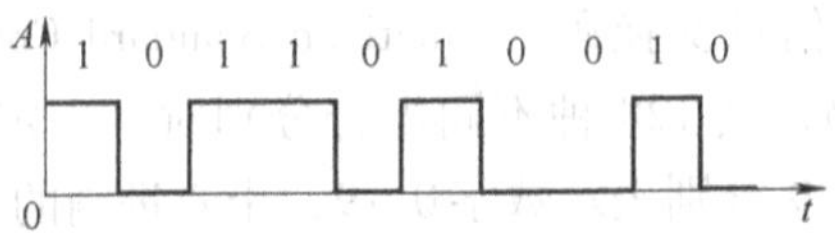

图 2-3 单极性非归零码

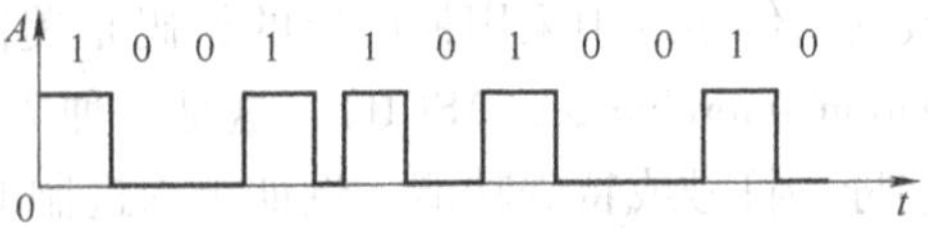

图 2-4 单极性归零码

2. 双极性码

双极性码的信号电平为正、负两种极性。例如逻辑"1"用正电平表示，逻辑"0"用负电平表示的信号表达方式为双极性码，如图 2-5 和图 2-6 所示。

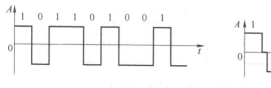

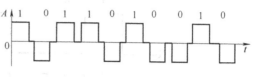

图 2-5 双极性非归零码   图 2-6 双极性归零码

3. 归零码（RZ）

在每一位二进制信息传输之后返回到零电平的编码称为归零码。例如逻辑"1"只在该码元时间中的某段（如码元时间的一半）维持高电平后就恢复到零电平，其逻辑"0"只在该码元时间一半维持负电平，之后也恢复到零电平。

4. 非归零码（NRZ）

整个码元时间内都维持有效电平，称为非归零码，如图 2-3 和图 2-5 所示。

5. 差分码

用每个周期起点电平变化与否来代表逻辑"1"和逻辑"0"的编码。电平变化代表"1"，不变化代表"0"，按此规定的编码方式形成的编码称为差分码。差分码按初始状态为高电平或低电平，有截然相反的两种波形，其波形如图 2-7 所示。显然，差分码不可能是归零码。

差分码可以通过一个 JK 触发器来实现。当数据输出为"1"时，JK 端均为"1"，由时钟脉冲使触发器翻转；当数据输出为"0"时，JK 端均为"0"，触发器状态保持不变，从而实现了差分码。

根据信息传输方式不同还可分为平衡传输和非平衡传输。平衡传输是指无论"0"或"1"都是传输格式的一部分；而在非平衡传输中，只有"1"被传输，"0"则在指定的时刻没有脉冲来表示。

6. 曼彻斯特编码（Manchester Encoding）

曼彻斯特编码是一种常用的基带信号编码，它具有内在的时钟信息，因而能使网络上的每一个节点保

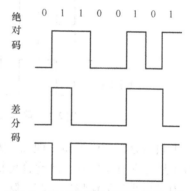

图 2-7 差分码与绝对码的波形对比

持时钟同步。在曼彻斯特编码中，把时间划为等间隔的小段，其中每小段代表 1bit（即一位）。每个比特时间又被分为两段，前半个时间段所传输的信号是该时间段传送比特值的反码；后半个时间段传送的是比特值本身。可见，在一个时间段内，其中间点总有一次信号电平的变化，因而携带有信号传送的同步信息而不需另外传送同步信号。曼彻斯特编码过程与波形如图 2-8 所示。

差分曼彻斯特编码（Differential Manchester Encoding）是曼彻斯特编码的一种变形。它既具有曼彻斯特编码在每个比特时间间隔中间信号一定会发生跳变的特点，也具有差分码用电平变化代表"1"，不变化代表"0"的特点，它通过检查信号在每个周期起点处有无跳变来区分 1 和 0，这种检查信号跳变的方式往往更可靠，即使作为通信传输介质的两条导线颠倒了，对该编码信号的状态判断结果依然有效。图 2-9 表示曼彻斯特编码与差分曼彻斯特编码的信号波形。

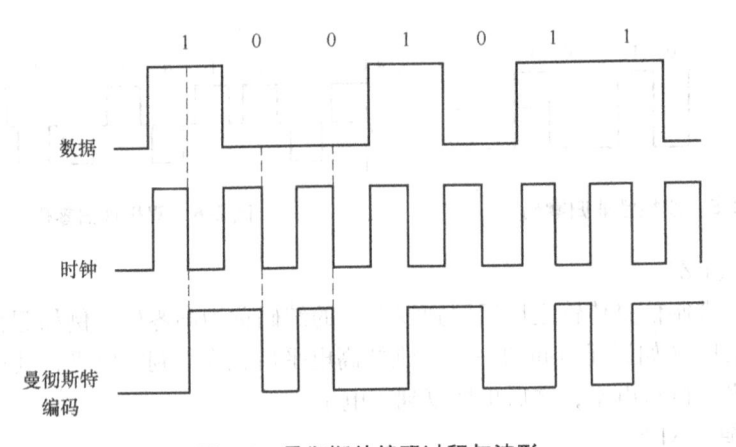

图 2-8 曼彻斯特编码过程与波形

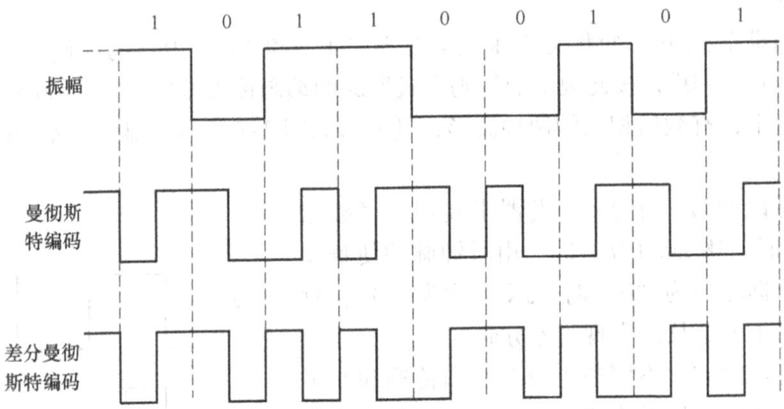

图 2-9 曼彻斯特编码与差分曼彻斯特编码的信号波形

由频谱分析理论可知，理想的方波信号包含从零到无限高的频率成分，由于传输线中不可避免地存在分布电容，故允许传输的带宽是有限的，所以波形完全不失真的传输是不可能的。为了与线路传输特性匹配，除了很近距离的传输外，可用低通滤波器将矩形波整形为变换点比较圆滑的基带信号；在接收端，则在每个码元的最大值（中心点）处取样复原。

2.1.4 通信线路的工作方式

1. 单工通信
单工通信是指所传送的信息始终朝着一个方向，而不进行与此相反方向的传送。

如图 2-10a 所示，设 A 为发送终端，B 为接收终端，数据只能从 A 传送至 B，而不能由 B 传送至 A。单工通信线路一般采用二线制，例如无线电广播和电视信号的传送。

2. 半双工通信
半双工通信是指信息流可以在两个方向上传送，但同一时刻只限于一个方向传输。

如图 2-10b 所示，信息可以从 A 传至 B，也可以从 B 传至 A，所以通信双方都有发送器和接收器。要实现双向通信必须改换信道方向。半双工通信采用二线制线路，当 A 站向 B 站发送信息时，A 站将发送器连接在信道上，B 站将接收器连接在信道上；而当 B 站向 A 站

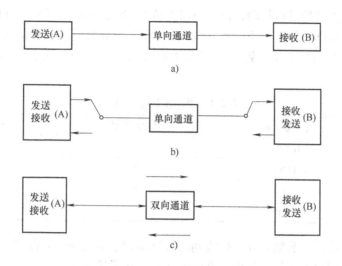

图 2-10　几种通信线路的工作方式

a）单工通信　b）半双工通信　c）全双工通信

发送信息时，B 站则要将接收器从信道上断开，并把发送器接入信道，A 站也要相应将发送器从信道上断开，而把接收器接入信道。这种在一条信道上进行转换，实现 A→B 与 B→A 两个方向通信的方式，称为半双工通信。工业数据通信中常采用半双工通信，例如对讲机就是采用这种通信方式实现信息的传送。

3. 全双工通信

全双工通信是指通信系统能同时进行如图 2-10c 所示的双向通信。它相当于把两个相反方向的单工通信方式组合在一起，这种方式常用于计算机与计算机之间的通信。例如 EIA-232、EIA-422 采用的就是全双工通信方式。

2.1.5　差错控制

1. 差错的检测方法

差错检测就是监视接收到的数据并判别是否发生了传输错误。差错检测并不识别哪个或哪些错误，仅仅识别错误的出现。差错检测最常用的方法如下。

（1）冗余　实行差错检验的一种简单办法是发送冗余数据。对每条报文，发送者都发送两次或多次，由接收者根据这两次或多次收到的数据是否一致来判断本次通信的有效性。当然，采用这种方法意味着每条报文都要花两倍或更多的时间来进行传输，在传送短报文时经常会用到它。许多红外线控制器就是使用这种方法进行差错检验的。

（2）回送　回送被用在操作人员手工从键盘输入数据的通信系统中。把接收端收到的每一个字符都回送给操作人员，让操作人员来确认字符确实被正确地输入了。如果在回送字符期间出现了传输错误，就要进行重复传送。

（3）精确计数编码　利用精确计数编码时，在每个字符中 1 的数量是相同的。接收端计算一个字符中 1 的个数，如果其总数不等于预先设定的值，就表明发生了一个错误。

（4）奇偶校验　通信中经常采用奇偶校验来进行错误检查。可以按奇数位对校验位进行校验，也可以按偶数位进行校验，许多串口支持 5~8 个数据位再加上奇偶校验位的工作方式。偶校验是按数据位加上校验位共有偶数个"1"的规则填写校验位的方式；而奇校验是按数据位加上校验位共有奇数个"1"的规则填写校验位的方式。奇偶校验位举例见表 2-1。

表 2-1　奇偶校验位举例

序　号	数　据　串	偶 校 验 位	奇 校 验 位
1	1010001	1	0
2	1011101	1	0
3	1100101	0	1
4	1110010	0	1

接收方检验接收到的数据，如果接收到的数据违背了事先约定的奇偶校验的规则，不是所期望的数值，说明出现了传输错误，则向发送方发送出错通知。

（5）求校验和　这种差错检验方法是在通信数据中加入一个差错检验字节。对一条报文中的所有字节进行数学或者逻辑运算，计算出校验和，将校验和形成的差错检验字节作为该报文的组成部分，接收端对收到的数据重复这样的计算，如果得到的结果不相同，就判定通信过程发生了差错，说明它接收到的数据与发送的数据不一致。

一个典型的计算校验和的方法是将这条报文中所有字节的值相加，然后使结果的最低字节的补码作为校验和。校验和通常只有一个字节，因而不会对通信量有明显的影响，适合在长报文的情况下使用，但这种方法并不是绝对安全的，会存在很小概率的判断失误，那就是即便在数据并不完全吻合的情况下有可能出现得到的校验和一致，将有差错的通信过程判断为没有发生差错，导致通信结果失败。

（6）循环冗余校验（CRC）　循环冗余校验即对传输序列进行一次除法操作，将进行除法操作的余数附加在传输信息的后面。在接收端，也进行同样的除法过程。如果接收端进行除法过程后的结果不是零，就表明发生了一个错误。CRC 错误检查方法能够检测出 99.95% 的错误，但计算量大。

2. CRC 的工作原理

CRC 方法是将要发送的数据位序列当作一个多项式 $f(x)$ 的系数，在发送方用收发双方预先约定的生成多项式 $G(x)$ 去除，求得一个余数多项式。将余数多项式加到数据多项式之后再发送到接收端。接收端用同样的生成多项式 $G(x)$ 去除接收数据多项式 $f'(x)$，得到计算余数多项式。如果计算余数多项式与接收余数多项式相同，则表示传输无差错；如果计算余数多项式不等于接收余数多项式，则表示传输有差错，由发送方重发数据，直至正确为止。CRC 基本工作原理如图 2-11 所示。

CRC 生成多项式 $G(x)$ 由协议规定，目前已有多种生成多项式列入国际标准，例如：

CRC-12　$G(x) = x^{12} + x^{11} + x^3 + x^2 + x + 1$

CRC-16　$G(x) = x^{16} + x^{15} + x^2 + 1$

CRC-CCITT　$G(x) = x^{16} + x^{12} + x^5 + 1$

CRC-32　$G(x) = x^{32} + x^{26} + x^{23} + x^{22} + x^{16} + x^{12} + x^{11} + x^{10} + x^8 + x^7 + x^5 + x^4 + x^2 + x + 1$

生成多项式 $G(x)$ 的结构以及检错效果是经过严格的数学分析与试验后确定的。

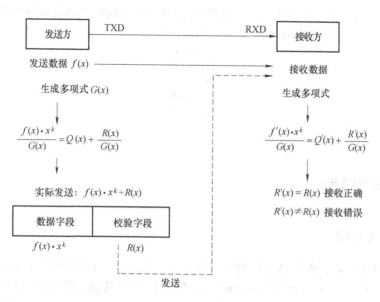

图 2-11　CRC 基本工作原理

图 2-11 所示的 CRC 校验码的工作过程可以描述如下：

1）在发送端，将发送数据多项式 $f(x) \cdot x^k$，其中 k 为生成多项式的最高幂值，例如 CRC-12 的最高幂值为 12，则发送 $f(x) \cdot x^{12}$。对于二进制乘法来说，$f(x) \cdot x^{12}$ 的意义是将发送端的数据位序列左移 12 位，用来存入余数。

2）将 $f(x) \cdot x^k$ 除以生成多项式 $G(x)$，得式中 $R(x)$ 为余数多项式。

3）将 $f(x) \cdot x^k + R(x)$ 作为整体从发送端通过通信信道传送到接收端。

4）接收端对接收数据多项式 $f'(x)$ 采用同样的运算，即

$$\frac{f'(x) \cdot x^k}{G(x)} = Q'(x) + \frac{R'(x)}{G(x)}$$

求得计算余数多项式。

5）接收端根据计算余数多项式 $R'(x)$ 是否等于接收余数多项式 $R(x)$ 来判断是否出现传输错误。实际的 CRC 校验码生成是采用二进制模 2 算法，即减法不借位，加法不进位。这是一种异或操作。可以用下面的实例来进一步说明 CRC 校验码的生成过程：

① 发送数据比特序列为 111101（6bit）；

② 生成多项式比特序列为 11110（5bit，$k = 4$）；

③ 将发送数据比特序列乘以 2^4，那么产生的积应为 1111010000；

④ 将乘积用生成多项式比特序列去除，按模 2 算法应为

$$
\begin{array}{r}
100001 \leftarrow Q(x) \\
G(x) \rightarrow 11110\overline{)1111010000} \leftarrow f(x) \cdot x^k \\
\underline{11110} \\
10000 \\
\underline{11110} \\
1110 \leftarrow R(x)
\end{array}
$$

求得余数比特序列为 1110；

⑤ 将余数比特序列加到乘积中得：1111011110；

⑥ 如果在数据传输过程中没有发生传输错误，那么接收端接收到的带有 CRC 校验码的接收数据比特序列一定能被相同的生成多项式整除，即

$$
\begin{array}{r}
100001 \\
11110 \overline{)1111\ 011110} \\
\underline{1111\ 0} \\
11110 \\
\underline{11110} \\
0
\end{array}
$$

可知传输正确。

2.2 通信参考模型

2.2.1 OSI 参考模型

为了实现不同生产厂商的设备之间的互联操作与数据交换，ISO/TC97 于 1978 年成立了"开放系统互联（Open System Interconnection，OSI）"技术委员会，起草了开放系统互联模型的建议草案，该草案于 1983 年成为正式的国际标准 ISO 7498。1986 年 ISO 又对该标准进行了进一步的完善和补充，形成了为实现开放系统互联所建立的分层模型，简称 OSI 参考模型。这是为计算机互联提供的一个共同基础和标准框架，为保持相关标准的一致性和兼容性提供了共同的参考。"开放"并不是指对特定的系统实现具体的互联网技术或手段，而是对标准的认同。一个系统是开放系统，是指它可以与世界上任意遵守相同标准的其他系统互联通信。

OSI 参考模型是在博采众长的基础上形成的互联网技术，它促进了数据通信与计算机网络的发展。OSI 参考模型提供了概念性和功能性结构，将开放系统的通信功能划分为 7 个层次。各层的协议细节由各层独立进行，这样一旦引入新技术或提出新的业务要求，就可以把因功能扩充和变更所带来的影响限制在直接有关的层内，而不必改动全部协议。OSI 参考模型分层的原则是将相似的功能集中在同一层内，功能差别较大时分层处理，每层只对相邻的上下层定义接口。

OSI 参考模型把开放系统的通信功能划分为 7 个层次。从连接物理介质的层次开始，分别赋予 1，2，…，7 层的顺序编号，相应地称之为物理层、数据链路层、网络层、传输层、会话层、表示层和应用层。OSI 参考模型如图 2-12 所示。

1. 物理层

物理层（Physical Layer）涉及通信在信道上传输的原始比特流。设计上必须保证一方发出二进制"1"时，另一方接收的也是"1"而不是"0"。这里的典型问题是：用多少伏电压表示"1"，多少伏电压表示"0"；一个比特持续多少微秒；传输是否在两个方向上同时进行；最初的连接如何建立和完成通信后连接如何终止；网络连接插件有多少针以及各针的用途。这里的设计主要是处理机械的、电气的、过程的接口，以及物理层下的物理传输介质等问题。

2. 数据链路层

数据链路层（Data Link Layer）的主要任务是加强物理层传输原始比特的功能，使之对网络层提供一条无错线路。发送方把输入数据分装在数据帧里（典型的帧为几百字节或几千字节），按顺序传送各帧，并处理接收方回送的确认帧（Acknowledgement Frame）。因为

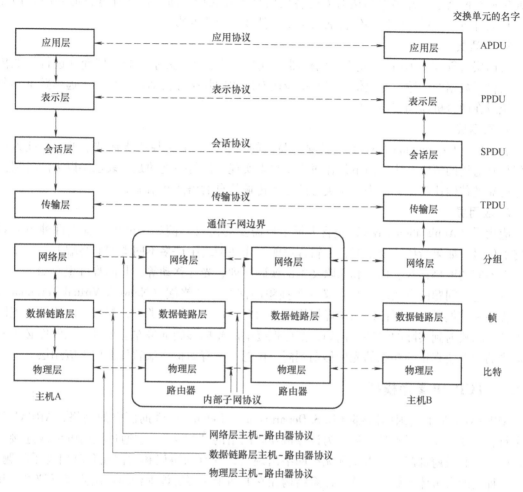

图 2-12　OSI 参考模型

物理层仅仅接收和传送比特流，并不关心它的意义和结构，所以只能依赖各链路层来产生和识别帧边界。可以通过在帧的前面或后面附加上特殊的二进制编码模式来达到这一目的。如果这些二进制编码偶然在数据中出现，则必须采取特殊措施以避免混淆。

3. 网络层

网络层（Network Layer）控制子网之间连接关系的运行，其中一个关键问题就是确定分组从源端到目的端如何选择路由。路由可以选用网络中固定的静态路由表，也可以在每一次会话开始时决定，还可以根据当前网络的负载状况，高度灵活地为每一个分组决定路由。

如果在子网中同时出现过多的分组，它们将相互阻塞通路，形成瓶颈。此类阻塞控制也属于网络层的范围。当分组不得不跨越一个网络到达目的地时，新的问题又会产生：第二个网络的寻址方式可能和第一个网络完全不同；第二个网络可能由于分组太长而无法接收；两个网络使用的协议也可能不同等。网络层必须解决这些问题，以便异种网络能够互联。

在广播网络中，选择路由的问题很简单，所以网络层功能很弱，甚至不存在。

4. 传输层

传输层（Transport Layer）的基本功能是从会话层接收数据，在必要时把它分成较小的单元传递给网络层，并确保到达对方的各段信息正确无误，而且这些任务都必须高效地完成。从某种意义上讲，传输层使会话层不受硬件技术变化的影响。

5. 会话层

会话层（Session Layer）允许不同机器上的用户建立会话关系。会话层允许进行类似传输层的普通数据的传输，并提供了对某些应用有用的增强服务会话，也可用于远程登录到分时系统或在两台机器间传递文件。

6. 表示层

表示层（Presentation Layer）完成某些特定的功能，由于这些功能常被请求，因此人们希望找到通用的解决办法，而不是让每个用户来实现。值得一提的是，表示层以下的各层只关心可靠的传输比特流，而表示层关心的是所传输信息的语法和语义。

7. 应用层

应用层（Application Layer）包含大量用户需要的协议。例如，世界上有成百种不兼容的终端信号，如果希望一个全屏幕编辑程序能工作在网络中许多不同类型的终端上，每个终端都有不同的屏幕格式、插入和删除文本的换码序列、光标移动等，其困难可想而知。

解决这一问题的方法之一是定义一个抽象的网络虚拟终端（Network Virtual Terminal），编辑程序和其他所有程序都面向该虚拟终端。而对于每一种终端类型，都写一段软件来把网络虚拟终端映射到实际的终端。例如，把虚拟终端的光标移到屏幕左上角时，该软件必须发出适当的命令使真正的终端的光标移动到同一位置。所有虚拟终端软件都位于应用层。

2.2.2 TCP/IP 参考模型

ARPANET 是由美国国防部（U. S. Department of Defense）赞助研究的网络，ARPANET 完全符合 ISO/OSI 参考模型，被称为计算机互联网络的"祖父"，它通过租用电话线连接了数百所大学和政府部门。当卫星和无线网络出现后，现有的协议和它们互联时出现了问题，需要一种新的参考体系结构。这个体系结构在它的两个主要协议即传输控制协议（TCP）和网际协议（IP）出现以后，被称为 TCP/IP 参考模型（TCP/IP Reference Model）。

1. 互联网层

所有的这些实现多个网络之间无缝隙连接的需求导致了基于无连接互联网络的分组交换网络的出现。这一层被称为互联网层（Internet Layer），它是整个体系结构的关键部分，其功能是使主机可以把分组发往任何网络并使分组独立地传向目标。这些分组到达的顺序和发送的数据可能不同，因此，如果需要按顺序发送及接收时，高层必须对分组进行排序。

互联网层定义了正式的分组和协议，即 IP。互联网层的功能就是把 IP 分组发送到应该去的地方。分组路由和避免阻塞是这里的关键设计问题。由于这些原因，有理由说 TCP/IP 参考模型互联网层和 OSI 参考模型网络层在功能上非常相似。图 2-13 是它们的对应关系。

2. 传输层

在 TCP/IP 参考模型中，位于互联网层之上的一层，通常被称为传输层。它的功能是使源端和目标端主机上的对等实体可以进行会话，和 OSI 参考模型传输层的作用一样。这里定义了两个端到端的协议，第一个是传输控制协议（TCP），它是一个面向连接的协议，允许从一台机器发出的字节流无差错地发往互联网上的其他机器。它把输入的字节流分为报文段并传给互联网层，在接收端，TCP 接收进程把收到的报文再组装成输出流。TCP 还要处理流

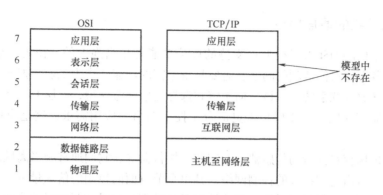

图 2-13　TCP/IP 参考模型与 OSI 参考模型的对应关系

量控制，以避免快速发送方向低速接收方发送过多报文而使接收方无法处理。

第二个协议是用户数据报协议（User Datagram Protocol，UDP），它是一个不可靠的无连接协议，用于不需要 TCP 的排序和流量控制能力而使自己完成这些功能的应用程序。它也被广泛地应用于只有一次的、客户/服务器模式的请求/应答查询，以及快速递交比准确递交更重要的应用程序，如传输语音或影像。TCP/IP 模型中的协议与网络如图 2-14 所示，可在其中看出 IP、TCP 和 UDP 的关系。

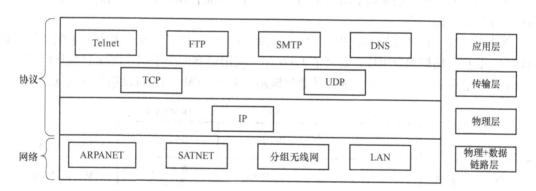

图 2-14　TCP/IP 模型中的协议与网络

3. 应用层

TCP/IP 参考模型没有会话层和表示层。传输层的上面是应用层，它包含所有的高层协议。最早引入的是虚拟终端协议（Telnet）、文件传输协议（FTP）和简单电子邮件协议（SMTP），如图 2-14 所示。虚拟终端协议允许一台机器上的用户登录到远程机器上并进行工作。文件传输协议提供了有效地把数据从一台机器移动到另一台机器的方法。电子邮件协议最初只是一种文件传输，但后来为它提出了专门的协议。这些年来又增加了不少协议，例如域名服务（Domain Name Service，DNS）用于把主机名映射到网络地址；网络新闻传输协议（NNTP）用于传递新闻文章；还有超文本传输协议（HTTP），用于在万维网上获取主页等。

4. 主机至网络层

互联网层的下层什么也没有，TCP/IP 参考模型没有真正描述这一部分，只是指出主机必须使用某种协议与网络连接，以便能在其上传递 IP 分组。这个协议未被定义，并且随主机和网络的不同而不同。

2.2.3 现场总线的通信模型

具有七层结构的 OSI 参考模型可支持的通信功能是相当强大的。作为一个通用参考模型，需要解决各方面可能遇到的问题，需要具备丰富的功能。作为工业数据通信的底层控制网络，要构成开放互联系统，应该如何制定和选择通信参考模型，七层 OSI 参考模型是否适应工业现场的通信环境，简化型是否更适合于控制网络的应用需求，这是应该首要考虑的问题。

工业生产现场存在大量的传感器、控制器、执行器等，它们通常相当离散地分布在一个较大的范围内。对由它们组成的控制网络，其单个节点面向控制的信息量不大，信息传递的任务也相对比较简单，但对实时性、快速性的要求较高。如果按照七层模式的参考模型，由于层间操作与转换的复杂性，网络接口的造价与时间开销显得过高。为满足实时性要求，也为了实现工业网络的低成本，现场总线采用的通信模型大多都在 OSI 参考模型的基础上进行了不同程度的简化。

几种典型现场总线的通信参考模型与 OSI 参考模型的对照如图 2-15 所示。可以看到，它们与 OSI 参考模型不完全保持一致，而是在 OSI 参考模型的基础上分别进行不同程度的简化，不过控制网络的通信参考模型仍然以 OSI 参考模型为基础。图 2-15 中的这几种控制网络，还在 OSI 参考模型的基础上增加了用户层。用户层是依据行业的应用需要，在施加某些特殊规定后形成的标准。

图 2-15 中的 H1 指 IEC 标准中的 61158 低速 FF。它采用了 OSI 参考模型中的 3 层，即物理层、数据链路层和应用层，隐去了 3~6 层。应用层有两个子层：现场总线访问子层和现场总线信息规范子层。此外，还将从数据链路到 FAS、FMS 的全部功能集成为通信栈。

OSI参考模型		H1	HSE	PROFIBUS	工业以太网
		用户层	用户层	应用过程	
应用层	7	FMS和FAS	FMS/FDA	报文规范底层接口	控制与信息协议(CIP)
表示层	6				
会话层	5				
传输层	4		TCP/UDP		网络层和传输层
网络层	3		IP		
数据链路层	2	H1 数据链路层	数据链路层	数据链路层	数据链路层
物理层	1	H1物理层	以太网物理层	物理层(485)	物理层

图 2-15　OSI 与部分现场总线通信参考模型的对应关系

在 OSI 参考模型基础上增加的用户层规定了标准的功能模块、对象字典和设备描述，供用户所需要的应用程序调用，并实现网络管理和系统管理。在网络管理中，设置了网络管理和网络管理信息库，提供组态管理、性能管理和差错管理的功能。在系统管理中，设置了系统管理内核、系统管理内核协议和系统管理信息库，实现设备管理、功能管理、时钟管理和安全管理等功能。

HSE 即高速以太网，是 H1 的高速网段，也属于 IEC 的标准子集之一。它从物理层到传输层的分层模型与计算机网络中常用的以太网相同，应用层和用户层的设置与 H1 基本相当。图 2-15 中应用层的 FDA 指现场设备访问的是 HSE 的专有部分。

PROFIBUS 也是 IEC 的标准子集之一，也作为德国国家标准 DIN 19245 和欧洲标准 EN 50170，采用了 OSI 参考模型的物理层、数据链路层。其 DP 型标准隐去了 3~7 层，而 FMS 型标准则隐去了 3~6 层，采用了应用层。此外，增加用户层作为应用过程的用户接口。

图 2-16 是 OSI 参考模型与另外两种现场总线的通信参考模型的分层比较。其中，LonWorks 采用了 OSI 参考模型的全部七层通信协议，被誉为通用控制网络。图 2-16 中还给出了其他各分层的作用。

在图 2-16 中，作为 ISO 11898 标准的 CAN 只采用了 OSI 参考模型的下面两层，即物理层和数据链路层。这是一种可以封装在集成电路芯片中的广泛应用的协议，要用它实际组成一个控制网络，还需要增加应用层或用户层以及其他约定。

OSI模型		LonWorks		CAN
应用层	7	应用层	应用程序	
表示层	6	表示层	数据解释	
会话层	5	会话层	请求或响应、确认	
传输层	4	传输层	端端传输	
网络层	3	网络层	报文传递寻址	
数据链路层	2	数据链路层	介质访问或成帧	数据链路层
物理层	1	物理层	物理电气连接	物理层

图 2-16　OSI 参考模型与 LonWorks 和 CAN 的分层比较

2.3　传输介质与介质访问控制方式

2.3.1　传输介质

1. 有线传输介质

（1）双绞线　双绞线是计算机网络系统中最常用的一种传输介质，尤其在星形网络拓扑中，双绞线是必不可少的布线材料。如图 2-17 所示，每一对双绞线由两条互相绝缘的铜线规则绞合而成，其导线线径典型直径为 1mm。这两条导线绞绕在一起，在传输过程中每根导线浮现的电波会被另一根上发出的电波抵消，因而降低了信号干扰程度。

（2）同轴电缆　同轴电缆比双绞线的屏蔽性要更好，因此在更高速度上可以传输得更远。如图 2-18 所示，它以硬铜线为芯（导体），外包一层绝缘材料（绝缘层），这层绝缘材料再用密织的网状导体环绕构成屏蔽，其外部又覆盖一层保护性材料（护套）。同轴电缆的这种结构使它具有更高的带宽和极好的噪声抑制特性。1km 的同轴电缆可以达到 1～2Gbit/s 的数据传输速率。

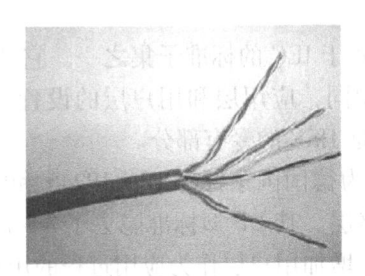

图 2-17　双绞线

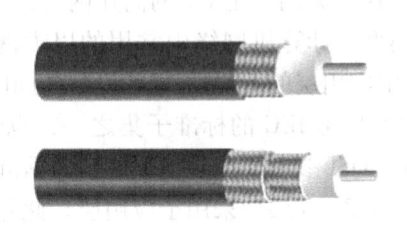

图 2-18　同轴电缆

（3）光纤　光纤是由一组光导纤维组成的用来传播光束、细小而柔韧的传输介质，又称光导纤维，如图 2-19 所示。核心、覆层和保护层是光纤线的三个主要部分。核心部分由纯净的玻璃或塑胶材料制成。覆层也是玻璃或塑料的，它包围着核心部分，光密度比核心部分低。在光纤的一端放置一个光源，如发光二极管（LED）或激光，两者都是电荷响应装置，可以产生光波脉冲，通常接近于红外线的频率（$1.3 \times 10^{12} \sim 4 \times 10^{14}$ Hz）。激光能够产生非常纯净的狭窄光束，同时，它有更高的电能输出，因此它的光比 LED 产生的光波传播得更远。LED 产生的是包含许多波长的集中性较差的光，但它的价格比较便宜，而且通常使用寿命较长。

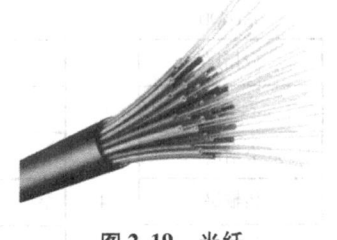

图 2-19　光纤

光源发射出短而快速脉冲的光波，以各种不同的角度进入核心媒体。有些光基本上沿着媒体的中线传播，但有些光将以不同的角度撞击边界面，比如单步多模光纤，如图 2-20 所示。每一个角度都定义了一条路径或一种模式。以这种方式传输光波的光纤称为步率多模光纤（Step Index Multimode Fiber）。角度（与水平线的夹角）大的光来回反射的频率比角度小的光高，经过的距离也较长。因此，它们到达光纤另一端就需要多一点的时间。这种现象称为模式散布（Modal Dispersion）。

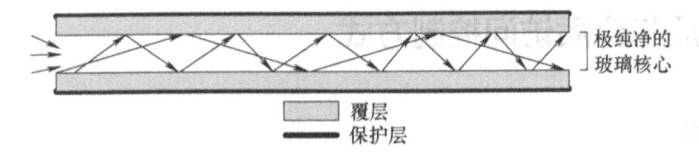

极纯净的玻璃核心

覆层

保护层

图 2-20　单步多模光纤

如果光纤太长的话，模式散布将成为一个问题。从一个脉冲产生出来的光波（反射角度较小）将有可能最终追上前一个脉冲所产生的光波（反射角度较大），从而消除两者的时间间隔。传感器检测到的将不再是光波的脉冲，而是一个持续稳定的光流。这样，脉冲中所有的编码信息都将丢失。

解决模式散布问题的办法之一是使用级率多模光纤（Graded-Index Multimode Fiber）。如图 2-21 所示，级率多模光纤同样由核心、覆层和保护层构成。从核心放射状地向外移动，材料的光密度逐渐变小。因此，当光线放射状地向外传播时，它将逐渐向中心弯曲，最后被反射回来。最后的结果就是尽管有些光线传播距离较长，但它们的传播速度较快，这样模式散布的现象就减少了。

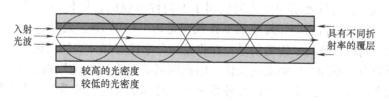

入射光波

具有不同折射率的覆层

■ 较高的光密度
□ 较低的光密度

图 2-21　级率多模光纤

处理模式散布的另一种方法是消除它。把核心的直径减小到一定的程度，光纤内将只有以唯一一种模式传播的光波。这种光纤称为单模光纤（Single-Mode Fiber），如图 2-22 所示。

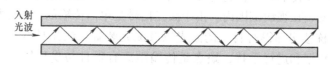

入射光波

图 2-22　单模光纤

要让反射体按照之前描述过的方式反射光线，反射体必须大于被反射光的波长。因为这里的反射体包围着核心媒体，所以它的大小取决于核心媒体的直径。频率与波长的关系是：波长 = 光速/频率。穿越光纤的光线频率大约是 10^{14} Hz，所以其波长可以大概估计为 2×10^{-6} m，即 $2 \mu m$（$1 \mu m = 10^{-6}$ m）。单模光纤的直径通常以微米（μm）作为度量单位（一般为 $4 \sim 8 \mu m$，有时候更小）。

2. 无线传输介质

利用无线电波在自由空间的传播可以实现多种无线通信。在自由空间传输的电磁波根据频谱不同可分为无线电波、微波、红外线、激光等，信息被加载在电磁波上进行传输。由于无线信道不需要铺设电缆，因此对于连接不同建筑物之间的局域网就特别有用。目前正在发展的无线局域网技术将获得广泛的应用。

（1）无线电波　无线电波是指在自由空间（包括空气和真空）传播的射频频段的电磁波。射频（Radio Frequency，RF）表示辐射频率范围在 300kHz ~ 300GHz 之间的电磁波。它是一种高频交流变化电磁波的简称。无线电技术是通过无线电波传播声音或其他信号的技术。

无线电技术的原理在于导体中电流强弱的改变会产生无线电波。利用这一现象，通过调制可将信息加载于无线电波之上。当电波通过空间传播到达收信端，电波引起的电磁场变化又会在导体中产生电流。通过解调将信息从电流变化中提取出来，就达到了信息传递的目的。

（2）微波　微波传输属于一种视距传输，它沿直线传播，不能绕射，它是频率在 10^8 ~ 10^{10} Hz 之间的电磁波。在 100MHz 以上，微波就可以沿直线传播，因此可以集中于一点。通过抛物线状天线把所有的能量集中于一小束，便可以防止他人窃取信号和减少其他信号对它的干扰，但是发射天线和接收天线必须精确地对准。由于微波沿直线传播，所以如果微波塔相距太远，地表就会挡住去路。因此，隔一段距离就需要一个中继站，微波塔越高，传输距离就越远。局域网可直接利用微波收发机进行通信，或作为中继接力扩大传输距离。微波通信被广泛用于长途电话通信、电视信号传播和其他方面的应用。

（3）红外线　红外线通信与激光通信属于方向性极强的直线传播，发送方与接收方必须可以直视，中间没有阻挡。红外线的工作频率是$10^{12} \sim 10^{14}$Hz。无导向的红外线被广泛用于短距离通信。利用红外线来传输信号，在收发端分别接有红外线的发送器和接收器。红外线有一个主要缺点：不能穿透坚实的物体，因此两者必须在可视范围内，中间不得有障碍。但正是由于这个原因，一间房屋里的红外系统不会对其他房间里的系统产生串扰，所以红外系统防窃听的安全性要比无线电系统好。例如电视机、录像机使用的遥控装置都利用了红外线装置。

（4）激光　激光的工作频率为$10^{14} \sim 10^{15}$Hz。激光通信是利用激光束来传输信号，即将激光束调制成光脉冲以传输数据，它与红外线一样不能传输模拟信号。激光通信必须配置一对激光收发器，且安装在视线范围内。由于激光信号是单向传输的，因此如果要连接两栋建筑物里的LAN，每栋楼房都得有自己的激光以及测光装置。激光具有高度的方向性，因而很难被窃听、插入数据和进行干扰，缺点是传输距离有限且易受环境（如大雨、浓雾、较强的沙尘暴等）的干扰。

2.3.2 介质的访问控制方式

为解决在同一时间有几个设备同时发起通信而出现的争用传输介质的现象，需要采取某种介质访问控制方式，协调各设备访问介质的顺序。这种用于解决介质争用冲突的办法称为竞用技术。

通信中对介质的访问可以是随机的，即网络各节点可在任何时刻随意访问介质；也可以是受控的，即采用一定的算法调解各节点访问介质的顺序和时间。在计算机网络中，普遍采用载波监听多路访问/冲突检测（Carrier Sense Multiple Access with Collision Detection，CSMA/CD）的随机访问方式来竞用总线。而在控制网络中往往会采用主从式、令牌总线、并行时间、多路存取等受控的介质访问控制方式。

1. 载波监听多路访问/冲突检测

采用载波监听多路访问/冲突检测的介质访问控制方式时，网络上的任何节点都没有预定的通信时间，节点随机向网络发起通信。当遇到多个节点同时发起通信时，信号会在传输线上互相混淆而破坏，称为"冲突"。为尽量避免由于竞争引起的冲突，每个工作站在发送信息之前，都要侦听传输线上是否有信息在发送，这就是"载波监听"。

载波监听CSMA的控制方案是先听再讲，一个节点要发送，首先需要监听总线，以决定介质上是否存在正在发送信号的其他节点。如果介质处于空闲，则可以发送；如果介质忙，则要等待一定时间间隔后重试。

有3种CSMA坚持退避算法：

第一种：不坚持CSMA。假如介质是空闲的，则发送；假如介质是忙的，则等待一段随机时间，重复第一步。

第二种：1- 坚持 CSMA。假如介质是空闲的，则发送；假如介质是忙的，则继续监听，直到介质空闲，立即发送；假如冲突发生，则等待一段随机时间，重复第一步。

第三种：P- 坚持 CSMA。假如介质空闲，则以 P 的概率发送，或以 $1-P$ 的概率延迟一个时间单位后再听，这个时间单位等于最大的传播延迟；假如介质是忙的，则继续监听直到介质空闲，重复第一步。

2. 介质访问控制的令牌方式

CSMA 的访问产生冲突的原因是由于各节点发起通信是随机的。为了解决冲突，可对通信发起采取某种方式进行控制。令牌访问就是其中一种，这种方法按一定的顺序在各站点间传输令牌，得到令牌的节点才有发起通信的权力，从而避免了几个节点同时发起通信而产生的冲突。令牌访问原理可用于环形网，构成令牌环形网络；也可以用于总线网，构成令牌总线网络。

令牌环是环形局域网采用的一种访问控制方式，令牌在网络环路上不断地传送，只有拥有此令牌的站点，才有权向环路上发送报文，而其他站点仅允许接收报文。一个节点发送完毕后，便将令牌交给网上的下一个站点，下一个站点如果没有报文发送，便立即把令牌按顺序依次传给它的下一个站点，因此表示发送权的令牌在环形信道上不断循环。环路上每个节点都可以获得发送报文的机会，而任何时刻只会有一个节点利用环路传送报文，因而在环路上保证不会发生访问冲突。

图 2-23a 所示为令牌环中令牌传递的工作原理示意图。图中每个网络节点都有一个入口和一个出口分别与环形信道相连。在通信接口中用缓冲器来存储转发数据。图 2-23b 是网上传输的帧格式，它用起始标志表示帧头，目的地址是该帧的接收站地址，源地址是发送该帧的地址，报文即为帧中的数据，校验和用来表示对帧进行差错检查的结果，状态位则用来指示此帧发出后是否为目的站所接收，结束标志用来表示该帧的结尾。

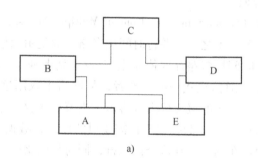

a)

起始标志	目的地址	源地址	数据信息	校验和	状态	结束标志

b)

图 2-23　环形网示意图

a) 令牌环工作原理图　b) 帧格式

若 A 站要发送数据给 C 站，则 A 站把目的地址和要发送的数据交给本站的通信处理器组织成帧。一旦 A 站从环上得到令牌，就发出该帧。B 站从其入口收到此帧后，查看目的地址与本站地址不符，便将原帧依次转发给 C 站。C 站在查看目的地址时，得知此帧是给本站的，便采用校验和差错检查。若传输的帧无错误，便将帧中的数据收下，并修改状态位，表示此帧已被正确接收，然后 C 站再把修改了状态位的原帧沿 D、E 站送回 A 站。A 站从返回的帧的状态位得知发送成功，便从环上取消此帧，再把令牌转交给 B 站。这样就完成了一次站点间的通信过程。

采用令牌环方式的局域网，网上每一个站点都知道信息的来去动向，保证了通信传输的正确性。由于能限制各节点的令牌持有时间，所以适合于实时系统的使用，令牌环方式对轻、重负载不敏感，但单环环路出故障将使整个环路通信瘫痪，因而可靠性比较差。

3. 时分复用

时分复用（Time Division Multiplexing，TDM）为每个节点预先分配好特定的一段时间，让每个节点在这段时间内占有总线。多个节点按划分的时间顺序占用总线的工作方式称为时分多路复用。比如让节点 A、B、C、D 分别按 1、2、3、4 的顺序占用总线。如果事先可以预计每个节点占用总线的时间、需要的通信时间或要传送的报文的字节数量，则可以准确估算出每个节点两次占用总线之间的循环周期。这在控制网络的应用条件下满足某种确定的时间要求是有用的。

时分复用又分为同步时分复用和异步时分复用两种。这里的"同步"与"异步"在意义上与前面位同步、帧同步中的同步的概念不同。同步时分复用指为每个节点分配相等的时间，而不管每个设备需要通信的数量大小。每当分配给某个节点的时间片到来时，该节点就可以发送数据，如果此时该节点没有数据要发送，则传输介质在该段时间片内是空的。这意味着同步时分复用的平均分配策略有可能造成通信资源的浪费，不能有效利用链路的全部容量。

4. 并行时间域多路存取

并行时间域多路存取（Concurrent Time Domain Multiple Access，CTDMA），是 ControlNet 网络系统通信中采用的特色技术之一。并行时间域多路存取是由通信系统中物理层与数据链路层所完成的功能。并行时间域多路存取依靠生产者/消费者通信模式来完成。报文数据的产生者（数据源）充当这一通信模式中的生产者，从网络中取用这一数据的节点称为消费者。并行时间域多路存取所发送的报文按内容辨识，当节点接收数据时，仅需识别与此报文相关联的特定标识符（Identifier），数据包不再需要目的地址，数据源只需将数据发送一次。多个需要该数据的节点通过在网上识别这个标识符，同时从网络中获取来自同一生产者的报文数据，因而称之为并行时间域多路存取。

2.4 控制网络的特性

控制网络属于一种特殊类型的计算机网络，是用于完成自动化任务的网络系统。控制网络在节点的设备类型、传输信息的种类、网络所执行的任务、网络所处的工作环境等方面都有别于由普通 PC 或其他计算机构成的数据网络。这些测控设备的节点可能分布在工厂的生产装置、装配流水线、温室、粮库、堤坝、交通管制系统、各类运载工具车辆、环境监测、建筑、消防、家庭等各处，几乎涉及生产和生活的各个方面。

2.4.1　控制网络的节点

作为普通计算机网络节点的 PC 或其他种类的计算机、工作站，当然也可以成为控制网络的一员。

控制网络的节点大多都是具有计算与通信能力的测量控制设备，它们可能具有嵌入式 CPU，但功能比较单一，其计算与其他能力也许远不及普通 PC，没有键盘、显示等人机交互接口，甚至不带有 CPU、单片机，只带有简单的通信接口。具有通信能力的以下设备都可以成为控制网络的节点成员：

1）限位开关、感应开关等各类开关。

2）条形码阅读器。

3）光电传感器。

4）温度、压力、流量、物位等各种传感器、变送器。

5）可编程序控制器（PLC）。

6）PID 等数字控制器。

7）各种数据采集装置。

8）作为监视操作设备的监控计算机、工作站及其外设。

9）各种调节阀。

10）电动机控制设备。

11）变频器。

12）机器人。

13）作为控制网络连接设备的中继器、网桥、网关等。

受制造成本和传统因素的影响，作为控制网络节点的上述自控设备，其在计算能力等方面一般比不上普通计算机。

把这些单个分散的有通信能力的测量控制设备作为网络的节点，连接成如图 2-24 所示的网络系统，使它们之间可以相互沟通信息，由它们共同完成自控任务，就构成控制网络。

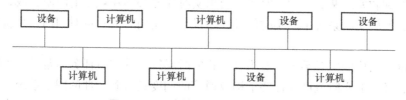

图 2-24　组成控制网络的节点示意图

2.4.2　控制网络的任务与工作环境

控制网络以具有通信能力的传感器、执行器和测控仪表为网络节点，并将其连接成开放式、数字化、实现多节点通信和完成测量控制任务的网络系统。控制网络要将现场运行的各种信息传送到远离现场的控制室，在把生产现场设备的运行参数、状态以及故障信息等送往控制室的同时，又将各种控制、维护、组态命令等送往位于现场的测量控制现场设备中，起着现场及控制设备之间数据联系与沟通的作用。近年来，随着互联网技术的发展，已经开始对现场设备提出了参数的网络浏览和远程监控的要求。在有些应用场合，需要借助网络传输介质为现场设备提供工作电源。

与工作在办公室的普通计算机网络不同，控制网络要面临工业生产的强电磁干扰、各种机械振动和严寒酷暑的野外工作环境，因此要求控制网络能适应此类恶劣的工作环境。另外，自控设备千差万别，实现控制网络的互联与互操作往往十分困难，这也是控制网络必须解决的问题。

控制网络肩负的特殊任务和工作环境，使它具有许多不同于普通计算机网络的特点。控制网络的数据传输量相对较小，传输速率相对较低，多为短帧传送，但它要求通信传输的实时性强、可靠性高。

网络的拓扑结构、传输介质的种类与特性、介质访问控制方式、信号传输方式和网络与系统管理等，都是影响控制网络性能的重要因素。为适应完成自控任务的需要，人们在开发控制网络技术时，注意力往往集中在满足控制的实时性要求、工业环境下的抗干扰、总线供电等控制网络的特定需求上。

2.4.3　控制网络的实时性要求

计算机网络普遍采用以太网技术，采用带冲突监测的载波监听多路访问的媒体访问控制方式。一条总线上挂接多个节点，采用平等竞争的方式争用总线。节点要求发送数据时，先监听总线是否空闲，如果空闲就发送数据；如果总线忙就只能以某种方式继续监听，等总线空闲后再发送数据。即便如此还会有几个节点同时发送而发生冲突的可能性，因而称之为非确定性网络。计算机网络传输的文件、数据在时间上没有严格的要求，一次连接失败后还可以继续要求连接。因此，这种非确定性不至于造成严重的后果。

控制网络不同于普通数据网络的最大特点在于它必须满足对控制的实时性要求。实时控制往往要求对某些变量的数据准确定时刷新，这种对动作时间有实时性要求的系统称为实时系统。

实时系统的运行不仅要求系统动作在逻辑上的正确性，同时要求满足时限性。实时系统又分为硬实时和软实时两类。硬实时系统要求实时任务必须在规定的时限完成，否则会产生严重的后果；而软实时系统中的实时任务在超过了截止期后的一定时间内，系统仍可以执行处理。

由控制网络组成的实时系统一般为分布式实时系统。其实时任务通常是在不同节点上周期性执行的，任务的实时调度往往要求构成通信的调度具有确定性的网络系统。例如，一个控制网络由几个网络节点的 PLC 构成，每个 PLC 连接着各自下属的电气开关或阀门，由这些 PLC 共同控制管理着一个生产装置的不同部件的动作时序与时限，而且它们的动作需要严格互锁。对这个分布式实时系统来说，它应该满足实时性的要求。

控制网络中传输的信息内容通常有生产装置运行参数的测量值、控制量、执行器状态、报警状态、系统配置组态、参数修改、零点量程调校、设备资源与维护信息等。其中，一部分参数的传输有实时性的要求，例如控制信息；一部分参数要求周期性刷新，例如参数的测量值与开关状态。而像系统组态、参数修改、趋势报告、调校信息等则对时间没有严格要求。所以，要根据各自的情况分别采取措施，从而让现有的网络资源能充分发挥作用，满足各方面的应用需求。

第2章习题

2-1 给出 01001110 序列的曼彻斯特编码及差分曼彻斯特编码的信号波形。

2-2 发送数据比特序列为 110011，生成多项式比特序列为 11001，采用二进制模 2 算法，说明 CRC 码的生成过程。

2-3 结合常用的网络互联设备及通信参考模型，简述常用互联设备的功能及在参考模型中的协议层次。

2-4 试述波特率和比特率的概念。在什么情况下波特率等于比特率？

2-5 举例说明奇偶校验码的用法。试述其缺点，并简要描述一些可以用于改进的措施和方法。

第 3 章

通用串行端口的数据通信

在串行通信中，两台或多台设备在通信过程中共享一条物理通路，接收者按一定的约定规则接收发送者依次逐位发送的一串数据信号。由于串行端口通常只是规定了物理层的接口规范，所以为确保每次传送的数据报文能准确到达目的地，使每一个接收者能够接收到所有发向它的数据，必须在通信连接上采取相应的措施。

由于借助串行端口所连接的设备在功能、型号方面往往互不相同，其中大多数设备除了等待接收数据的任务外，还会有其他任务。比如一个数据采集处理单元需要周期性地收集和存储数据；一个控制器需要负责控制计算或向其他设备发送报文；一台设备作为接收方的同时还可能正在进行其他信息发送的任务。因此，为了保证串行通信的有效性，必须具备能应对多种工作状态的一系列规则。这里所讲的规则包括：设置通信帧的起始、停止位；建立连接握手；使用轮询或者中断来检测、接收信息；实行对接收数据的确认、数据缓存以及错误检查等。

3.1 串行通信技术基础

3.1.1 串行通信的基本概念

1. 连接握手

通信帧的起始位可以引起接收方的注意，但发送方并不知道，也不能确认接收方是否已经做好了接收数据的准备。利用连接握手可以使收发双方确认已经建立了连接关系，接收方已经做好了准备，可以进入数据收发状态。

连接握手过程是指发送者在发送一个数据块之前使用一个特定的握手信号来引起接收者的注意，表明要发送数据，接收者则通过握手信号回应发送者，说明它已经做好了接收数据的准备。

连接握手既可以通过软件方式实现，也可以通过硬件方式来实现。在软件连接握手方式中，发送者通过发送一个字节表明它想要发送数据；接收者看到这个字节时，也发送一个编码来声明自己可以接收数据；当发送者看到这个信息时，便知道它可以发送数据了。接收者还可以通过另一个编码来告诉发送者停止发送数据。

在普通的硬件握手方式中，接收者在准备好接收数据的时候将相应的握手信号线变为高电平，然后开始全神贯注地监视它的串行输入端口的允许发送端。这个允许发送端与接收者的已准备好接收数据的信号端相连，发送者在发送数据之前一直在等待这个信号的变化，一旦得到信号，说明接收者已处于准备接收数据的状态，便开始发送数据。接收者可以在任何时候将握手信号线变为低电平，即便是在接收一个数据块的过程中也可以使这根导线变为低电平。当发送者检测到这个低电平信号时，就停止发送，而在完成本次传输之前，发送者还会继续等待握手信号线再次变为高电平，以继续被中止的数据传输。

2. 确认

接收者为表明数据已经收到，向发送者回复信息的过程称为确认。有的传输过程可能会收到报文而不需要向相关节点回复确认信息，但在许多情况下，需要通过确认告知发送者数据已经收到。有的发送者需要根据是否收到确认信息来采取相应的措施，因而确认对某些通信过程是必需而且有用的。即便接收者没有其他信息要告诉发送者，也要为此单独发送一个数据确认已经收到信息。

确认报文可以是一个特别定义的字节，如一个标识接收者的数值，发送者收到确认报文就可以认为数据传输过程正常结束，如果发送者没有收到所希望回复的确认报文，它就认为通信出现了问题，然后将采取重发或其他行为。

3. 中断

中断是一个信号，它通知 CPU 有需要立即响应的任务。每个中断请求对应一个连接到中断源和中断控制器的信号，通过自动检测端口事件发现中断并转入中断处理。

许多串行端口采用硬件中断，在串口发生硬件中断，或者一个软件缓存的计数器到达一个触发值时，表明某个事件已经发生，需要执行相应的中断响应程序，并对该事件做出及时的反应，这种过程也称为事件驱动。

采用硬件中断就应该提供中断服务程序，以便在中断发生时让它执行所期望的操作，很多微控制器为满足这种应用需求而设置了硬件中断。在一个事件发生的时候，应用程序会自动对端口的变化做出响应，跳转到中断服务程序。例如发送数据、接收数据、握手信号变化、接收到错误报文等，都可能成为串行端口的不同工作状态，或称为通信中发生了不同事件，需要根据状态变化停止执行现行程序而转向与状态变化相适应的程序。

外部事件驱动可以在任何时间插入并且使程序转向执行一个专门的应用程序。

4. 轮询

通过周期性地获取特征值或信号来读取数据或发现是否有事件发生的工作过程称为轮询，这种方法需要足够频繁地轮询端口，以便不遗失任何数据或者事件。轮询的频率取决于对事件快速反应的需求以及缓存区的大小这两个因素。

轮询通常用于计算机与 I/O 端口之间较短数据或字符组的传输。由于轮询端口不需要硬件中断，因此可以在一个没有分配中断的端口运行此类程序，很多轮询使用系统计时器来确定周期性读取端口的操作时间。

5. 差错检验

所接收的数据是否正确，数据通信中的接收者可以通过差错检验的方法来判断。串行通信中常用的差错检验方法主要有冗余数据校验、奇偶校验、校验和、循环冗余校验等。

6. 出错的简单处理

当一个节点检测到通信中出现差错或者接收到一条无法理解的报文时，应该尽量通知发送报文的节点，要求它重新发送或者采取其他措施来纠正。多次重发之后，如果这个差错仍不能为发送者所纠正，发送者应该跳过对这个节点的发送，发布一条出错消息，通过报文或者其他操作来通知操作人员发生了通信差错，并尽可能继续执行其他任务。

接收者如果发现一条报文比期望的报文要短，应该重试，若最终失败则停止连接，并让主机知道出现了问题，而不能无休止地等待一个报文结束。主机可以决定让该报文继续发送、重发或者停发，不应因发现问题而让网络处于无休止的等待状态。

3.1.2 串行异步通信数据格式

无论是 EIA-232 接口，还是 EIA-485 接口，均可采用串行异步收发数据格式。在串行端口的异步传输过程中，数据会在什么时候到达，接收方一般事先是不知道的，在它检测到数据并做出响应之前，第一个数据位就已经过去了。因此，每次异步传输都应该在发送的数据之前设置至少一个起始位，以通知接收方数据到达，给接收方一个准备接收数据、缓存数据和做出其他响应所需要的时间，而在传输过程结束时，则应由一个停止位通知接收方本次传输过程已经终止，以便接收方正常终止本次通信转入其他工作。串行异步发送（UART）通信数据格式如图 3-1 所示。

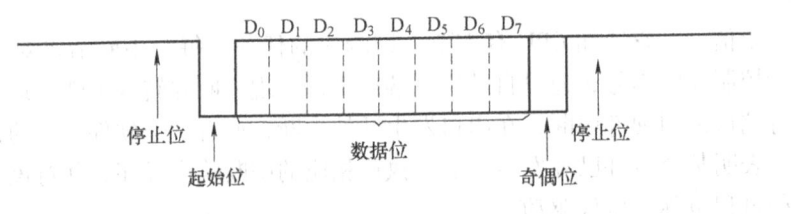

图 3-1 串行异步发送（UART）通信数据格式

若通信线上无数据发送，该线路应处于逻辑 0 状态（高电平）。当计算机向外发送一个字符数据时，应先送出起始位（逻辑 1，低电平），随后紧跟着数据位，这些数据构成是要发送的字符信息。有效数据位的个数可以规定为 5、6、7 或 8 位（bit）。奇偶校验位根据设定随后传送，紧跟其后的是停止位（逻辑 0，高电平），其位数可在 1、1.5 和 2 中选择其一。

3.2 EIA-232-D 串行通信接口技术

EIA-232-D 是美国电子工业协会（Electronic Industries Association，EIA）在 1969 年制定的 RS-232-C 标准基础上推行的物理接口标准，C 指代标准的第三版，D 指代标准的第四版。1987 年 1 月修订后正式定名为 EIA-232-D。

3.2.1 EIA-232-D 接口

1. EIA-232-D 的物理特性

EIA-232-D 的连接插口用 25 针或 9 针的 EIA 接口 D 型连接插头（座），其物理外观如图 3-2 所示。

2. 端子功能分配

EIA-232-D 连接插头的端子功能分配见表 3-1。

3. 信号含义

（1）从计算机到 MODEM 的信号

DTR：数据终端（DTE）准备好，告诉 MODEM 计算机已经接通电源，并准备好了。

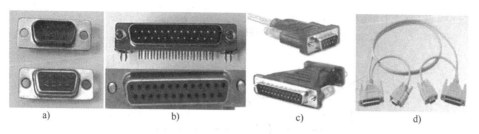

图 3-2　EIA-232-D 连接插口 D 型插头

a) DB-9 外形　b) DB-25 外形　c) 常见连接头　d) 常见转接连线

表 3-1　EIA-232-D 主要端子

端　脚		方　向	符　号	功　能
25 针	9 针			
2	3	输出	TXD	发送数据
3	2	输入	RXD	接收数据
4	7	输出	RTS	请求发送
5	8	输入	CTS	为发送清零
6	6	输入	DSR	数据设备准备好
7	5		GND	信号地
8	1	输入	DCD	
20	4	输出	DTR	数据信号检测
22	9	输入	RI	

RTS：请求发送，告诉 MODEM 现在需要发送数据。

（2）从 MODEM 到计算机的信号

DSR：数据设备（DCE）准备好，告诉计算机 MODEM 已接通电源，并准备好了。

CTS：发送清零，告诉计算机 MODEM 已做好了接收数据的准备。

DCD：数据信号检测，告诉计算机 MODEM 已与对端的 MODEM 建立了连接。

RI：振铃指示器，告诉计算机对端电话已经在振铃了。

（3）数据信号

TXD：发送数据。

RXD：接收数据。

4. 电气特性

EIA-232-D 的电气线路连接方式如图 3-3 所示。

其接口为非平衡型，每个信号用一根导线，所有信号回路共用一根地线。信号速率限于 20kbit/s 内，电缆长度限于 15m 内，由于是单线，线间干扰较大，其电性能用 ±12V 标准脉冲。要注意的是 EIA-232-D 采用负逻辑。

在数据线上：传号 Mark = -15 ~ -5V，逻辑 "1" 电平；

空号 Space = +5 ~ +15V，逻辑 "0" 电平。

在控制线上：通 On = +5 ~ +15V，逻辑 "0" 电平；

断 Off = -15 ~ -5V，逻辑 "1" 电平。

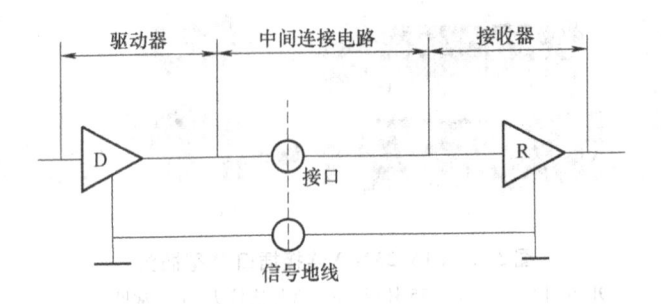

图 3-3　EIA-232-D 的电气线路连接方式

　　EIA-232-D 的逻辑电平与 TTL 电平不兼容，为了使其与 TTL 器件相连，必须进行电平转换。

　　由于 EIA-232-D 采用电平传输，在通信速率为 19.2kbit/s 时，其通信距离只有 15m。想要延长通信距离，就必须降低通信速率。

3.2.2　EIA-232-D 通信接口的互联

　　当两台计算机经 EIA-232-D 接口直接通信时，通信线路可用图 3-4 和图 3-5 所示的方式来实现。虽然不接 MODEM，但图中仍连接着有关的 MODEM 信号线，这是由于 INT 14H 中断使用这些信号。假如程序中没有调用 INT 14H，在自编程序中也没有用到 MODEM 的有关信号，两台计算机直接通信时，只连接 2、3、7（25 针 EIA）或 3、2、5（9 针 EIA）就可以了。

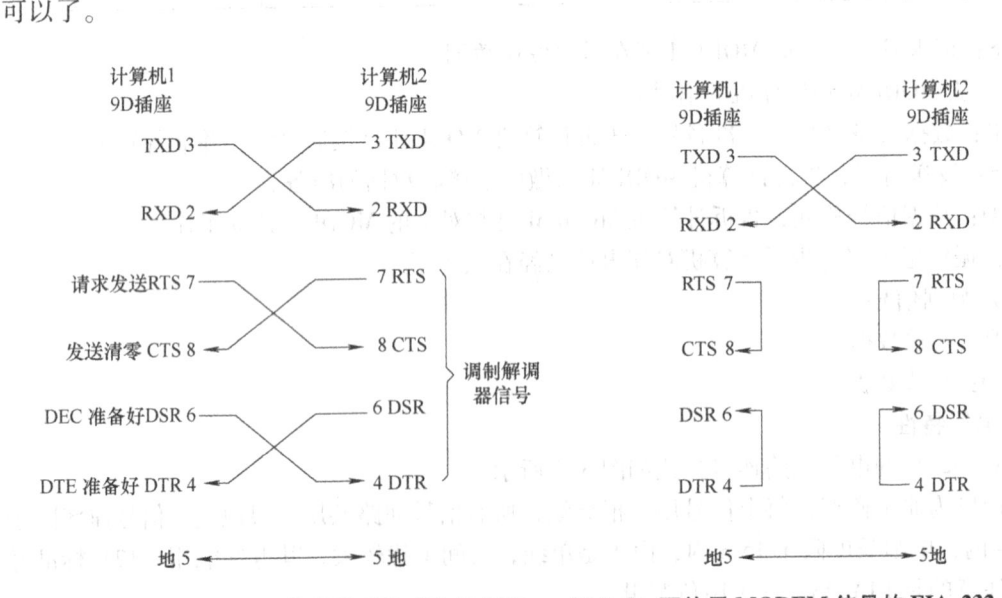

图 3-4　使用 MODEM 信号的 EIA-232-D 接口　　图 3-5　不使用 MODEM 信号的 EIA-232-D 接口

3.2.3　EIA-232-D 驱动器/接收器

　　要使得采用 +5V 供电的 TTL 和 CMOS 通信接口电路能与 EIA-232-D 标准接口连接，必须进行串口输入/输出信号的电平转换。

目前常用的电平转换器有 Motorola 公司生产的 MC1488 驱动器、MC1489 接收器，美国德州仪器（TI）公司的 SN75188 驱动器、SN75189 接收器以及美国 Maxim 公司生产的单一 +5V 电源供电、多路 EIA-232-D 驱动器/接收器，如 MAX232A 等。单一 +5V 电源供电的 EIA-232-D 电平转换器还有 TL232/ICL232 等。

MAX232A 内部具有双充电泵电压变换器，把 +5V 变换成 +10V，作为驱动器的电源，具有两路发送器及两路接收器，使用特别方便。MAX232A 引脚图如图 3-6 所示，其典型应用如图 3-7 所示。

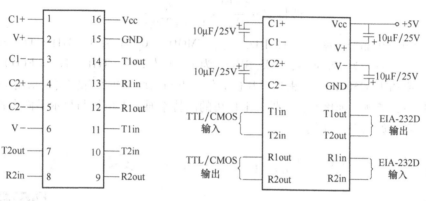

图 3-6　MAX232A 引脚图　　　图 3-7　MAX232A 典型应用

3.2.4　EIA-232-D 串行通信在温度采集系统中的应用

1. 温度采集系统构成

本温度采集系统用于室内环境温度的采集，由嵌入式温度采集卡、上位机系统和通信链路构成。嵌入式采集卡用于温度数据的采集与格式转换，由单片机和温度传感器构成，通过通信链路发送给上位机系统；上位机系统接收采集卡的温度数据，显示并比较存储温度数据，以便发出下一步的控制指令。该采集系统对通信链路的要求较简单，距离较近，采用点对点通信，无须考虑组网等。基于以上需求，可以采用 EIA-232-D 串行通信方式，该通信方式在较近距离具有通信速度快、硬件电路简单、上位机软件开发简洁和接口标准等特点。温度采集系统结构如图 3-8 所示。

温度采集卡可采用常见的 51 单片机构成，它可以胜任温度采集、运算与传送工作，而且成本低廉、性能稳定、技术成熟。温度传感器采用单片数字温度传感器 DS18B20，

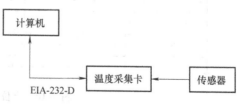

图 3-8　温度采集系统结构

该传感器具有采集数据精确、数字化通信、通信线路精简等特点，可以满足室内外温度采集的需求。

单片机节点通信连接图如图 3-9 所示。

2. 通信参数的设置

EIA-232-D 通信的核心参数是通信波特率，通信双方只有在相同波特率下才能正常通信。对于采集卡，51 单片机采用定时器作为波特率发生器，设置波特率即设置定时器参数。当 51 单片机串行通信设为模式 1 时，由定时器 T1 作

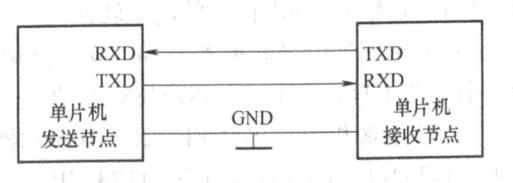

图3-9　单片机节点通信连接图

为波特率发生器，使其工作在模式 2。波特率由 T1 的溢出率与 SMOD 位确定，计算关系式为

$$波特率 = \frac{2^{SMOD}}{32} \times \frac{f_{osc}}{12 \times (256 - X)} \tag{3-1}$$

式中，f_{osc} 为单片机晶振频率，为 12MHz。当取 SMOD 为 0，X 为 0（TH1 = TL1 = 00H）时，可得到最小波特率约为 122bit/s；当取 SMOD 为 1，X 为 255（TH1 = TL1 = FFH）时，可得到最大波特率约为 62500bit/s。根据单片机通信特点与温度采集实际需要，采用 9600bit/s 作为通信波特率，兼顾了速度与稳定性。上位机的波特率通过上位机与显示界面设置，上位机设置与显示界面如图 3-10 所示。

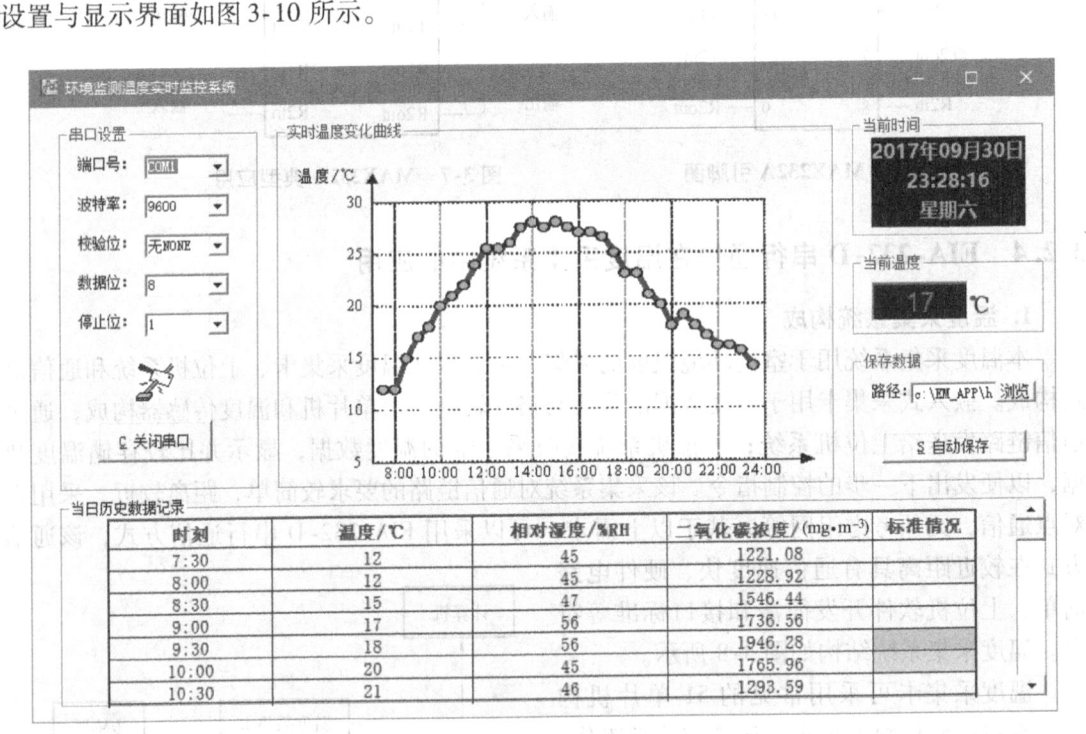

图3-10　上位机设置与显示界面

3. 下位机系统软件设计

```
#include <reg52. h>
#define uchar unsigned char
#define uint unsigned int
sbit DS = P2^2;                    //定义传感器引脚
```

```
uint temp;                              //定义温度值存储变量
uchar flag1;                            //定义结果标志位
void delay(uint count)                  //延时
{
  uint i;
  while(count)
  {
    i = 200;
    while(i > 0)
    i − −;
    count − −;
  }
}
//功能:串口初始化,波特率为9600bit/s,方式1
void Init_Com (void)
{
  TMOD = 0x20;
  PCON = 0x00;
  SCON = 0x50;
  TH1 = 0xFd;
  TL1 = 0xFd;
  TR1 = 1;
}
void dsreset (void)                     //发送复位命令
{
  uint i;
  DS = 0;
  i = 103;
  while (i > 0)    i − −;
  DS = 1;
  i = 4;
  while (i > 0)    i − −;
}
bit tmpreadbit (void)                   //传感器读一位数据
{
  uint i;
  bit dat;
  DS = 0; i + +;                        //i + +起延时作用
  DS = 1; i + +; i + +;
```

```
    dat = DS;
    i = 8; while (i > 0)    i - -;
    return (dat);
}
uchar tmpread (void)                  //传感器读一个字节数据
{
    uchar i, j, dat;
    dat = 0;
    for (i = 1; i < = 8; i + +)
      {
        j = tmpreadbit ();
        dat = (j << 7) | (dat >> 1);   //读出的数据最低位在最前面，这样刚好一个
                                       //  字节在 dat 里

      }
    return (dat);
}
void tmpwritebyte (uchar dat)          //向传感器写一个字节数据
{
    uint i;
    uchar j;
    bit testb;
    for (j = 1; j < = 8; j + +)
      {
        testb = dat & 0x01;
        dat = dat > > 1;
        if (testb)                     //写"1"
        {
          DS = 0;
          i + +; i + +;
          DS = 1;
          i = 8; while (i > 0)    i - -;
        }
        else
        {
          DS = 0;                      //写"0"
          i = 8; while (i > 0)    i - -;
          DS = 1;
          i + +; i + +;
        }
```

```
      }
   }
   void tmpchange (void)              //传感器开始温度转换
   {
      dsreset ();
      delay (1);
      tmpwritebyte (0xcc);
      tmpwritebyte (0x44);
   }
   uint tmp ()                        //获取温度值，已放大 10 倍
   {
      float tt;
      uchar a, b;
      dsreset ();
      delay (1);
      tmpwritebyte (0xcc);
      tmpwritebyte (0xbe);
      a = tmpread ();
      b = tmpread ();
      temp = b;
      temp << = 8;
      temp = temp | a;
      tt = temp * 0.0625;
      temp = tt * 10 + 0.5;
      return temp;
   }
   void readrom ()                    //读总线状态
   {
      uchar sn1, sn2;
      dsreset ();
      delay (1);
      tmpwritebyte (0x33);
      sn1 = tmpread ();
      sn2 = tmpread ();
   }
   void display (uint temp)           //串口发送程序
   {
      uchar ser;
      ser = temp/10;
```

```
      SBUF = ser;
    }
  void main ( )
  {
    uchar a;
    Init_Com ( );
      do
       {
         tmpchange ( );
         delay（200）;
  for（a = 10; a > 0; a − −）
    {display（tmp（））;
    }
    } while（1）;
  }
```

4. 上位机系统软件设计

上位机软件采用 VB 编写，在上位机窗口中可以显示实时采集的温度值，并按照一定时间间隔将温度值存储在 PC 中，便于对温度数据的长期管理与运用。上位机与 EIA-232-D 通信的相关程序流程图如图 3-11 所示。

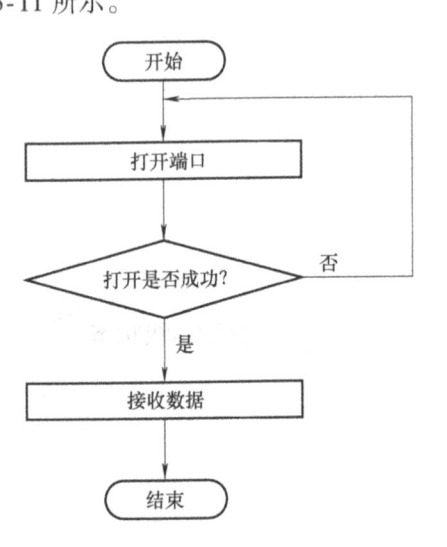

图 3-11　上位机通信程序流程图

VB 界面程序设计如下：

Private Sub Form_Load ( )　　'初始化串口

MSComm1. CommPort = 3　　'设置串口 3

MSComm1. Settings = "9600，n，8，1"　　'波特率为 9600bit/s，无校验，8 位数据位，1 位停止位

MSComm1. PortOpen = True　　'打开串口

MSComm1. RThreshold = 1   '每接收到一个字符就会产生 onComm 事件

MSComm1. SThreshold = 0   '不产生 onComm 事件

MSComm1. InputLen = 0   '读取接收缓冲区里的所有数据

MSComm1. InputMode = comInputModeText   '以文本的方式读取接收到的数据

MSComm1. InBufferCount = 0   '清空接收缓冲区

Me. Caption = " 串口通信"   '给窗体命名

End Sub

Private Sub Command1_Click ( )   '发送数据

Dim SendData As Variant

Dim SendArr (0) As Byte   '定义一个字节型（二进制）的数组

SendData = Check1 （0）. Value + Check1 （1）. Value * 2 + Check1 （2）. Value * 4 + Check1 （3）. Value * 8 + Check1 （4）. Value * 16 + Check1 （5）. Value * 32 + Check1 （6）. Value * 64 + Check1 （7）. Value * 128

SendArr （0）= CByte （SendData）   '把 SendData 转化成字节型

MSComm1. Output = SendArr   '把数据发送出去

Text1. Text = "0x" + Hex （SendData）   '把发送的数据以十六进制显示

End Sub

Private Sub MSComm1_OnComm ( )   '接收数据

Dim rec As String

Select Case MSComm1. CommEvent

Case comEvReceive   '判断是否接收到数据

rec = MSComm1. Input   '读取接收缓冲区接收到的数据

Text2. Text = rec   '显示接收到的数据

MSComm1. InBufferCount = 0   '清空接收缓冲区

End Select

End Sub

3.3 EIA-485 串行通信接口技术

由于 EIA-232- D 通信距离较近，当传输距离较远时，可采用 EIA-485 串行通信接口。EIA-485 传输技术的基本特性为：

1）网络拓扑为总线型结构，两端带有终端电阻。

2）传输速率为 9.6kbit/s ~12Mbit/s，电缆长度取决于传输速率。

3）介质为屏蔽/非屏蔽双绞线，这取决于环境条件。

4）每段 32 个站（不带中继器），最多 127 个站（带中继器）。

5）最好使用 9 针 D 型插头。

3.3.1 EIA-485 接口

EIA-485 接口采用二线差分平衡传输，其信号定义如下：采用 +5V 电源供电，若差分

电压信号为 -2500 ~ -200mV 时，为逻辑"0"；若差分电压信号为 +200 ~ +2500mV 时，为逻辑"1"；若差分电压信号为 -200 ~ +200mV 时，为高阻状态。

　　EIA-485 总线采用差分平衡电路，其一根导线上的电压是另一根导线上的电压值取反，接收器的输入电压为这两根导线电压的差值（$V_A - V_B$），如图 3-12 所示。

　　EIA-485 接口标准实际上是 EIA-422 接口标准的变型。EIA-422 采用两对差分平衡线路，而 EIA-485 只用一对。差分电路的最大优点是抑制噪声，由于在它的两根信号线上传递着大小相同、方向相反的电流，而噪声电压往往在两根导线上同时出现，一根导线上出现的噪声电压会

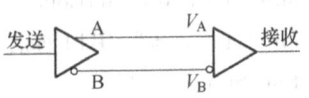

图 3-12　EIA-485 的差分平衡电路

被另一根导线上出现的噪声电压抵消，因而可以极大地削弱噪声对信号的影响。

　　差分电路的另一个优点是不受节点间接地电压差异的影响。在非差分（即单端）电路中，多个信号共用一根接地线，长距离传输时，不同节点接地线的电压差异可能相差好几伏，甚至会引起信号的误读，差分电路则完全不会受到接地电压差异的影响。

　　EIA-485 价格比较便宜，能够很方便地添加到任何一个系统中，支持比 EIA-232-D 更长的距离、更快的速度以及更多的节点。EIA-232-D、EIA-422、EIA-485 的主要技术参数比较见表 3-2。

表 3-2　EIA-232-D、EIA-422、EIA-485 的主要技术参数

规　　范	EIA-232-D	EIA-422	EIA-485
最大传输距离	15m	1200m（速率为 100kbit/s）	1200m（速率为 100kbit/s）
最大传输速度	20kbit/s	10Mbit/s（距离为 12m）	10Mbit/s（距离为 12m）
驱动器最小传输/V	±5	±2	±1.5
驱动器最大传输/V	±15	±10	±6
接收器敏感度/V	±3	±0.2	±0.2
最大驱动器数量	1	1	32 单位负载
最大接收器数量	1	10	32 单位负载
传输方式	单端	差分	差分

　　根据它们各自的技术参数可以看出，EIA-485 更适用于多台计算机或带微控制器的设备之间的远距离数据通信。应该指出的是，EIA-485 标准没有规定连接器、信号功能和引脚分配，要保持两根信号线相邻，两根差动导线应该位于同一根双绞线内，引脚 A 与引脚 B 不能调换。

3.3.2　EIA-485 收发器

　　EIA-485 收发器种类较多，如 Maxim 公司的 MAX485，TI 公司的 SN75LBC184、SN65LBC184、高速型 SN65ALS1176 等。它们的引脚是完全兼容的，其中 SN65ALS1176 主要用于高速应用场合，如 PROFIBUS-DP 现场总线等。下面仅介绍 SN75LBC184。

　　SN75LBC184 为差分收发器，具有瞬变电压抑制功能，SN75LBC184 为商业级，其工业级产品为 SN65LBC184。SN75LBC184 引脚图如图 3-13 所示。

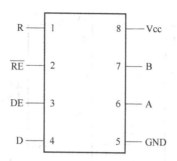

图 3-13 SN75LBC184 引脚图

其引脚功能见表 3-3。

表 3-3 SN75LBC184 引脚功能

序　号	引　脚	功　能
1	R	接收端
2	$\overline{RE}$	接收使能，低电平有效
3	DE	发送使能，高电平有效
4	D	发送端
5	A	差分正输入端
6	B	差分负输入端
7	Vcc	+5V 电源
8	GND	地

SN75LBC184 和 SN65LBC184 具有如下特点：

1）具有瞬变电压抑制能力，能防雷电和抗静电放电冲击。

2）具有限制斜率驱动器，使电磁干扰减到最小，并能减少传输线终端不匹配引起的反射。

3）总线上可挂接 64 个收发器。

4）接收器输入端开路故障保护。

5）具有热关断保护。

6）低禁止电源电流，最大为 300μA。

7）引脚与 SN75176 兼容。

3.3.3 EIA-485 接口的典型应用

EIA-485 典型应用电路如图 3-14 所示。

在图 3-14 中，EIA-485 收发器可以采用 SN75LBC184、SN65LBC184、MAX485 等芯片。当 P1.0 为低电平时，接收数据，为高电平时，发送数据，当 P1.0 变为高电平发送数据之前，应当延时几十微秒的时间，尤其是在 P1.0 和 DE 之间接有光耦合器时，延时时间还应更长些，否则开始发送的几个字节数据可能会丢失。

51

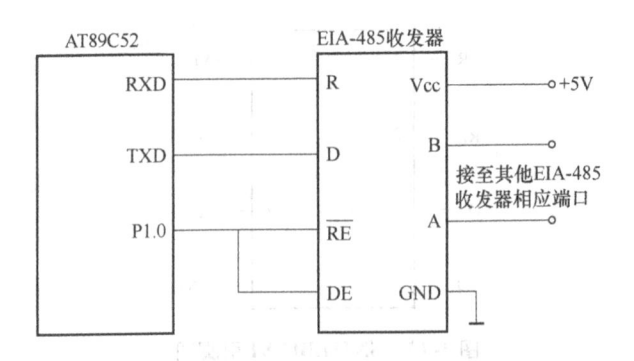

图 3-14　EIA-485 典型应用电路

采用 EIA-485 组成总线型拓扑结构的分布式测控系统时，如果传输距离较长（超过 100m），为了抑制干扰，在双绞线终端还要接 120Ω 的终端电阻。

3.3.4　EIA-485 网络互联

使一个或多个信号发送器与接收器互连，可以利用 EIA-485 接口，在多台计算机或带微控制器的设备之间实现远距离数据通信，形成分布式测控网络系统。

1. EIA-485 的半双工通信方式

在大多数应用条件下，EIA-485 的端口连接都采用半双工通信方式，多个驱动器和接收器共享一条信号通路。图 3-15 所示为 EIA-485 端口半双工连接的电路图，其中 EIA-485 差动总线收发器采用 SN75LBC184。

图 3-15 中的两个 120Ω 电阻是作为总线的终端电阻存在的，当终端电阻等于电缆的特征阻抗时，可以削弱甚至消除信号的反射。

特征阻抗是导线的特征参数，它的数值随着导线的直径、在电缆中与其他导线的相对距离以及导线的绝缘类型的变化而变化，特征阻抗值与导线的长度无关，一般双绞线的特征阻抗为 $100 \sim 150\Omega$。

EIA-485 的驱动器必须能驱动 32 个单位负载加上一个 60Ω 的并联终端电阻，总的负载包括驱动器、接收器和终端电阻，不低于 540Ω。图 3-15 中两个 120Ω 电阻的并联值为 60Ω，32 个单位负载中接收器的输入阻抗会使总负载略微降低；而驱动器的输出与导线的串联阻抗又会使总负载增大，最终需要满足不低于 540Ω 的要求。

还应该注意的是，在一个半双工连接中，同一时间内只能有一个驱动器工作。如果发生两个或多个驱动器同时启用，一个企图使总线上呈现逻辑 1，另一个企图使总线上呈现逻辑 0，则会发生总线竞争，在某些元件上就会产生大电流，因此，所有 EIA-485 的接口芯片上都必须有限流和过热关闭的功能，以便在发生总线竞争时保护芯片不受损坏。

2. EIA-485 的全双工连接

尽管大多数 EIA-485 的连接是半双工的，但是也可以形成全双工 EIA-485 连接。图 3-16 所示为两点之间的全双工 EIA-485 连接电路，在全双工连接中，信号的发送和接收方向都有各自的通路。在全双工、多节点连接中，一个节点可以在一条通路上向所有其他节点发送信息，而在另一条通路上接收来自其他节点的信息。

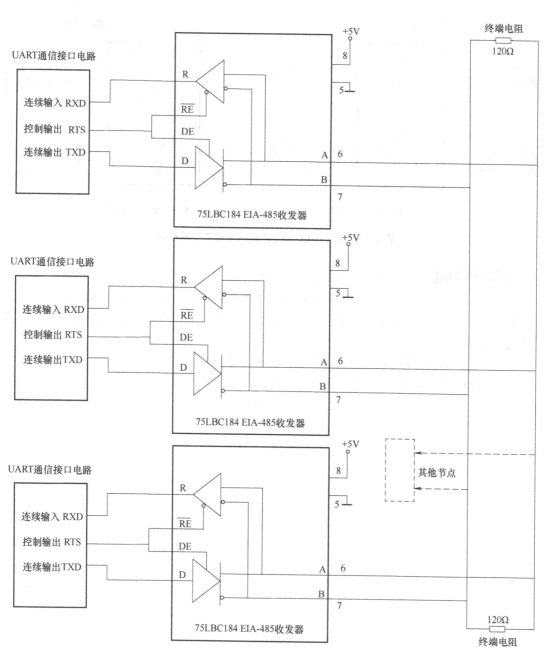

图 3-15　EIA-485 端口的半双工连接电路

　　两点之间全双工连接的通信在发送和接收上都不会存在问题,但当多个节点共享信息通路时,需要以某种方式对网络控制权进行管理,这是在全双工、半双工连接中都需要解决的问题。

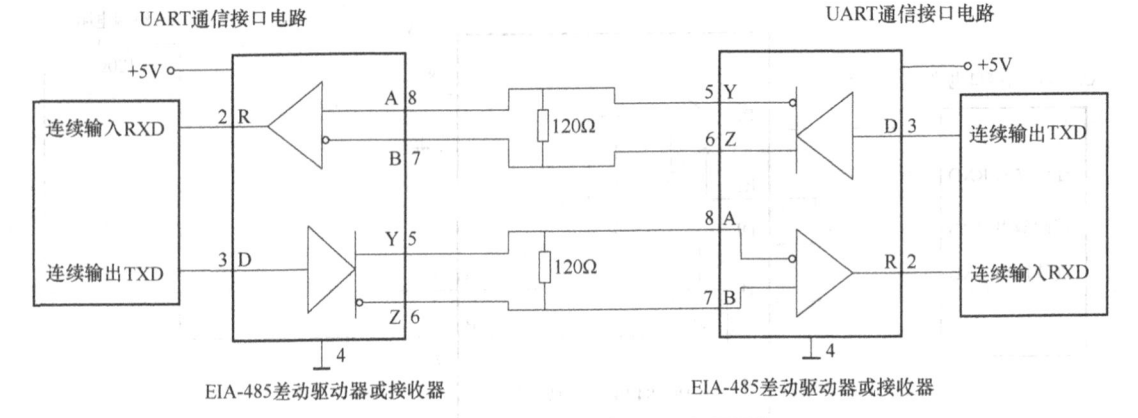

图 3-16　两个 **EIA-485** 端口的全双工连接电路

第 3 章习题

3-1　为了保证串行通信的有效性，需要具备哪些能应对多种工作状态的规则？

3-2　结合常用的网络互联设备及通信参考模型，简述常用互联设备的功能及在参考模型中的协议层次。

3-3　为什么 EIA-485 接口采用二线差分平衡传输？

3-4　EIA-485 的两种通信方式有何优缺点？

第 4 章

LonWorks 控制网络

LON（Local Operating Networks）是由美国埃施朗（Echelon）公司于 1990 年开发，并由 Motorola、TOSHIBA 公司共同倡导的控制系统局部操作网络。1992 年，Echelon 公司成功推出了 LonWorks 智能控制网络解决方案，开发了配套的 LonWorks 现场总线控制系统技术。LonWorks 技术为 LON 总线设计和成品化提供了一套完整的开发平台，给各种控制网络应用提供了端到端的解决方案。目前，LonWorks 技术已成为全球通用的开放式标准先锋，它采用 ISO/OSI 模型的全部七层通信协议，采用面向对象的设计方法，通过网络变量把网络通信设计简化为参数设置。支持双绞线、同轴电缆、光缆和红外线等多种通信介质，通信速率从 300bit/s ~ 1.5Mbit/s 不等，直接通信距离可达 2700m（78kbit/s），被誉为通用控制网络。LonWorks 技术采用的 LonTalk 协议被封装到神经元（Neuron）芯片中，并得以实现。由于 LonWorks 技术具有高可靠性、安全性、易于实现和互操作性的特点，采用 LonWorks 技术和神经元芯片的产品被广泛应用在楼宇自动化、家庭自动化、安防系统、办公设备、交通运输、电梯控制、过程控制、环境监视、火灾报警、污水处理、能源管理等行业。在楼宇自动化、家庭自动化、智能通信产品等方面，LonWorks 具有独特的优势。

4.1 LonWorks 技术特点

1. LonTalk 通信协议

LonWorks 技术具有支持 OSI 七层模型的 LonTalk 通信协议，LonTalk 通信协议是一种直接面向对象的网络协议，这是 LON 总线最突出的特点。LonTalk 为设备之间交换控制状态信息建立了一种通用的标准，在 LonTalk 通信协议的协调下，使相应的系统和产品融为一体，形成一个网络控制系统。LonTalk 协议通过神经元芯片上的硬件和固件实现介质存取、事务确认和点对点通信服务，还可实现如认证、优先级传输、单播/广播/组播消息发送等高级服务。

2. 神经元芯片

神经元芯片是 LonWorks 技术的核心，它不仅是 LON 总线的通信处理器，而且作为采集和控制的通用处理器，LonWorks 技术中所有关于网络的操作实际上都是通过它来完成的。

神经元芯片内部装有 3 个 8 位微处理器，同时有通信接口和 34 种 I/O 对象及定时器/计数器，另外还具有 RAM、ROM、EEPROM、LonTalk 通信协议等。神经元芯片已提供了 LonTalk 协议的第 1 ~ 6 层，开发者只需用 Neuron C 语言开发即可。神经元芯片具备通信和控制功能。

3. 基于 LNS（LonWorks Network Operating System）**的软件工具**

LonWorks 技术有多种基于 LNS 的工具，用于 LON 网络的维护和组态。其中，LonMaker 是图形化工具，用于图形绘制、系统调试和网络的维修保养。LonMaker 含有 LNS、画图工具 Visio 2000 技术版，还支持经由 LonWorks 网络或 TCP/IP 网络的远程操作，支持与 TCP/IP 网络及互联网联网的接口技术 i. LON。

为了使 LON 总线的使用者快速、方便地开发节点和联网，LonWorks 技术中还包含一系列的开发工具，例如，节点开发工具 NodeBuilder、节点和网络安装工具 LonBilder、网络管理工具 LonManager 以及客户/服务器网络构架——LNS 技术。

4. 互操作性

为了更好地推广 LonWorks 技术，1994 年 5 月，由世界许多大公司，如 Motorola、IBM、TOSHIBA、ABB、HP、Honeywell 等，组成了一个独立的行业协会 LonMark，用来负责定义、发布和确认产品的互操作性标准。LonMark 是与 Echelon 公司无关的 LonWorks 用户标准化组织，按照 LonMark 规范设计的 LonWorks 产品，都能够非常容易地集成在一起。LonMark 协会的成立，对 LonWorks 技术的推广和发展起到了极大的推动作用。

5. LonWorks 技术的组成部分与 LON 系统的开发

（1）LonWorks 技术的组成部分　其组成部分主要包括：

1）LonWorks 节点。

2）LonTalk 协议。

3）LonWorks 网络连接设备。

4）LonWorks 收发器。

5）LonWorks 路由器。

6）基于 LNS（LonWorks Network Operating System）的 LON 网络服务工具。

7）LonWorks 网络和节点开发工具。

8）LonWorks 网络管理工具。

（2）LON 系统的开发　LON 总线系统有两种开发途径：

1）基于开发工具 LonBuilder 或 NodeBuilder，使用 Neuron C 语言编程，即针对具体控制系统的要求编写应用代码，然后经过编译与通信协议代码连接生成总的目标代码，一起烧录到节点的存储器中。

2）基于图形方式的软件开发工具 Visual Control，通过组态构成控制系统，自动编译生成总的目标代码，直接下载到节点的 Flash ROM 中。而对复杂系统，需编制自定义模块。

4.2　LonTalk 协议

本节从 LonTalk 协议简介、LonTalk 各层协议及功能等方面来讲述 LonTalk 协议的特点以及 LonTalk 协议使用中应注意的问题。

4.2.1　LonTalk 协议简介

LonTalk 协议是 LON 总线的专用协议，是 LonWorks 技术的核心。LonTalk 协议提供一系列通信服务，使得一个设备的应用程序可以在不了解网络拓扑、名称、地址或其他设备功能的情况下发送和接收网络上其他设备的报文。LonTalk 协议能提供端到端报文确认、报文认证、打包业务和优先传送服务，提供网络管理服务的支持，并允许远程网络管理工具与网络设备进行交互。其对网络管理业务的支持使远程网络管理工具能通过网络和其他装置相互作用，包括网络地址和参数的重新配置，下载应用程序，报告网络问题和节点应用程序的起始、终止、复位。

LonTalk 协议是一个分层的、以数据包为基础的对等的通信协议。像以太网和因特网协议一样，它是一个公开的标准，并遵守国际标准化组织（ISO）的分层体系结构要求。但是 LonTalk 协议设计满足用于控制系统而不是数据处理系统的特定要求。每个数据包由可变数目的字节构成，长度不定，并且包含应用层的信息以及寻址和其他信息。信道上的每个装置监视在信道上传输的每个数据包，以确定自己是否是收信者。假如是收信者，则处理该数据包，以判明它是包含节点应用程序所需的信息，或者它是否是个网络管理包。应用包中的数据是提供给应用程序的，如果合适，则要发一个应答报文给发送装置。

为了处理网络上的报文冲突，LonTalk 协议使用类似以太网所用的"载波监听多路访问"（CSMA）算法。LonTalk 协议建立在 CSMA 基础上，提供介质访问协议，因而可以根据预测网络业务量发送优先级报文和动态调整时间片的数目。通过动态调整网络带宽，采用 P- 坚持 CSMA 协议的算法使网络能在极高网络业务量出现时继续运行；而在业务量较小时不降低网络速度。

1. LonTalk 协议特征与优点

LonTalk 协议具有以下特点：

1）发送的报文都是很短的数据（通常几个到几十个字节）。

2）通信带宽不高（几 kbit/s 到 2Mbit/s）。

3）网络上的节点往往是低成本、低维护费用的单片机。

4）多节点、多通信介质。

5）可靠性和实时性高。

此外，LonTalk 协议所支持的多种服务又提高了其可靠性、安全性，提升网络资源的优化程度。这些服务的特征和优点包括：

1）支持可靠通信，包括防范未经授权而使用的系统。

2）支持混合介质和不同通信速度构成的网络。

3）支持有几万个节点的网络，但在只有几个节点的网络中同样有效。

4）允许对等通信，这样就使它可用于分布式控制系统。

5）实施协议内网络管理问题的解决方案。

2. LonTalk 的协议标准

LonTalk 协议是分层的、基于数据包的对等通信协议。它符合 ISO 制订的开放系统互联 OSI 标准，具有完备的七层协议，具有 LON 总线的所有网络通信功能，包含一个网络操作系统，通过网络开发工具生成固件，使通信数据在各种介质中非常可靠地传输。由于 LonTalk 协议对 OSI 的七层协议的支持，使 LON 总线能够利用网络变量直接面向对象通信，通过网络变量的互相连接便可实现节点之间的通信。LonTalk 的七层协议见表 4-1。

表4-1 LonTalk 的七层协议

层次	OSI 层次		标准服务	LonTalk 提供的服务	处 理 器
7	应用层		网络应用	标准网络变量类型	应用处理器
6	表示层		数据表示	网络变量，外部帧传送	网络处理器
5	会话层		远程遥控动作	请求/响应，认证，网络管理	网络处理器
4	传输层		端对端的可靠传输	应答，非应答，点对点，广播，认证等	网络处理器
3	网络层		传输分组	地址，路由	网络处理器
2	数据链路层	链路层	帧结构	帧结构，数据解码，CRC 错误检查	MAC 处理器
		MAC 子层	介质访问	带预测 P-坚持 CSMA，避免碰撞，优先级	
1	物理层		电路连接	介质，电气接口	MAC 处理器

4.2.2 LonTalk 的各层协议与功能

1. 物理层

物理层定义了在通信信道上位流的传输，它确保一个源设备发送的位流可准确地被目的设备接收。

LonTalk 协议在物理层中支持多种通信协议，换句话说就是为了适应不同的通信介质需要支持不同的数据解码与编码。例如，通常双绞线使用差分曼彻斯特编码，电力线使用扩频，无线通信使用频移键控。由于 LonTalk 协议考虑到对各种介质的支持，因而 LonWorks 网络可以容许使用的通信介质非常广泛，如双绞线（Twisted-Pair）、电力线（Powerline）、无线射频（Radio-Frequency）、红外线（Infrared）、同轴电缆（Coaxial Cable）和光纤（Fiber），甚至是用户自定义的通信介质。

LonTalk 协议支持在通信介质上的硬件碰撞检测，如双绞线。LonTalk 协议还可以自动地取消正在发送碰撞的报文，重新再发。如果没有碰撞检测，那么当有碰撞发生时，只有当响应或者应答超时的情况下才会重发报文。

2. 链路层

（1）MAC 子层 LonTalk 协议的介质访问控制（Media Access Control，MAC）层是数据链路层的一部分。为使数据帧传输独立于所采用的物理介质和介质访问的控制方法，将数据链路层分为两个子层：逻辑链路控制（Logical Link Control，LLC）和介质访问控制（MAC），LLC 与介质无关，MAC 则依赖于介质。MAC 协议是确定设备安全地传送数据包、减少冲突的控制算法，它使用 OSI 标准接口和链路层的其他部分进行通信，如图4-1所示。

LonTalk 协议使用改进的 CSMA（载波信号多路侦听）协议，称为带预测的 P-坚持 CSMA（Predictive P-Presistent CSMA）。它不但保留了 CSMA 协议的优点，还克服了其在控制网络中的不足。带预测的 P-坚持 CSMA 的 MAC 层协议数据单元（MAC Protocol Data Unit，MPDU）格式如图4-2所示。

带预测的 P-坚持 CSMA 使所有的节点根据网络积压参数（Backlog）等待随机时间片来访问介质，这就有效地避免了网络的频繁碰撞。每一个节点发送前随机地插入 $0 \sim W$ 个很小的随机时间片，因此网络中任一节点在发送普通报文前平均插入 $W/2$ 个随机时间片，而 W 则根据网络积压参数变化进行动态调整，其公式是 $W = \mathrm{BL} \times W_{\mathrm{base}}$，其中，$W_{\mathrm{base}} = 16$，BL 为网络积压的估计值，它是对当前发送周期有多少个节点需要发送报文的估计。

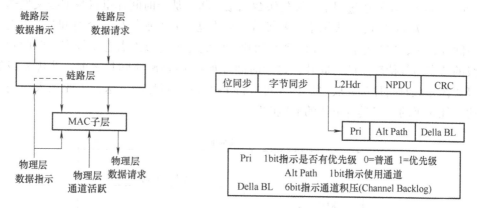

图 4-1　MAC 子层与链路层其他部分通信框图　　　　图 4-2　MPDU 格式

　　带预测的 P- 坚持 CSMA 概念示意图如图 4-3 所示。当一个节点有信息需要发送而试图占用通道时，首先在 Beta1 周期检测通道有没有信息发送，以确定网络是否空闲。若空闲，节点产生一个随机等待 T，T 为 $0 \sim W$ 个时间片 Beta2 中的一个，当延时结束时，网络仍为空闲，节点发送报文，否则节点检测是否需接收信息，然后再重复 MAC 算法。

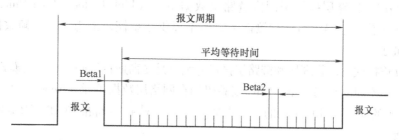

Beta1：空闲时间
Beta1>1bit+物理延时+MAC响应时间
Beta2：随机时间片
Beta2>2×物理延时+MAC响应时间

图 4-3　带预测的 P- 坚持 CSMA 概念示意图

　　BL 值是对当前网络繁忙程度的估计。每一个节点都有一个 BL 值，当侦测到一个 MPDU 或发送一个 MPDU 时，BL 值加 1，同时每隔一个固定报文周期 BL 值减 1，把 BL 值放到 MP-DU 中。当 BL 值减到 1 时，就不再减，总是保持 BL≥1。采用带预测的 P- 坚持 CSMA 允许网络在轻负载的情况下，插入较少的随机时间片，节点发送速度快；而在重负载的情况下，随着 BL 值的增加，插入较多的随机时间片，又能有效避免碰撞。

　　综上所述，LonWorks 的 MAC 子层有以下优点：支持多介质的通信，支持低速率的网络，可以在重负载的情况下保持网络性能，保证在过载情况下不会因为冲突而降低吞吐量。当使用支持硬件冲突检测的传输介质（如双绞线）时，一旦收发器检测到冲突，LonTalk 协议就可以有选择地取消报文的发送，这使节点可以马上重新发送并使冲突不再重发，有效地避免了碰撞。

　　在 MAC 层中，为提高紧急事件的响应时间，提供了一个可选择的优先级的机制，如

图4-4所示，该机制允许用户为每一个需要优先级的节点分配一个特定的优先级时间片（Priority Slot）。在发送过程中，优先级数据报文将在那个时间片里将数据报文发送出去。优先级时间片从 0~127，0 表示不需要等待立即发送，1 表示等待一个时间片，2 表示等待两个时间片，…，127 表示等待 127 个时间片。低优先级的节点需等待较多的时间片，而高优先级的节点需等待较少的时间片。这个时间片加在 P-预测时间片之前，非优先级的节点必须等待优先级时间片都完成之后，才再等待 P-预测时间片后发送，因此加入优先级的节点总比非优先级的节点具有更快的响应时间。

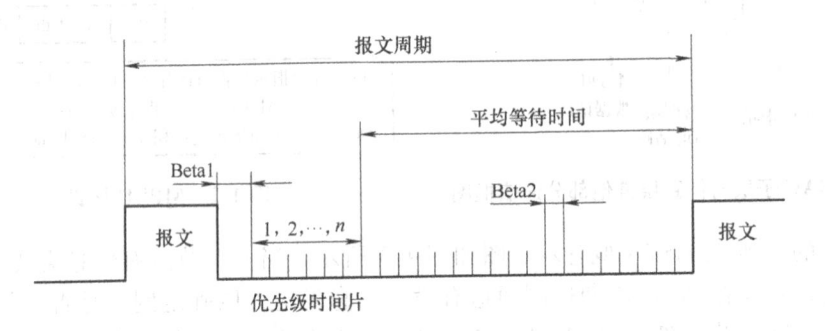

图 4-4　优先级带预测的 P-坚持 CSMA 概念示意图

（2）链路层　链路层提供子网内链路层数据单元（Link Protocol Data Unit，LPDU）帧顺序的无响应传输。它提供错误检测能力，但不提供错误恢复能力。当一帧数据 CRC 校验错，则该帧被丢掉。

在直接互连模式下，物理层和链路层接口的编码是曼彻斯特编码，在专用模式下根据不同的电气接口采用不同的编码方案。CRC 校验码加在网络层数据单元（Network Protocol Data U-nit，NPDU）帧的最后，CRC 采用的多项式是 $x^{16} + x^{12} + x^5 + 1$（标准 CCITT CRC-16 编码）。

3. 网络层

网络层定义设备名称和地址，确定源设备的报文如何选择路由到达一台或多台目的设备，以及当源设备和目的设备不在同一信道上时，如何确定报文路由。

在网络层，LonTalk 协议提供给用户一个简单的通信接口，定义了如何接收、发送和响应等，在网络管理上有网络地址分配、出错处理、网络认证、流量控制和路由器机制。

（1）LonTalk 协议的网络地址结构　地址是一个对象或一组对象的特有标识，是可以改变的。LonTalk 地址唯一地确定一个 LonTalk 数据包的源节点或目标节点，路由器则利用这些地址在信道之间选择数据包的传输路径。为了简化路由选择，LonTalk 协议定义了分级的网络地址形式：域（Domain）、子网（Subnet）和节点（Node）地址，除此之外还有组地址。

（2）寻址格式　一个通道是指在物理上能独立发送报文（不需要转发）的一段介质。LonTalk 规定一个通道至多有 32385 个节点，通道并不影响网络的地址结构，域、子网和分组都可以跨越多个通道，一个网络可以由一个或多个通道组成。通道之间是通过桥接器（Bridge）来连接的，这样做不仅可以实现多介质在同一网络上的连接，而且可以使一个通道的网络信道不致过于拥挤。

尽管 Neuron ID 也可以作为地址，但它不能作寻址的唯一方式，这是因为该寻址方式只支持一对一的传输，使用其作为地址将需要过于庞大的节点路由表以优化网络流量。域/

Neuron ID 寻址方式是在网络安装期间对节点进行初始配置时，由网络管理工具将每个节点配置给一个或两个域，并且配置子网和节点标识码。

节点有 5 种寻址格式。寻址格式确定了地址格式的字节数，每种寻址格式的字节数见表4-2。在每一种地址格式子网上，"0"意味着节点不知道其子网号。需要注意的是，在计算整个地址长度时，应在表4-2 中给出的地址长度基础上再加上域地址长度（该域地址长度范围为 0~6B）。

表 4-2　LonTalk 协议的 5 种地址格式

地 址 格 式	目　　　标	地址长度/B
域（子网 = 0）	域内所有节点	3
域、子网	子网内所有节点	3
域、子网、节点	子网内的特定节点	4
域、组	组内所有节点	3
域、Neuron ID	特定节点	9

4. LonTalk 协议的传输层和会话层

LonTalk 协议的核心部分是传输层和会话层。一个传输控制子层管理着报文执行的顺序、报文的二次检测。传输层是无连接的，它提供一对一节点、一对多节点的可靠传输，信息认证（Authentication）也是在这一层实现的。

会话层主要提供了请求/响应的机制，它通过节点的连接来进行远程数据服务（Remote Servers），因此使用该机制可以遥控实现远端节点的过程建立。LonTalk 协议的网络功能虽然是在应用层来完成的，但实际上也是由提供会话层的请求/响应机制来完成的。

5. LonTalk 协议的表示层和应用层

LonTalk 协议的表示层和应用层提供 5 类服务：

（1）网络变量的服务　在 LonTalk 协议表示层的数据项称为网络变量，网络变量可以是单个的数据项（Neuron C 变量），也可以是一个数据结构或数组，其最大长度可达 31B。网络变量用关键字 Network 在应用程序中定义，每个网络变量都有其数据类型。对于基于神经元芯片的节点来说，当定义为输出的网络变量改变时，能自动地将网络变量的值变成应用层协议数据单元（APDU）下传并发送，使所有把该变量定义为输入的节点受到该网络变量的改变。当收到信息时，能根据上传的 APDU 判断是否是网络变量，以及是哪一个输入网络变量并激活相应的处理进程。

（2）显示报文的服务　将报文的目的地址、报文服务方式、数据长度和数据组成 APDU 下传并发送，将发送结果上传并激活相应的发送结果处理进程。当收到信息时，能根据上传 APDU 判断是否显示报文，并根据报文代码激活相应的处理进程。

（3）网络管理的服务　一个 LonWorks 网络是否需要一个网络管理节点，取决于实际应用的需求。一个网络管理节点具有以下功能：分配所有节点的地址单元（包括域号、子网号、节点号以及所属的组名和组员号，值得注意的是，Neuron ID 是不能分配的）和设置配置路由器的配置表。

在一个开发环境中，网络管理节点的应用相当于 LonBuilder 开发平台的网络管理器，其任务包括定义、配置、下载和控制 LonWorks 网络。LonBuilder 协议分析仪具有监视、采集和显示网络通信流量以及性能统计等功能。

（4）网络跟踪的服务 网络跟踪提供对节点的查询和测试，查询节点的工作状态以及一些网络的通信的错误统计，包括通信 CRC 出错、通信超时等，并发送一些测试命令对节点进行测试。这些信息被网络管理初始化，测试网络上的所有操作，记录错误信息和错误点。

（5）外来帧传输的服务 该服务主要针对网关（Gateway），将 LON 总线外其他的网络信息转换成符合 LonTalk 协议的报文传输，或反之。

4.2.3 LonTalk 协议其他方面的问题

1. LonTalk 协议的报文服务

LonTalk 协议提供 4 种类型的报文服务，这些报文服务除请求-响应是在会话层实现，其他 3 种都在传输层实现。这 4 种类型的报文服务如下。

（1）应答服务 当一个节点发送报文到另一个节点或一个分组时，每一个接收到报文的节点都分别向发送方发应答，如果发送方在应答时间内没有收到全部应答，则发送方将重新发送该报文，重发次数和应答时间都是可选的。

（2）请求-响应方式 当一个节点发送报文到另一个节点或一个分组时，每一个接收到报文的节点都分别向发送方发响应，如果发送方在响应时间内没有收到全部响应，则发送方将重新发送该报文，重发次数和响应时间都是可选的。

（3）非应答重发方式 当一个节点发送报文到另一个节点或一个分组时，不需要每一个接收到报文的节点都向发送方发应答或响应，而采用重复多次发送同一报文的方式，使报文尽可能可靠地被接收方收到。

（4）非应答方式 当一个节点发送报文到另一个节点或一个分组时，不需要每一个接收到报文的节点向发送方发应答或响应，也不必重复多次发送同一报文。

2. LonTalk 网络认证

LonTalk 协议支持报文认证，收发双方在网络安装时约定一个 6B 的认证字，接收方在接收报文时判断其是否是经发送方认证的报文，只有经过发送方认证的报文方可接收。

3. LonTalk 协议的网络管理和网络诊断

LonTalk 协议的网络管理和网络诊断提供了以下 4 类服务：

1）地址分配。分配所有节点的地址单元，包括域号、子网号、节点号以及所属的组名和组员号，Neuron ID 是不能分配的。

2）节点查询。包括节点查询的工作状态以及一些网络通信的错误统计，包括通信 CRC 出错、通信超时等。

3）节点测试。用发送测试命令来对节点进行测试。

4）设置配置路由器的配置表。

4.3 LonWorks 通信控制器——神经元芯片

4.3.1 概述

神经元芯片是 LonWorks 技术的核心，它使用 CMOS VLSI 技术，主要包含两大系列：

MCI43150 和 MCI43120。MCI43150 芯片没有内部 ROM，但含有访问外部存储器的接口，寻址空间可达64KB，适合更为复杂的应用；而 MCI43120 则不支持外部存储器，它本身带有 ROM 存储器。4 种型号的神经元芯片的比较见表4-3。

表4-3　4 种型号的神经元芯片

神经元芯片	MCI43150	MCI43120	MCI43120E2	TMPN3120E1
处理器	3	3	3	3
RAM 容量/B	2048	1024	2048	1024
ROM 容量/B	—	10240	10240	10240
EEPROM 容量/B	512	512	2048	1024
16 位定时器/计数器	2	2	2	2
外部存储器接口	有	无	无	无
封装	PQFP	SOP	SOP	SOP
引脚数	64	32	32	32

神经元芯片的主要性能特点有：

1）所需外部器件较少，高度集成。

2）内含 3 个 8 位 CPU，分别实现不同的功能，输入时钟范围可选：625kHz ~ 10MHz。

3）两个 16 位定时计数器，15 个软定时器。

4）网络通信端口可设置为 3 种工作方式：单端模式、差分模式、专用模式。

5）48 位的内部神经元 ID，用于唯一识别神经元芯片。

6）提供服务引脚，用于远程识别和诊断。

7）在外部存储器中，可固化 LonTalk 协议、事件驱动多任务调度程序和 I/O 驱动程序等固件。

8）有 11 个可编程 I/O 引脚，可设置为 34 种预编程工作方式，其中 IO0 ~ IO3 带有 20mA 高电流接收；IO0 ~ IO7 可设置为低电平检测锁存；IO0 ~ IO10 可设置为 TTL 标准输入；IO4 ~ IO7 可以通过编程设置成带上拉电阻。

4.3.2　神经元芯片的结构

1. 神经元芯片的硬件结构

神经元芯片在内部结构上有许多优点，它可提供通信、控制、介质访问和 I/O 接口等功能，其内部结构图如图4-5 所示。

2. 神经元芯片的处理单元

神经元芯片内部装有 3 个微处理器：MAC 通信处理器、网络处理器和应用处理器。3 个处理器和存储器结构的框图如图4-6 所示。

MAC 通信处理器完成介质访问控制，也就是 LonTalk 7 层协议的第 1、2 层，包括驱动通信子系统硬件和执行 MAC 算法。网络处理器完成 LonTalk 协议的第 3 ~ 6 层，它处理网络变量、地址、认证、后台诊断、软件定时器、网络管理和路由等进程。同时，它还控制网络通信端口、物理地址发送和接收数据包。网络处理器使用网络缓冲区与 MAC 处理器进行通

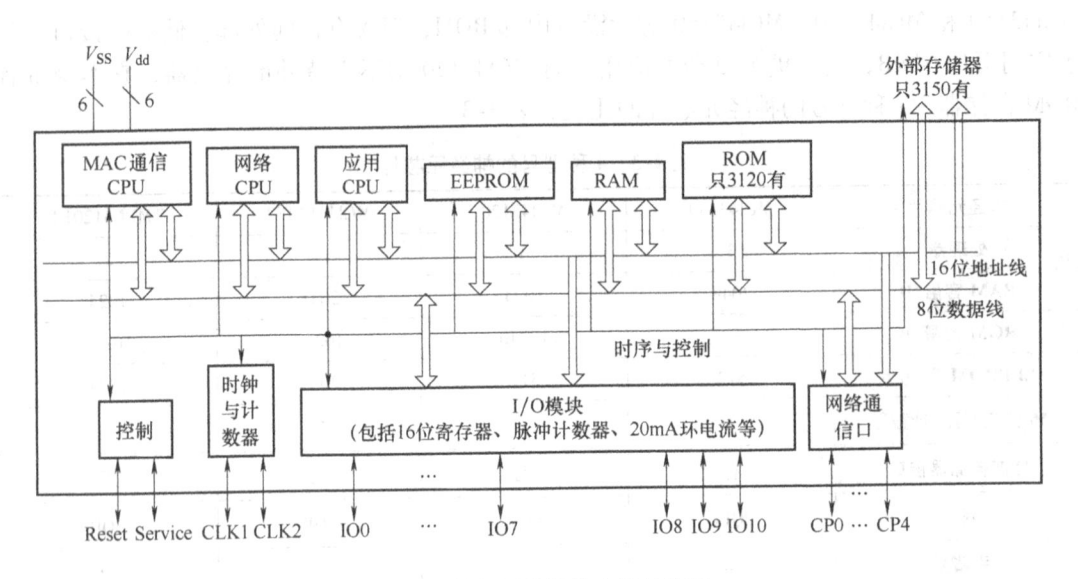

图4-5 神经元芯片的内部结构图

信，使用应用缓冲区与应用处理器进行通信。应用处理器完成用户的编程，其中包括用户程序对操作系统的服务调用。

在神经元芯片中，每个CPU都有自身的寄存器组，但所有的CPU都可以通过使用存储器和算术逻辑单元ALU共享数据。

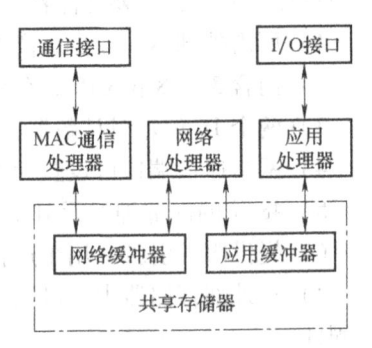

图4-6 芯片内3个处理器和存储器结构框图

3. 存储器

神经元芯片有4种类型的存储器：

（1）EEPROM 各种类型的神经元芯片都有内部EEP-ROM，其用于存储网络配置和寻址信息、唯一的48位神经元芯片标识码、用户应用程序代码和常用数据。EEPROM中的用户代码在程序控制下写入和擦除，两者的总时间是20ms/B，可以在数据不丢失情况下，向EEPROM写入10000次。3120神经元芯片的EEPROM存储安装详细信息（网络地址和通信参数等）和由LonBuilder或NodeBuilder开发工具产生的应用程序，3150神经元芯片的EEPROM存储安装详细信息及其应用程序代码，其应用程序代码也可存储到外接存储器。

（2）RAM RAM用来存储堆栈段应用和系统数据，以及LonTalk协议网络缓冲区和应用缓冲区数据。只要神经元芯片维持加电状态，RAM状态就会保持〔甚至在睡眠（Sleep）方式下〕，当芯片复位（Reset）时，RAM内容清除。

（3）ROM 所有3120神经元芯片包括10KB的ROM，3150芯片无ROM。ROM用来存储神经元芯片固件，包括LonTalk协议、事件驱动任务调度器和应用函数库。

（4）外部存储器 3150芯片不包括片上ROM，但可以允许寻址59392B的外部存储器。外部存储器存储应用程序和数据（可多达43008B）、神经元芯片固件和保留空间（16384B），其中43008B中也可包括网络缓冲区和应用缓冲区。

3120芯片和3150芯片的存储器结构如图4-7和图4-8所示。

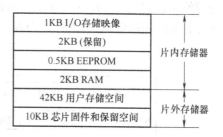

图4-7 3120芯片的存储器结构   图4-8 3150芯片的存储器结构

4. 网络通信端口

神经元芯片可以支持多种通信介质。使用最为广泛的是双绞线，其次是电力线，其他包括无线射频、红外线、光纤和同轴电缆等。几种典型的收发器类型见表4-4。

表4-4 神经元芯片的典型收发器类型

收发器类型	传输速率
EIA-485	300bit/s ~ 1.25Mbit/s
自由拓扑型和总线型双绞线变压器（可选通过双绞线提供48V电源）	78kbit/s ~ 1.25Mbit/s
电力线（载波）	4kbit/s
电力线（扩频）	10kbit/s
无线（300MHz）	1200bit/s
无线（450MHz）	4800bit/s
无线（900MHz）	39kbit/s
红外	78kbit/s
光纤	1.25Mbit/s
同轴电缆	1.25Mbit/s

神经元芯片通信端口为适合不同的通信介质，可以将5个通信引脚配置成3种不同的接口模式，以适合不同的编码方案和不同的传输速率。这3种模式是：单端模式（Single-Ended-Mode）、差分模式（Differential Mode）和专用模式（Special Purpose Mode），见表4-5。

表4-5 通信引脚的不同配置

引　脚	驱动电流/mA	差 分 模 式	单 端 模 式	专 用 模 式
CP0	1.4	RX[①] + (in)	RX (in)	RX (in)
CP1	1.4	RX - (in)	TX[①] (out)	TX (out)
CP2	40	TX + (out)	TX Enable (out)	Bit Clock (out)
CP3	40	TX - (out)	Sleep (out)	Sleep (out) or Wake Up (in)
CP4	1.4	Cdet[①] (in)	Cdet (in)	Frame Clock (out)

① RX、TX、Cdet 分别表示接收、发送和碰撞侦测。

（1）单端模式 单端模式是在LON总线中使用最广泛的一种模式，无线、红外、光纤和同轴电缆都使用该模式。如图 4-9 所示，数据通信通过单端输入输出引脚 CP0 和 CP1。该模式还包含低有效的睡眠输出（CP3），当神经元芯片进入睡眠状态时，它可使收发器进入掉电状态。

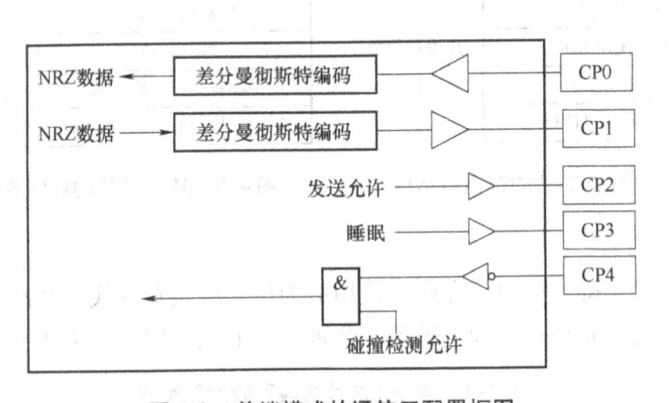

图 4-9　单端模式的通信口配置框图

在单端模式下，数据编码和解码使用的是差分曼彻斯特编码（Differential Manchester Encoding）。在开始发送报文之前，神经元芯片发送端初始化输出数据（CP1）引脚为低，然后发出发送允许信号（CP2），这样确保数据发送的开始是从低到高。

在正式发送报文之前，发送端发送一个同步头（Preamble）以确保接收节点接收时钟同步。该同步头包括一个位同步域和字节同步域，位同步域是一串差分曼彻斯特编码的"1"，位同步域的长度是可变的，以适应不同的通信介质；字节同步域是 1 位差分曼彻斯特编码的"0"，表示同步头结束，开始正式报文的第一个字节。

报文结束时，神经元芯片通信端口强制差分曼彻斯特编码为一个线路空码（Line-Code Violation），并保持到接收端确认发送的报文结束。线路空码根据发送数据的最后 1 位的高低状态来保持线路在线路空码时为高电平或低电平，它在 CRC 码的最后 1 位开始，延时 2 位的时间。值得注意的是最后 1 位没有跳变沿，所以该电平一直保持 2.5 位时间，发送允许引脚一直保持到线路空码结束，然后释放。

作为选项，神经元芯片支持一个低有效的收发器碰撞检测信号。如果允许碰撞检测，在发送过程中，神经元芯片侦测到 CP4 在一个系统时钟（在 10MHz 主频时为 200ns）为低，表示碰撞产生或正在发送，并通知神经元芯片，报文重发。

如果神经元芯片不支持碰撞检测，唯一能够获得数据被可靠传输的方法是采用应答方式或请求/响应方式。当采用应答方式或请求/响应方式时，需要设置重发时间——表示数据从发送完到响应所需的最长时间（在 1.25Mbit/s 线路不包含路由器的情况，典型的是 48 ~ 96ms）。如果在重发时间内没有收到响应或应答报文，报文将重新发送。

两次发送间隔包含 Beta1 和 Beta2 两个时间片。Beta1 是在两次发送之间的一个固定的网络空闲时间片，优先级时间片和非优先级时间片包含在 Beta2 时间片中。

（2）差分模式　在差分模式下，神经元芯片支持内部的差分驱动。差分模式的通信口配置如图 4-10 所示。采用差分模式类似于单端模式，区别是差分模式包括一个内部差分驱动，同时不再包括睡眠输出。

差分模式也是采用差分曼彻斯特编码，数据格式完全和单端模式相同。

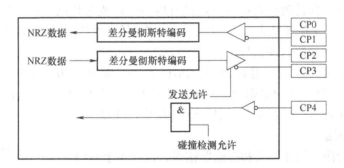

图 4-10　差分模式的通信口配置框图

（3）专用模式　在一些专用场合，需要神经元芯片直接提供没有编码和不加同步头的原始报文。在这种情况下，需要一个智能的收发器处理从网络上或从神经元芯片上来的数据。发送的过程是从神经元芯片接收到这种原始报文，重新编码，并插入同步头；接收的过程是从网络上收到数据，去掉同步头，重新解码，然后送到神经元芯片。

5. 时钟信号

神经元芯片有一振荡器使用外接晶体或陶瓷共振器电路来产生输入时钟 CLK1。对低功耗的应用，神经元芯片输入时钟频率范围可为 625kHz ~ 10MHz。其有效输入时钟频率是 10MHz、5MHz、2.5MHz、1.25MHz 和 625kHz。还可以用另外一种方法来获取输入时钟：外部产生时钟信号驱动神经元芯片上符号为 CLK1 的 CMOS 输入引脚，此时符号为 CLK2 的引脚必须悬空或用来驱动最多一个外部 CMOS 负载。时钟频率的精度为 ±1.5% 或更精确，以确保各节点能比特同步。

6. 休眠/唤醒电路

（1）休眠电路　神经元芯片在软件控制下可进入低功耗的休眠状态。这种状态下，振荡器、系统时钟、通信端口以及所有的定时器/计数器都关闭，但所有的状态信息，包括片上 RAM 的内容仍然保留。

（2）唤醒电路　当检测到有唤醒事件时，神经元芯片将允许振荡器起振，等待进入稳定状态，完成内部维护后恢复操作。

内部维护所需时间取决于几个重要的应用参数：忽略通信选项、接收事务数和应用定时器数，还取决于在此期间网络处理器是否正在修复应用定时器。

如果选择了忽略通信，神经元芯片内部维护所需时间的典型值大约为 7200 个输入时钟周期，最差所需时间大约为 66000 个输入时钟周期。典型情况是指有 4 个接收事务，网络处理器无须修复应用定时器，最差情况是指有最多的接收事务数（16），网络处理器需要修复应用程序中可设置的最大数目的应用定时器（15）。

如果未选择忽略通信选项，神经元芯片内部维护所需时间的典型值大约是 2000 个输入时钟周期，最差值大约为 47000 个输入时钟周期。所谓典型情况是网络处理器不修复应用定时器；最差情况是 MAC 处理器必须修复应用程序可设置的最大定时器数（15）。

7. Service 引脚

Service 引脚是神经元芯片里一个非常重要的引脚，在节点的配置、安装和维护的时候都需要使用该引脚。该引脚既能输入也能输出，输出时，Service 引脚通过一个低电平来点亮外部的 LED，LED 保持为亮表示该节点没有应用代码或芯片已坏；LED 以 0.5Hz 的频率闪烁表示该节点处于未配置状态。输入时，一个逻辑低电平使神经元芯片传送一个包括该节点 48 位的 Neuron ID 网络管理信号。

为完成输入输出功能，该引脚的输入输出以 76Hz 的频率、50% 的占空比复用。当 Service 引脚没有连接 LED 和上拉电阻时，Service 引脚有一个片内可选（可通过软件设置）的上拉以保证输入是无效的状态。Service 引脚电路如图 4-11 所示。

8. 看门狗定时器

神经元芯片为防止软件失效和存储器错误，包含 3 个看门狗定时器（每个 CPU 一个）。如果软件和系统没有定时地刷新这些看门狗定时器，整个神经元芯片将自动复位。看门狗定时器的复位周期依赖于神经元芯片输入时钟的频率，例如在输入时钟频率为 10MHz 时，看门狗定时器周期是 0.84s。当神经元芯片处于睡眠状态时，所有的看门狗定时器被禁止。

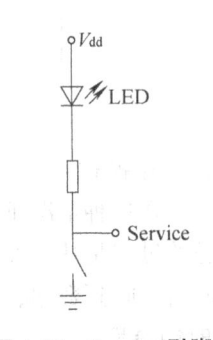

图 4-11　Service 引脚电路

神经元芯片支持节电方式，在这种节电方式下系统时钟和计数器关闭，但是状态信息，包括 RAM 中的信息不会改变。一旦 I/O 状态变化，或网络上信息有变，系统便会激活神经元芯片。它的内部还有一个最高 1.25Mbit/s 的独立于介质的收发器。由此可见，一个小小的神经元芯片，不仅具有强大的通信功能，更集采集控制于一体。在某些情况下一个神经元芯片加上几个分离元件便可成为一个 DCS 系统中独立的控制单元。

4.3.3　神经元芯片应用 I/O

一个控制单元要有两个功能：数据采集和控制，因此神经元芯片通过 11 个引脚（IO0 ~ IO10）连接到特定的应用外围电路，这 11 个 I/O 口能够灵活配置，可以根据不同的需求通过软件进行编程，如可以配置成并口、EIA-232、定时计数 I/O 和位 I/O 等。IO0 ~ IO3 带有 20mA 高电流接收；IO0 ~ IO7 可设置为低电平检测锁存；IO0 ~ IO10 可设置为 TTL 标准输入；IO4 ~ IO7 可以通过编程设置成带上拉电阻。

1. I/O 时序

神经元芯片 I/O 时序既相互独立又受结构重叠的 3 个部分的影响：调度器、I/O 功能模块固件和硬件芯片。由于调度对 I/O 时序的影响在相对高的功能级上，因此调度器对所有 34 个 I/O 功能模块的影响是近似均匀的。固件和硬件对 I/O 功能模块的影响则随 I/O 功能模块类型不同而变化。

2. 直接 I/O 对象

直接 I/O 对象主要包括位（Bit）I/O 对象、字节（Byte）I/O 对象、电平检测（Level-detect）输入输出对象和半字节（Nibble）I/O 对象。

（1）位输入/输出　IO0 ~ IO10 中的每个引脚均可配置成单个的位输入或输出端口，要求输入信号的电平为 TTL 电平，而输出的是 CMOS 电平。其中，IO0 ~ IO3 所具有的高电流吸收能力可以使这几个引脚直接驱动多个 I/O 设备。

（2）字节输入/输出　该 I/O 对象类型用于同时读取或控制 8 个引脚。对于字节输入/输出，io_in（）函数返回值的数据类型和 io_out（）函数输出值的数据类型为 unsigned int，其输入、输出的数据范围为 0 ~ 255B。

（3）电平检测输入/输出　IO0 ~ IO7 可分别配置为电平检测输入端口。该 I/O 对象类型用于检测某一个输入引脚上输入的逻辑电平 "0"。它能锁存输入引脚的负跳变，对于 10MHz 的输入时钟，能检测到最短脉宽为 200ns 的负脉冲，在一般的应用中均能俘获到任何 0 电平输入。电平检测输入对象能够在输入端被采样之前将输入值锁存。

（4）半字节输入/输出　IO0 ~ IO7 中任意 4 个相邻的引脚均可配置为半字节输入或输出端口。该 I/O 对象类型输入和输出的数据范围为 0 ~ 15B。这种对象类型用于同时读取或控制四个相邻引脚。对于半字节输入/输出，io_in（）函数返回值的数据类型和 io_out（）函数输出值的数据类型均为 unsigned int。

3. 串行 I/O 对象

在半双工异步串行输入输出对象中，神经元芯片的 IO8 引脚可配置为异步串行数据输入线，IO10 引脚可配置为异步串行数据输出线，如图 4-12 所示。该 I/O 对象类型用于使用异步串行数据格式传输数据，如 EIA-232 通信。传输的格式为 1 个起始位、8 个数据位和 1 个停止位。输入串行 I/O 对象将等待被接收的数据帧的起始位，直到已经等待了接收 20 个字符所需要的时间才结束。如果在这段时间内没有输入发生，则返回 0。当已经收到全部的字节数或已经超过接收 20 个字符所需要的时间但仍未接收到数据时，输入终止。输入串行I/O 对象将在收到无效停止位或奇偶校验位时停止接收数据。在以 2400bit/s 的速率传输数据时，

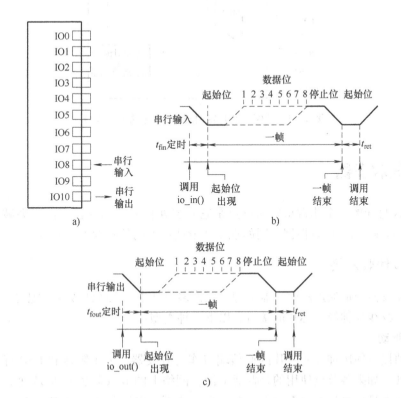

图 4-12　串行 I/O 对象

a）串行 I/O 引脚配置　b）串行输入定时图　c）串行输出定时图

输入超时时间为 83ms。

当使用具有不同的比特率的多路复用串行 I/O 设备时，必须使用编译指令 "#pragma en-able_mutiple_baud"。该编译指令必须在使用 I/O 函数［如 io_in（）、io_out（）］之前出现。

对于串行 I/O，io_in（）和 io_out（）要求一个指向作为 input_value 和 output_value 的数据缓冲区的指针。io_in（）函数返回包含接收的实际字节数的 unsigned short int 类型。

4. 定时器/计数器 I/O 对象

神经元芯片带有两个片内定时器/计数器。定时器/计数器 1 称为多路选择定时器/计数器（Multiplexed Timer/Counter），它的输入可通过一个多路选择开关从 IO4 ~ IO7 4 个 I/O 中选择一个，输出可连至 IO0。定时器/计数器 2 称为专用定时器/计数器（Dedicated Timer/Counter），它的输入是 IO4，输出是 IO1。每个定时器/计数器包括可以被 CPU 写入的 16 位装入段寄存器、16 位计数器和可以被 CPU 读出的 16 位锁存器。神经元芯片定时器/计数器的外部连接如图 4-13 所示。

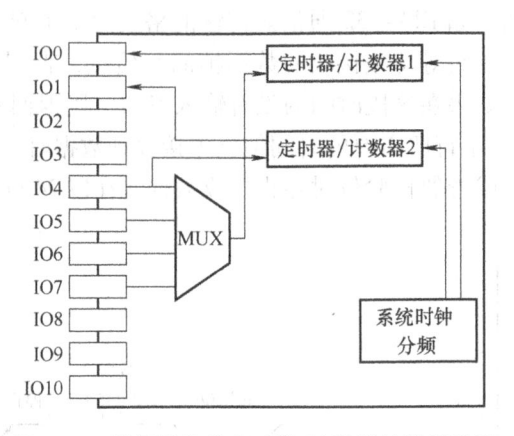

图 4-13 神经元芯片定时器/计数器的外部连接

4.4 通信收发器

LonWorks 总线的一个非常重要的特点是它对多通信介质的支持，由于突破了通信介质的限制，LonWorks 总线可以根据不同的现场环境选择不同的收发器和介质。

4.4.1 双绞线收发器

双绞线收发器是最通用的收发器类型。在许多设计中，双绞线收发器配置可以获得较高的性价比。双绞线与神经元芯片的接口有以下三种类型：

1. 直接驱动

直接驱动接口使用神经元芯片的通信端口作为收发器，为了限流和 ESD 保护，外接了电阻和二极管。如果各节点使用的是普通电源，网络上的节点最多可达 64 个，则电路板所支持的数据速率最大可达 1.25Mbit/s。在普通方式下，电压范围为 $0.9V \sim V_{DD} - 1.75V$，最远传输距离为 30m，这是最理想的网络配置选择直接驱动接口。

2. EIA-485

与其他的收发器相比,市面上购买到的 EIA-485 收发器有较多的优势,如在性能、费用和体积等方面的优势。在外部部件参数恒定的情况下,可以支持多种数据速率和多种类型的传输线。在有了 EIA-485 收发器以后,直接接口所能获得的电压范围便不如通用方式的电压范围,但通用方式的电压范围又低于变压器耦合式收发器。通用方式的电压范围为 −7 ~ +12V,可以通过增加光隔离器来提高电压范围。

EIA-485 收发器有双极性器件和 CMOS 器件这两种类型。两者相比,CMOS 器件功耗低、不需要驱动输出,而双极性器件的价格低于 CMOS 器件的价格。

神经元芯片要采用单端工作方式来实现 EIA-485 网络。LonMark 指标建议拥有 EIA-485 收发器的节点使用 39kbit/s 的数据速率来确保网络节点的互操作性。

3. 变压器耦合接口

对于需要高性能、高隔离度、抗干扰能力强的应用最好使用变压器耦合接口,因此,目前相当多的网络收发器采用变压器耦合的方式。变压器耦合收发器设计的数据速率能够达到1.25Mbit/s。变压器有很多类,Echelon 公司有两种速率的收发器,分别为 78kbit/s 和1.25Mbit/s,见表 4-6。Echelon 公司的收发器的突出优点是具有灵活的拓扑结构(FTT-10和 LPT-10),能支持总线型、环形和星形拓扑结构。

表 4-6 Echelon 公司的收发器

产　品	速率/(kbit/s)	拓扑结构	节　点　数	传输距离/m	类　型
TPT/XF-78	78	总线拓扑	64	1400	变压器隔离
TPT/XF-1250	1250	总线拓扑	64	130	变压器隔离
FTT-10	78	总线拓扑	64	2700	变压器隔离
FTT-10	78	自由拓扑	128	500	变压器隔离
LPT-10	78	总线拓扑	128	2200	电力线
LPT-10	78	自由拓扑	128	500	电力线

4.4.2　电力线收发器

电力线收发器是将通信数据调制成载波信号或扩频信号,然后通过耦合器耦合到220V或其他交直流电力线上,甚至是没有电力的双绞线上。这样做的目的是利用已有的电力线进行数据通信,可以大大减少通信中遇到的烦琐的布线方式。LonWorks 电力收发器可以将神经元节点加入到电力线中,它提供了一个简单、有效的方法。

电力线上通信的关键问题是:电力线间歇性噪声较大——某些电器的启停、运行都会产生较大的噪声;信号衰减很快;线路阻抗也经常波动。这些问题使得在电力线上通信非常困难。Echelon 公司提供的几种电力线收发器,针对这些问题,进行了以下几方面改进。

1)每一个收发器都包括一个数字信号处理器(DSP),完成数据的接收和发送。

2)短报文纠错技术使收发器能够根据纠错码,恢复错误报文。

3)三态电源放大/过滤合成器。

4)动态调整收发器灵敏度算法,根据电力线的噪声动态地改变收发器的灵敏度。

电力线收发器的结构图如图 4-14 所示。

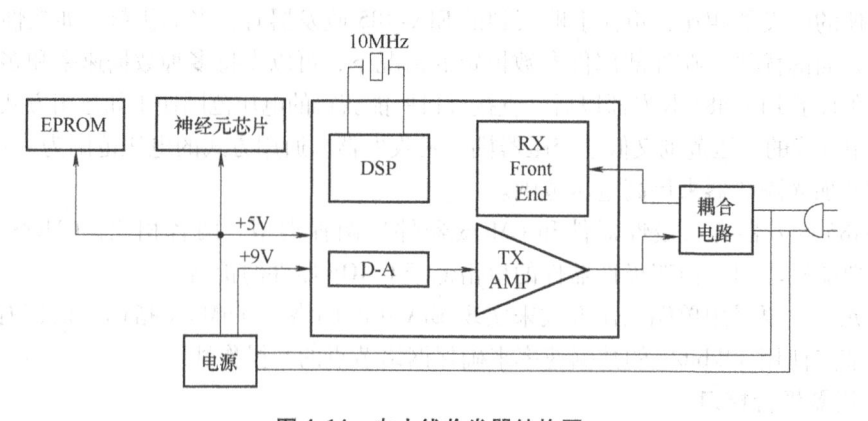

图 4-14 电力线收发器结构图

目前经常使用两类电力线收发器：载波电力线收发器和扩频电力线收发器（Spread Spectrum）。Echelon 公司电力线载波收发器见表 4-7。

表 4-7 Echelon 公司电力线载波收发器

产品型号	通信方式	频率范围/kHz	速率/(kbit/s)	工作温度/℃	标 准	封 装
PLT-10A	扩频	100 ~ 450	10	-40 ~ +85	符合 FCC 标准	单列直插
PLT-21	BPSK 增强 DSP	125 ~ 140	5	-40 ~ +85	符合 FCC，Industry Canada，CENELEC EN50065-1	单列直插
PLT-22	双频载波 BPSK 增强 DSP	132，115 C 波段 86，75 A 波段	5.4（C 波段）3.6（A 波段）	-40 ~ +85	符合 ANSI 709.2，FCC，Industry Canada CENELEC EN50065-1，Japan MPT	单列直插
PLT-30	直序扩频	9 ~ 95	2	-40 ~ +85	符合 CENELEC EN50065-1	单列直插
PL3120	智能双频载波 BPSK 增强 DSP	132，115 C 波段 86，75 A 波段	5.4（C 波段）3.6（A 波段）	-40 ~ +85	符合 ANSI 709.2，FCC，Industry Canada，CENELEC EN50065-1，Japan MPT	32 引脚 TSSOP
PL3150	智能双频载波 BPSK 增强 DSP	132，115 C 波段 86，75 A 波段	5.4（C 波段）3.6（A 波段）	-40 ~ +85	符合 ANSI 709.2，FCC，Industry Canada，EN50065-1，Japan MPT	64 引脚 LQFP

4.4.3 智能收发器

LonWorks 收发器是 LonWorks 智能设备中一个重要组成部分。FT3120 和 FT3150 智能收发器将神经元芯片 3120 及 3150 的核心与自由拓扑的收发器数字信号处理电路合成在一起，生成一个低成本的智能收发器芯片。该收发器符合 ANSI/EIA709.3 标准，速率为 78kbit/s，支持双绞线自由拓扑和总线型拓扑，因而在布线上非常灵活，使系统安装简便，系统成本降低，同时提高了系统的可靠性。

此外，该收发器在性能上有了极大的提高，尤其是在对电磁场的干扰隔离方面特别明显，可用在恶劣的环境中，它能够防御来自电动机和开关电源等方面的磁场干扰，并且在一些典型的工业和交通现场，在出现了强大的共模干扰时也能可靠地工作。

该芯片只需要极少的外围电路和软件配合工作，因此降低了开发成本和时间，并且还可以与其他主处理器相连，如可同时与 Echelon 公司的 ShortStack 微处理器以及其他主处理器芯片一起运用，形成一个基于主机的设备。

FT3120 和 FT3150 智能收发器是 Echelon 公司第三代产品中的重要产品。FT3120 和 FT3150 智能收发器和 Echelon 公司的高性能通信变压器配套使用，从封装到功能完全和 TP/FT-10 兼容，可以直接同使用 TP/FT-10 或 LPT-10 收发器的设备通信并存于同一个信道。

该智能收发器芯片具有与神经元芯片 3120 和 3150 相同的控制功能，其内嵌的 2KB RAM 用于缓存网络数据和网络变量，也带有 34 个可编程标准 I/O 模式的 11 个 I/O 引脚，在每个芯片中也有唯一的 48 位 ID。

FT3120 智能收发器支持 40MHz 主频，同时内置的 EEPROM 为 4KB，给应用提供了更多的空间。FT3120 或 FT3150 智能收发器的结构框图如图 4-15 所示，基于 FT3120 或 FT3150 智能收发器的设备示意图如图 4-16 所示。

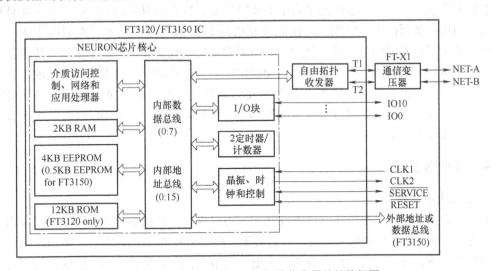

图 4-15　FT3120 或 FT3150 智能收发器的结构框图

Echelon 公司于 2003 年推出了智能电力线收发器 PL3120 和 PL3150，智能电力线收发器与 PLT-21/22 收发器完全兼容。智能电力线收发器由以下三部分组成：3 个 8 位处理器的神经元芯片核、电力线模拟集成电路和电力线 DSP 集成电路。其中，神经元芯片核的 3 个 8 位处理器分别是 MAC 处理器、网络处理器和应用处理器。集成在片上的存储器，用于应用程序、网络管理 ANSI-709.1 协议的执行，存储唯一的 48 位 Neuron ID 等。智能电力线收发器的工作温度为 -40 ~ +85℃，支持的外部时钟频率为 6.5536MHz 和 10MHz（此时智能电力

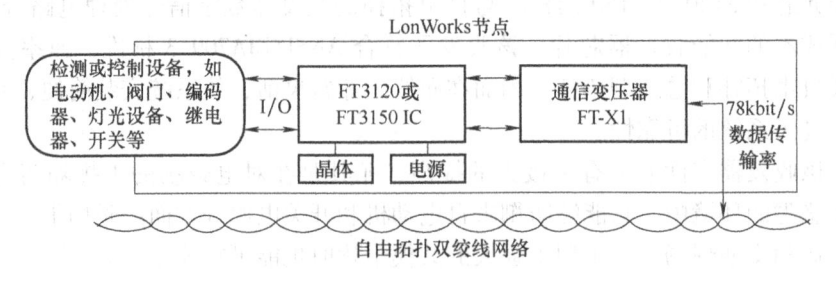

图 4-16　基于 FT 智能收发器设备的示意图

线收发器分别工作在 CENELEC 的 A 和 C 波段），支持硬件全双工的 UART/SPI 串口等。智能电力线的目的就是为用户降低成本，使用智能电力线收发器，在设备中增加电力线通信功能时，花费相当于以前的 1/3。PL3120 和 PL3150 的基本参数对比见表 4-8。

表 4-8　PL3120 和 PL3150 基本参数对比

项　　目	RAM	ROM	EEPROM	外部存储器	I/O 引脚	I/O 对象	封　　装
PL3120	2KB	24KB	4KB	—	12	38	38 引脚 TSSOP
PL3150	2KB	—	0.5KB	58KB	12	38	64 引脚 LQFP

PL3120 和 PL3150 电力线智能收发器将神经元芯片核心和电力线收发器集成在一起，使它们更适合于家用电器、音视频设备、照明、供热/制冷、安防和计量表等应用领域。电力线智能收发器包含一个高可靠性的窄带电力线收发器，特有的双频调制特性可在主频被噪声阻塞后自动选择备用的第二频段；高性能低开销的 FEC 前向纠错技术可克服由于噪声引起的错误；采用了最先进的数字信号处理、噪声消除及失真校验算法，纠正了信号传输受到的各种阻碍，包括瞬间噪声、连续音频噪声和相位失真。这些特性使得电力线智能收发器在电子对讲设备、电动机、电子镇流器、调光速及消费类电子产品的各种干扰场合都能可靠通信。电力线智能收发器可以通过低成本的外部耦合电路在任何 AC 或 DC 输电干线上或者无动力电的双绞线上通信。

4.4.4　其他收发器

1. 电源线收发器
电源线收发器指的是通信线和电源线共用一对双绞线。使用电源线收发器的意义在于所有节点通过一个 DC 48V 中央电源供电，这对于一些电力资源匮乏的情况（例如，长距离的输油管线的检测，每隔一段距离就设置一个电源对节点供电，显然是不经济的；使用电池也有经常替换的问题）具有非常重要的意义；另一个方面，通信线和电源线共用一对双绞线，可以节约一对双绞线。

由于电源线收发器（Link Power Transceiver）采用的是直流供电，所以它可以和变压器耦合的双绞线直接互联。

2. 光纤收发器
通常使用的 LonWorks 光纤收发器是美国雷神公司开发的一系列 LonWorks 光纤产品，其中包括光纤和双绞线的路由器。其通信速率是 1.25Mbit/s，最长通信距离是 3.5km，采用

LonWorks 标准的 SMX 收发器接口，每一个收发器包含两路独立光纤端口，可以方便地实现光纤环网，增强系统的可靠性。

3. 无线收发器

LonWorks 技术使得无线收发器可以使用的频率范围很宽。对于价格低廉的无线收发器，典型的频率值是 350MHz（Motorola 提供这样的收发器）。要使用无线收发器，还需要一个大功率的发射机，同时神经元芯片的通信口配置成单端模式，速率是 4800bit/s。

4.5 路由器和网络接口

4.5.1 路由器

LonWorks 路由器用来连接两个通信通道之间的 LonTalk 信息。LonWorks 路由器能支持从简单到复杂的网络的连接，这些网络可以小到几个节点，大到上万个节点。路由器连接示意图如图 4-17 所示，自由拓扑、电力线、78kbit/s 总线拓扑三种媒体通过三个路由器连接到一个 1.25Mbit/s 的双绞线主干信道上。由于使用了路由器，图中的节点可以实现点到点的通信，就如同把它们安装在一个信道上一样。

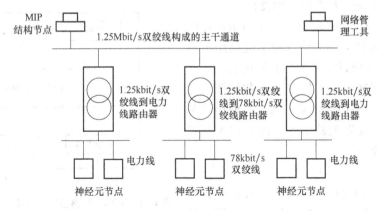

图 4-17 路由器连接示意图

1. 路由器的作用

（1）扩展通道的容量　由于节点的收发器的负载是确定的，这就决定了每一路通道中的节点数和通道的长度是有限的。可以使用路由器来扩展网络的容量，如使用桥接器来增加多通道以支持更多的节点，也可以使用中继器延长通道的长度。

（2）连接不同的通信介质或通信波特率　例如，在网络的不同位置上以牺牲数据的传输速率为代价来换取长距离传送，在一些电缆安装较困难或者节点物理位置频繁变动的情况下，可以采用电力线作为通信媒体，也可以使用一个 1.25Mbit/s 的双绞线做主干信道，连接几个 78kbit/s 的自由拓扑的电力通信。在所有这些情况下，必须使用路由器来连接不同 LonWorks 信道。

（3）提高 LonWorks 总线可靠性　连到一个路由器上的两个通道在物理上是隔离的，因而一个通道失效并不影响另一个通道的使用。比如在一个工业控制网中，相连的部分之间相互隔离可以防止因一部分失效而导致其他部分停止工作的情况。

（4）全面提高网络性能 在子系统内可以用路由器隔离通信。例如，在一个工业区域内，大多数节点通信是在某一部分内部进行的，而不是在各部分之间进行。在各部分之间使用智能路由器可以避免内部报文传输影响其他部分，从而提高了整个网络的吞吐率，同时也减少了通信的反应时间。

在节点内，信道之间使用路由器对应用程序是透明的，因而无须了解路由的工作原理就能工作，只有在需要确定一个路由器的节点网络映像时，才考虑路由器的工作原理。如果节点从一个信道移到另一个信道，只需改变节点网络映像。路由器的节点网络映像是由诸如LonMaker 之类的网络管理工具来管理的。

LonWorks 路由器包含两个可供选择的模块以适用于不同的用途，其选项有：

（1）路由器组件——RTR-10 模块 路由器组件适于嵌入 OEM 产品，一个 RTR-10 路由器加上两个收发器模块（分别连接到两个通道上）就组成了一个常规路由器，可以将它封装起来以适用于不同的情况要求。在一些特殊用途中，可以将多个路由器封装在一起，比如一个主干线连接多个通道。RTR-10 路由器的模块构成的路由器系统示意图如图 4-18所示。

（2）路由算法 具体见下述"3. 路由算法"。

2. LonTalk 协议对路由器的支持

LonTalk 协议的设计提供了对于路由器透明转发的节点之间报文的支持。为了提高路由器的效率，LonTalk 协议定义了一套使用域、子网和节点的寻址层次。为了使多个分散的节点寻址更简化，LonTalk 协议定义了另一套使用域和组的寻址层次，配置型路由器也能根据组配置信息给出路由决策。

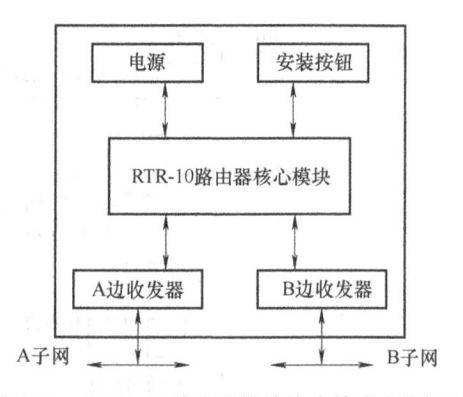

图 4-18 RTR-10 路由器模块构成的路由器框图

3. 路由算法

路由器有 4 种路由算法可供选择：配置型路由器、学习型路由器、桥接器或中继器，这些选项以降低系统性能来换取安装的方便。配置型路由器和学习型路由器属于智能路由器，路由智能可以使它们根据目标地址有选择地转发报文，桥接器转发所有符合它的域的报文，中继器发送所有的报文。采用软件下载的方式分别装配 LonWorks 路由器虽然降低了系统性能，但配置更简单了。需要注意的是，一个路由器的两端必须使用同一种路由算法。

4 种路由算法符合如下规则：

1）要转发的报文必须进入路由器的输入和输出缓冲队列，因此转发较为频繁的报文必须等待空的输入或输出缓冲区。

2）要转发的报文必须要有有效的 CRC 码。

3）优先级报文优先转发，这里优先级指的是转发端的优先级，而不是报文原发端的优先级。如果转发端没有优先值，优先级报文就不会在优先端口转发，然而优先级报文仍然带有优先级标志，所以如果它经过另一个有优先级的路由器，则该路由器将在优先端口转发此报文。

4. 中继器

中继器是能转发经过两端的所有报文的路由器。无论报文的目标地址和域是什么，只要是接收到有效报文（即带有效 CRC 码的报文），中继器都能转发。

5. 桥接器

桥接器能转发桥接器两个域中之一的报文。符合这一规则的报文不论其目标地址是什么，桥接器都能转发，桥接器可以用来跨越一个或两个域。

6. 配置型路由器

配置型路由器只转发路由器两个域中之一的报文。路由器两端每一端的每一个域都对应一个转发表（即每一个路由器有 4 张转发表），每个转发表实际上是一组分别对应于一个域中的 255 个子网和 255 个组的转发标志。根据报文的目标子网或组地址，这些标志决定了这条报文是否被转发或被丢弃。网络管理工具能用网络管理报文，根据网络拓扑预置转发表。网络管理工具还能优化网络性能，更有效地利用带宽。转发表有两套，一套在 EEPROM 中，另一套在 RAM 中。当路由器上电、复位后，根据"设置路由器模式"选项来初始化时，EEPROM 的转发表就复制到 RAM 中，RAM 的转发表用于所有的转发决策。

7. 学习型路由器

学习型路由器只转发路由器两个域中之一的报文。除了子网转发表是通过路由器固件自动更新，而不是由网络管理工具设置外，子网转发表的使用与配置路由器相同。组转发表被置为转发所有带组目标地址的报文。

学习型路由器是通过检查路由器收发的所有报文的源子网查明网络拓扑的。由于子网不能跨越一个智能路由器的两个信道，因此，只要子网 ID 出现在源地址上，路由器就能知道哪一端连接该子网。

子网转发表开始被置为转发所有带子网目标地址的报文。每次在报文的源地址区出现一个新的子网 ID 时，就在子网转发表中清除其相应的标志（即不能转发），通过检查目标地址的转发标志确定该报文应该转发还是应该丢弃。路由器复位，所有的转发标志被清除，因此复位后这种"查明"过程要重新设置。

在路由器的两端绝不能同时清除一个给定子网的转发标志，然而，如果一个节点从路由器的一端移到另一端，这种情况就有可能发生。例如，子网 1 位于一个路由器的 A 端，路由器只要接收到子网 1 任一节点发送的报文，就会知道子网 1 的位置，如果把子网 1 的任一节点移到 B 端而不重新设置，路由器会查明子网 1 也在 B 端，并停止将子网 1 报文转发到 A 端。学习型路由器能检测出这种错误并做记录，像配置型路由器一样，学习型路由器有时需要修改 Service Pin 报文的源地址来阻止报文循环。

总之，由于学习型路由器总是转发所有带组目标地址的报文，使用信道带宽的效率就比较低。其好处在于简化了安装，在配置学习型路由器时，安装工具无须知道网络拓扑。

8. 报文缓冲区

当路由器接收到报文时，就将其放在输入缓冲器队列中。为了确保优先级报文永远不会排在多于一个非优先级报文的后面，队列设置了两个报文缓冲器。当优先级报文被转发到路由器的发送端时，优先级报文有其自己的优先输出缓冲器队列，发送端优先发送、优先输出缓冲器队列中的报文，这就保证了这些输出报文的优先处理。报文从输入缓冲器队列到输出缓冲器队列的流程图如图 4-19 所示，报文反方向的流动与此相似，即报文反方向流动存在着另一套输入、输出缓冲器队列。

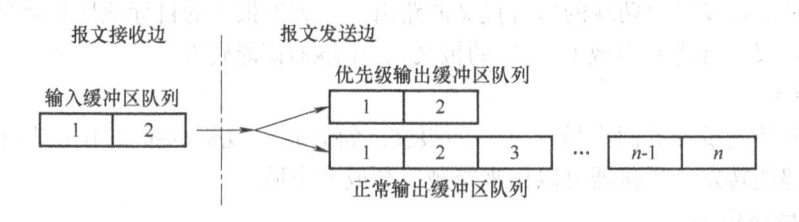

图 4-19　缓冲器输入输出队列流程

报文缓冲器的数目和空间受路由器上 RAM 的大小限制。路由器的每一端有 1254B 的缓冲器空间，这个空间又分为 2 个输入缓冲器、2 个优先级输出缓冲器和 15 个非优先级输出缓冲器。这些缓冲器的空间默认值是 66B，整个 RAM 用于缓冲器的空间见表 4-9。

表 4-9　路由器中 RAM 用于缓冲器的空间

队　　　列	数　　　目	空间大小/B	总字节数/B
输入缓冲队列	2	66	132
优先级输出缓冲队列	2	66	132
非优先级输出缓冲队列	15	66	990
总计	—	—	1254

66B 的空间允许路由器处理的数据以地址空间最长来计算，报文中网络变量报文和显式报文的数据最多可达 40B，对于任意网络变量、网络管理和网络诊断报文，这个空间是足够大的。在应用中，只有转发多于 40B 的大的显式报文时，才增大缓冲器的空间、减少非优先级缓冲器的数目。三种缓冲器队列所需的总存储区不能超过 1254B。

默认缓冲器的配置方法是把大量的缓冲器放在路由器的输出队列，例如，标准的配置方法是在输出队列放置 17 个缓冲器（2 个优先级和 15 个非优先级）。采用这种排列方式的原因是将进入缓冲区队列之后的报文尽可能保留在输出队列中。上述过程还包括寻查优先级报文，寻查到优先级报文后，通过路由器的优先级输出缓冲器转发，这就保证了优先级报文尽可能快地发送。

然而，也有许多报文几乎同时出现在网络上的可能，这时会引起输入队列全满，超量的报文容易失去，这时可将一些报文缓冲器从输出队列移到输入队列，增加输入队列空间。带有较大输入队列的路由器能处理更多的通信量，但会有优先级报文排在几个非优先级报文后面的危险。

4.5.2　网络接口

网络接口是连接 PC 的一个特殊的网络节点，应能与 LonWorks 总线上所有分布在现场的智能节点进行对等的数据通信。当现场有数据送到网上后，网络接口要负责把所有发送给它的信息接收下来，并立即转发给 PC 进行监视和处理；当 PC 有监控命令或所设参数需要下达时，网络接口也应实现转发功能，及时准确地将 PC 的信息发送给分布在现场的各相关智能节点。同时，为减轻 PC 的部分数据处理任务，提高系统的实时性，网络接口也应提供对部分通信数据的打包、拆包和整理等功能。网络接口应具有如下功能：

1）支持可下载的固件映像以使固件容易更新。

2）有支持 LNS 应用程序的网络服务接口（Network Service Interface，NSI）固件。

LonTalk 协议包括一个可选的网络接口协议，该协议可以用来支持在任何主处理器上运行 LonWorks。主处理器可以是微控制器、微处理器或计算机。主处理器管理 LonTalk 协议的第 6 层和第 7 层，并使用 LonWorks 网络接口来管理第 1～5 层。LonTalk 网络接口协议定义了网络接口与主处理器之间交换数据包的格式，在主处理器上运行的主应用程序可通过网络驱动程序与网络接口通信。网络驱动程序管理缓冲区的分配、缓冲区与网络接口的数据传输、隔离应用部分与网络接口链路层协议之间的差异，LonTalk 网络驱动程序协议在主应用程序和网络驱动程序之间定义了标准报文格式。

Echelon 公司提供了多种类型的 LonWorks 网络接口卡，包括支持 USB 的 U10/U20 卡、半长 PCI 卡（PCLTA-21）以及 Type Ⅱ型 PC 卡（PCC-10 接口卡），此外，还有以太网适配器（i. LON 10）。结合 LNS 应用程序，所有的 Echelon 公司的网络接口卡都可以作为 NSI 使用。当 PC 装配有一个 NSI 后，它能够对一个 LonWorks 网络实现系统范围的监控和网络管理。

1. U10/U20 USB 网络接口设备

U10/U20 USB 是一款低成本、高性能的 LonWorks 网络接口的设备，适用于任何具备 USB 接口的计算机。U10 USB 网络接口设备能够利用其可以随意插拔的连接端子，直接连接 TP/FT-10 自由拓扑双绞线（ANSI/EIA 709.3）LonWorks 信道，并且完全兼容链路电源（Link Power）信道。U20 USB 网络接口设备能够通过一个插入式的耦合电路/电源（包含在该产品中）连接 PL-20 电力线（ANSI/EIA 709.2）LonWorks 信道，它还可以直接连接到 10～18V 直流电力线上，并且不需要耦合电路。U10 和 U20 USB 接口设备和基于 LNS 和 OpenLDV 的应用程序以及 LonScanner 协议分析软件相兼容。

2. PCLTA-21 网络接口

PCLTA-21 网络接口是一个高性能的 LonWorks 接口，它能够适用于任何带有 3.3V 或 5V 的 32 位 PCI 总线接口以及可兼容操作系统的计算机。PCLTA-21 接口卡的特点是集成了双绞线收发器并带有可下载的存储器和网络管理接口，同时还支持 Windows 操作系统的即插即用功能。

PCLTA-21 接口卡不仅为 LNS 工具的操作提供基于 LNS 网络服务接口的功能，还为基于 LonManager API 工具或者 OpenLDV 驱动程序的操作提供与微处理器接口程序（Microprocessor Interface Program，MIP）相兼容的网络接口功能。

该接口卡的固件可以通过 PCLTA-21 驱动程序从主机下载，这样，当新版本的固件发布时，接口卡可以及时得到更新，而不需要拆卸或者更换 PCLTA-21 接口卡。这个特性延长了接口卡的有效使用时间，并降低了有关软件和固件升级时所需要的时间和费用。针对不同的应用场合，该接口卡可以使用 FT-3150 自由拓扑智能收发器、EIA-485 收发器、TPT/XF-78 收发器、TP/XF-1250 收发器以及 PL-20 电力线收发器，它是一种 LNS 网络接口服务（NSI），支持基于 LNS 的应用。

3. PCC-10 PC 卡

PCC-10 PC 卡提供网络服务接口的功能，用于 LNS 工具，如 LonMaker 集成工具。该卡可用于任何具有 Ⅱ 型 PC 卡插槽及兼容操作系统的笔记本式计算机、个人数字助理（PDA）

或嵌入式 PC，它集成了自由拓扑收发器，支持自由拓扑及链路电源双绞线信道，而且具有单端及特殊模式的端口，有电流限制的 5V 直流电源，并提供外部收发器转换接头。该 PC 卡可下载 LNS 网络接口和 LNS 高速网络接口固件，用于支持 LNS 应用程序。

4. i. LON 接口

i. LON LonWorks 互联网连接设备系列包含以下几种不同的产品：

1）i. LON 600 LonWorks/IP 服务器，是一个高性能的 LonWorks 到 IP 的路由器。

2）i. LON 100，是一个 LonWorks 至 IP 的网关，同时也是一个 IP 远程网络接口（RNI），包括内置的 Web 服务器，SOAP/XML 接口以及数据记录功能、报警和时序功能，另有 I/O 控制和读表功能。

3）i. LON 10 是一个 IP 远程网络接口（RNI）。

4）i. LON SmartServer 是 Echelon 公司 i. LON 互联网服务器系列产品的新产品。

i. LON 600 LonWorks/IP 服务器是一个遵循 EIA 852 协议的 LonTalk 到 IP 的路由器，它将 Internet 或任何基于 10/100 Base-T 的 LAN 及 WAN 作为本地或远程传递 LonWorks 控制信息的信道。它使用 MD5 认证确保存取访问的安全性，内部采用一个 32 位 RISC 处理器和 Echelon 公司的 LonWorks/IP 体系结构，从而为控制、显示、监视应用程序提供最佳的性能。

i. LON 100 通过嵌入的 Web 页面、自定制的 Web 页面和 Web Services，利用以太网、模拟调制解调器或者外部的 GSM/GPRS 调制解调器进行远程控制。i. LON 100 e3 服务器作为一个远程网关，可实现远程监视和管理整个控制系统，还能够降低为诊断问题而走访各个站点的成本。i. LON 100 e3 服务器适合不同的设备类型，包括 LonWorks、Modbus、M-bus、数字量的 I/O 设备以及脉冲表，它所提供的通用的连通性很容易将设备连接到 i. LON 100 e3，并使这些设备的数据有效地应用到企业 IP 网络和 Internet，还可以通过内置的时序调度、报警和数据应用等实现本地设备的监控。

i. LON 10 适配器是一个低成本、高性能的接口，它可以作为一个远程网络接口（RNI），使用 i. LON 10 每秒钟能够处理超过 200 个数据包，可以利用电力线或者自由拓扑双绞线连接日常设备。PLT-22 电力线收发器通过家中或者楼宇的输电干线来传输信号，优点在于无须重新布线，只要将设备插到输电干线上，它就能连接到电力线型号的 i. LON 10 适配器上。FTT-10A 自由拓扑收发器使用廉价的双绞线来连接设备，自由拓扑技术不受任何布线限制，这样一来安装者能够以最快速的方式自由布线。

i. LON SmartServer 作为 Echelon 公司 i. LON 互联网服务器系列产品的新成员，其配置和管理非常简单，并且还具备本地和远程控制的能力。它提供无与伦比的灵活性，既可以将它作为独立的服务器使用，也可以将它和传统的控制系统集成在一起，或者和基于 Echelon 公司 LonWorks 技术的自动化网络集成在一起。基于 LonWorks 技术的系统可从数百家公司获得产品和服务。

无论是升级现有的网络还是开始组建新的网络，i. LON SmartServer 都能够帮助用户将能源的消耗降至最低。可编程性、独立运行模式以及内置的网络管理特性使得远程能源诊断或现场监视变得简而易行。i. LON SmartServer 的主要特点如下：

1）可编程性。系统供应商可以通过编写定制的应用程序扩展 i. LON SmartServer 的功能，从而用于能源优化、数据分析以及房间和照明控制等。他们还可以编写自己的驱动，以便 i. LON SmartServer 能够作为网关连接传统的系统或其他网络，例如 BACnet 和 CAN。

2）更广泛的系统集成。多个 i. LON SmartServer 之间能够通过基于 IP 的网络（有线的或无线的）相互通信，因此可以在一个系统中把用户所有业务的控制网络联合在一起。现在，即使像 BACnet 那样的封闭系统也能被集成到相同的楼宇自动化系统中。

3）独立工作模式或网络工作模式。对于少于 200 个设备的小型网络的安装，i. LON SmartServer 可以作为一个独立的网络设备工作；对于大型的、复杂的网络应用，它可以和 Echelon 公司的 LNS 网络数据库无缝地集成。在独立工作模式下，i. LON SmartServer 自动地安装连接到网络中的设备，之后，用户仍然可以使用基于 LNS 的工具配置、升级、替换和测试这些设备。即使用户使用了 LNS 数据库，i. LON SmartServer 仍然能够直接访问该数据库。无论用户选择哪种方法都不需要任何额外的集成工作，安装是快速的、集中的和容易实现的。

5. 微处理器接口程序

微处理器接口程序（MIP）是将神经元芯片作为其他微处理器的通信协议处理器的转换固件。MIP 可使主处理器实现 LonWorks 应用功能并使用 LonTalk 协议与其他节点通信，主机上的应用程序可以发送和接收网络变量的更新和显式报文，以及轮询网络变量。MIP 将 LonTalk 协议延伸到多种主机上，包括 PC、工作站、嵌入式微处理器及微控制器。MIP/P20 是 3120 神经元芯片的一种优化，它提供了廉价的网络接口，而 MIP/P50 提供用于 3150 神经元芯片上的更高性能的接口。MIP/DPS 是最高性能的版本，为使用双口 RAM 的 3150 神经元芯片而设，其特性如下：

1）允许任何主处理器接入 LonWorks 网络。

2）基于 MIP 的网络接口可用于任何主机应用程序。

3）高速的双端口 RAM 可以以最小的主机开销来以每秒几百帧的速度发送和接收报文（MIP/DPS）。

4）高速的并口以每秒几百帧的速度发送接收报文（MIP/P20 和 P50）。

5）对于 MIP/P50 和 MIP/DPS 来说，可选的链中断可通过异步方式发送上链报文，从而减少了网络交通带来的延时。

6）主机应用程序最多可使用 4096 个网络变量。

7）与 LonWorks 网络接口协议兼容。

8）包括网络接口库的 ANSI C 源代码和主机应用程序例程。

9）包括简单的网络驱动程序的 ANSI C 和汇编源代码。

6. ShortStack 微服务器软件

Echelon 公司的 ShortStack 软件通过在现有的 8 位、16 位或 32 位微控制器内部增加极少的（少于 4KB）附加码，就可以使得产品制造商在他们的产品中增加新的功能，并保留他们原有的开发投资。

ShortStack 微服务器是一个固件产品，包括 ANSI/EIA 709.1 标准控制网络协议，它使一些本身具有主处理器的设备，比如家用电器，在它现有的设计上作延伸，增加少量的应用代码和驱动，再加上 ShortStack 微服务器本身，便将原有的产品变成一个 LonWorks 的网络产品，从而也变成了一个互联网的产品。这种产品可从本地和远程接入，可对其设备进行操作、诊断和监控，也可将其信息纳入企业的数据网络，从而开发新的增值服务。该 ShortStack 微服务器在家电行业以及某些工业现场应用中有着广泛的应用前景。

ShortStack 微服务器要与一个配套的软件 ShortStack API 一起使用，以方便在主处理器上开发应用和驱动。它的使用非常简便，包括在主处理器上的应用和驱动的开发以及硬件接口（SPI/SCI）的开发。主处理器上所占内存很小，可使用任意 8 位、16 位或 32 位的主处理器与之配合使用。ShortStack 开发包包括 ShortStack 微服务器固件、ShortStack API、ShortStack 向导以及其他配套样例及说明。

4.6 LNS 网络技术

4.6.1 简介

LNS（LonWorks Network Operating System）是 Echelon 公司开发的专为 LonWorks 网络服务的网络操作系统，它提供给用户一个强大的客户/服务器网络构架，是 LonWorks 总线的可互操作性的基础。使用 LNS 提供的网络服务，可以保证多个网络管理工具可以一起执行网络安装、网络维护和网络监测，而众多的客户则可以同时申请服务器所提供的网络功能。

LNS 包括三类设备：路由器设备（包括中继器、桥接器、路由器和网关）、应用节点（智能传感器、执行器）和系统级设备（网络管理工具、系统分析、人机界面和 SCADA 站）。

采用 LNS 技术可以给网络使用者带来下列好处：

1）减少开发时间和费用。采用 LNS 技术，允许多个网络安装工具在一个网络系统中同时工作而不会产生冲突。每一个安装工具实际上是作为远程客户来申请网络服务的，由于使用同一个网络数据库，因此不用考虑网络数据库的同步问题。由于这些远程客户不需要拥有网络数据库，这些客户的硬件可以大大简化，降低硬件成本。

2）简化了系统集成。LNS 技术提供一系列编程手段，对于 OEM 用户，特别是在 Windows 平台开发的用户，开发的任务只是处理网络对象服务的属性、事件和方法。

3）访问数据不受限制。LNS 允许用户同时使用多台人机接口（Human- Machine Interface，HMI）、SCADA 站和数据站，同时可以访问网络上的数据。

4.6.2 LNS 编程模式与 LNS 构架

1. LNS 编程模式

LNS 网络操作系统提供了压缩的、面向对象的编程模式，大大缩短了开发时间和对系统的要求。LNS 将 LonWorks 网络变成一个层次化的对象，通过对象的方法、属性和事件对网络进行访问。目前，LNS 支持两种编程模式，以适应更多的应用。为了使用户的系统设计简单，LNS 尽可能地提供了自动化的功能。

1）平台独立编程模式。LNS 构架和主机是无关的，它支持任何平台的客户，这些平台可以是嵌入式的微处理器、PC，还可以是 UNIX 工作站。主机可以通过 LNS 的应用程序编程接口（Application Programmatic Interface，API）来操作 LNS。

2）Windows 编程模式。在 Windows 环境下，LNS 提供了基于 ActiveX 和 COM 组件方式的开发接口，开发人员可以在此基础上进行简单、快速的开发。这里 LNS 称之为组件架构（LonWorks Component Architecture，LCA）。

2. LNS 构架

LNS 构架由一些硬件和软件组成。这里介绍 LNS 构架 4 个主要的组件：网络服务器（Network Service Server，NSS）、网络服务接口（Network Services Interface，NSI）、LCA 对象服务器（LCA Object Server）和 LCA 数据服务器（LCA Data Server）。LNS 组件构架 LCA 框图如图 4-20 所示。

（1）网络服务器（NSS）　NSS 提供网络服务，它维护一个网络数据库并允许和协调多个客户节点访问服务器的服务和数据。当远程客户节点进行网络管理时，NSS 必须在网络上，但当远程客户节点在进行检测和控制时，不需要 NSS 时刻在网络上，只是在第一次操作时需要 NSS。

NSS 有两种实现方式，一种方式是 NSS-10 模块，是为了满足测控节点数据比较小的、嵌入式应用的需要而设计的。NSS-10 模块包含管理和配置网络设置的资源，但是 NSS-10 模块的资源有限。另外一种方式是 Windows 方式的 NSS，这里的 NSS 提供

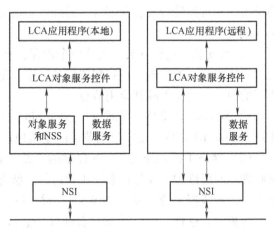

图 4-20　LNS 组件构架 LCA 框图

任何 LonWorks 网络资源的管理和配置信息的记录，而 Windows 方式下的 NSS 支持的网络节点个数和网络变量个数都比第一种方式大大增加了，因此它适合较大的系统，但它对系统的要求相当高。

（2）网络服务接口（NSI）　LNS 的网络服务接口包含两部分：LNS 网络接口硬件组件和 LNS 网络接口软件驱动。客户对服务器请求服务是通过网络设备接口 NSI 的硬件组件来完成的，而对于 Windows 方式下的 NSS，实际上就是 Windows 平台的网络数据库和网络数据库管理引擎，NSI 提供了网络信息和与 NSS 的物理上的连接。

（3）LCA 对象服务器（LCA Object Server）　LCA 对象只有在 Windows 方式下的 NSS 才有，对象服务实际上是在 NSS 上加了一层外壳，其目的是为了方便 Windows 下的用户使用 NSS，它除了提供绝大部分的 NSS 服务外，还包含基于 PC 的网络工具和组件应用。

（4）LCA 数据服务器（LCA Data Server）　LCA 数据服务器提供一个高性能的监控网络数据的引擎，能够直接提供数据服务，并可访问网络变量和显式报文。

4.6.3　网络服务与 LCA 数据库

1. 网络服务

LCA 的对象服务和数据服务的主要目的是给用户提供一个非常简洁的访问网络服务器服务。网络服务根据功能可以分为以下三种类型：网络安装和配置、网络维护和修理以及系统监控。

前面两种类型也可以称为网络管理，它主要是由 LCA 对象服务和 NSS 的组合来管理的，最后一个类型主要是由 NSS 支持下的 LCA 对象服务和网络服务进行管理的。

（1）网络安装和配置　与传统的控制网络相比，LonWorks 总线中的网络节点除了需要

物理的互连外，还需要通过一个安装工具动态地分配网络地址。在 LNS 中，NSS 提供网络安装服务，将物理上互连的应用节点进行逻辑上的连接，也就是对节点分配逻辑地址——域、子网及所属的组；优先级设置，网络变量和显式报文的互联、信息发送方式：发送无响应、重复发送、发送应答和请求响应。NSS 提供了三种安装方式：

1）自动安装：任何一个应用设备在安装之前处于非配置状态，NSS 能够自动搜寻这样的设备，并对其进行安装和配置。另外，它还能发现退出网络的设备，并相应地对网络进行重新配置。

2）预安装：这种安装方式分两个步骤：首先是预定义阶段，在节点离线时，预定义系统所有应用节点的逻辑地址和配置信息；第二是发行阶段，在所有节点物理上都连接时，将所有的预定义信息下载到应用节点。

3）Neuron ID 安装：可通过 Service pin 按钮或手动的方式获取应用节点的 Neuron ID，通过 Neuron ID 定位来设定应用节点的逻辑地址和配置参数。

（2）网络维护和修理　NSS 提供的系统维护主要包括两个方面的服务：网络维护和网络修理。网络维护主要是在系统正常运行的状态下增加或删除应用节点，以及改变节点的网络变量的显式报文的连接。LonWorks 网络的好处在于，一个节点的网络配置信息与应用程序是分离的。这样，可以对新节点进行任意添加，并且节点间的连接也可以动态地进行改变，而不需要改变节点的应用程序代码或改变物理接线。另外，网络维护还包括给节点增加新的应用程序软件。

网络修理是一个错误设备的检测和替换过程。检测过程提供应用节点的测试结果或节点自身运行状态参数，查出设备出错是由于应用层的问题（例如，一个执行器由于电动机出错而不能开、关）还是通信层的问题（例如设备脱离网络）。由于采用动态分配网络地址的方式，使替换出错设备非常容易，只需要从数据库提取旧设备的配置信息下载到新设备即可，而网络上其他应用节点则不需要修改。

（3）系统监控　LCA 数据服务提供系统范围内的监控服务，它可以查看网络上所有应用节点的信息管理，但在数据服务连接初始化时，需要 NSS 提供关于应用节点的配置信息和网络变量、显式报文等参数，一旦数据连接完成则不再需要 NSS 参与数据通信。

2. LCA 数据库

为了提供前面所叙述的网络服务功能，NSS、对象服务和数据服务都需要维护一些数据库，并进行相应的数据库管理和访问优化等。LNS 数据库结构如图 4-21 所示。对象服务维护 LCA 全局数据库（LCA Global Database）和 LCA 网络数据库（LCA Network Database），NSS 维护 NSS 网络数据库（NSS Network Database）。

下面介绍这三种数据库。

1）LCA 全局数据库。每一个 LCA 包含一个全局数据库，它是网

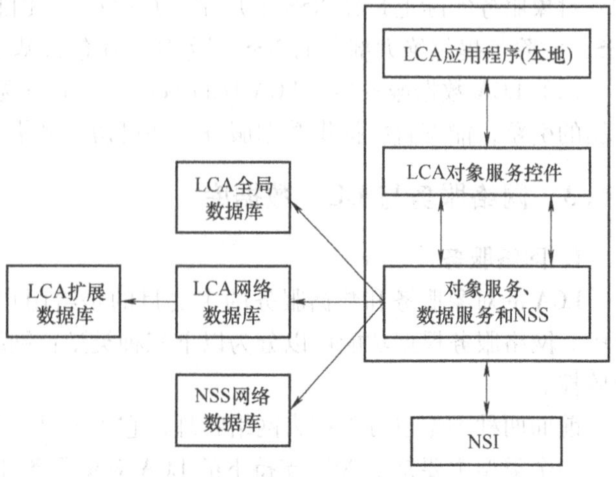

图 4-21　LNS 数据库结构框图

络数据库的集合，定义每一个 LCA 网络的名称和网络文件的目录。

2）LCA 网络数据库。它是网络所有节点、路由器、域、子网、通道以及网络配置参数的集合，在网络数据库中有一个选项：LCA 扩展数据库（LCA Extension Database），用于 LCA 在 Windows 下的 Plug- in 技术的实现。

3）NSS 网络数据库。该数据库用于存储网络配置信息。

在 LNS 网络中，多台 PC 运行 LCA 应用程序，其中一台 PC 运行 LCA 对象服务和 NSS，称为 NSS PC。NSS PC 上运行的 LCA 程序称为本地程序，而其他的 PC 上运行的程序称为远程程序。NSS PC 是唯一拥有 NSS 数据库和对象服务的 PC，远程程序所有的网络服务都是通过自动地远程访问 NSS PC 上的数据库实现的。

4.7 LonWorks 开发工具

4.7.1 节点开发工具

专门为神经元芯片而设计的编程语言是以 ANSI C 为基础的 Neuron C。Neuron C 在 ANSI C 的基础上进行了扩展，删除了标准 C 中一些不需要的功能，如浮点运算、文件 I/O 等，支持神经元芯片的固化软件，并针对 LonWorks 环境增加了特定的对象集合及访问这些对象的内部资源，它是开发 LonWorks 应用程序的一个强有力的工具。

为了使 LonWorks 总线的使用者快速方便地开发节点和联网，LonWorks 技术中还包含了一系列的开发工具，包括基于节点的开发工具 NodeBuilder 和基于网络的开发工具 LonBuilder，以及一系列的网络管理工具和 LNS 技术。

1. LonBuilder 开发工具

LonBuilder 开发系统功能齐全，集成了一整套开发 LonWorks 设备和系统的工具。这些工具包括：开发多个设备、系统应用程序的环境；安装配置设备的网络管理程序、检查网络流量以确定适当的网络容量和调试改正错误的协议分析仪。

2. NodeBuilder 开发工具

NodeBuilder 开发工具体积小巧、便于携带，和其他产品配合也可以完成完整的网络开发任务。NodeBuilder 使用 Windows 开发环境为用户提供便于使用的联机帮助。NodeBuilder 包括 LonWorks 向导软件工具，LonWorks 向导是一套只需按几下鼠标就可生成一个互操作 LonWorks 设备的软件模板，可以大大节省编程时间。

NodeBuilder 3 是目前最常用的开发 LonWorks 设备的第三代开发工具，是一个硬件和软件的平台。它包括一个基于 Windows 的软件开发系统和硬件开发平台用于设计和调试，另外还有相应的网络管理工具与它配套使用。

（1）NodeBuilder 3 组件和主要特性　NodeBuilder 3 主要含有以下组件：

1）NodeBuilder 自动编程向导：这个工具用来定义设备的外部接口并自动生成一些 Neuron C 的代码。其中第 2 版的 Neuron C 是一个高级的编程语言，它基于 ANSI C 又在此基础上做了扩展，以支持网络通信、硬件输入和输出接口以及事件驱动。第 2 版的 Neuron C 可生成符合 LonMark 标准的设备外部接口，这些自动生成的模板和代码为编程人员节省了大量的开发时间。

2）NodeBuilder 资源编辑器：这个工具用来观察和利用标准的数据类型和功能模式，并且用来定义特定的数据类型和功能模式。这些类型信息储存在 LonMark 资源文件中，可被资源编辑器、代码向导、Neuron C 编译器、LonMark 集成工具以及插件（Plug-in）向导使用，这使得所有的工具都具有统一的显示方式，从而减少了开发的时间。与 LonMark 标准兼容的设备需提供相应的资源文件。

3）LNS 设备插件（Plug-in）向导：这个工具可自动生成一个基于 Visual Basic 的应用，又称为设备插件，用于指导用户配置、浏览和检测、诊断由 NodeBuilder 开发工具所开发生成的设备。插件软件使硬件产品具有极大的实用性，NodeBuilder 3 工具包括软件测试、生成设备插件所需要的 LNS 的组件，该 LNS 插件可与任何支持 LNS Plug-in API 的 LNS 指导程序（Director）应用兼容。

NodeBuilder 3 工具还包括其他一系列的产品，有 LonMark 集成工具、LNS DDE 服务器软件、LTM-10A 平台（硬件）和 Gizmo 4 I/O 板等。其中 LTM-10A 平台内部包含有一片神经元 3150 芯片，带有 64KB 内存、32KB RAM，输入时钟为 10MHz。LTM-10A 本身带有电源、应用 I/O 或主机接口连接器以及一个收发器。

Gizmo 4 可提供 I/O，用于开发、测试和学习，它把神经元芯片的 11 个 I/O 引脚预先连接到外围电路上，还带有服务引脚和复位按钮。Gizmo 4 带有的 PIC 微控制器接口可用于 ShortStack 样板应用，利用 TP/FT-10F 内存控制模块插座，允许将 Gizmo 4 用作独立的设备。Gizmo 4 外围电路包括蜂鸣器、LED、按钮、LCD 显示、A-D 转换、D-A 转换、温度传感器、转轴（正交）编码器、定制外围设备的样机区域及实时时钟。

（2）PC 的网络接口选项　当使用 NodeBuilder 1.5 时，作为网络管理工具的计算机必须能和目前设备通信，当使用 NodeBuilder 3 时，作为网络管理工具的计算机可以选择是否要和目前接口设备通信，若选择不与网络接口通信时，必须存在已经建立的 LonWorks 网络，即对新安装的 NodeBuilder 使用时，在 LNS 数据库中要有可供选择的网络数据，此时可使用任何的 LNS 兼容网络接口，主要包括 PCLTA-10 网络接口、PCLTA-20/21 网络接口、PCC-10 网络接口、i. LON 10、i. LON 100、i. LON 600、Internet 服务器以及 USB U-10 接口、U-20 接口等。其中，PCLTA-10 网络接口可插入台式 PC 的 ISA 总线插槽，PCLTA-20/21 网络接口可插入台式 PC 的 PCI 总线插槽，PCC-10 网络接口可插入便携式 PC 的 PC 卡槽，i. LON 10、i. LON 100 和 i. LON 600 提供通过 IP 的远程网络连接。此外，i. LON 100 还有 I/O 和 Web 服务器功能，U-10 和 U-20 则是体积小巧的 USB 接口，其中 U-10 为双绞线接口，U-20 为电力线接口。

4.7.2　网络工具

网络工具软件用于网络设计、安装、配置、监视、监督控制、诊断和维护，主要是以下工具软件的结合：

1）网络集成工具：提供设计、配置、测试和维护网络的基本功能。

2）网络诊断工具：用于观察、分析和诊断网络流通状态，并监视网络的负载情况。

3）HMI 开发工具：用来创建人-机接口（HMI）应用程序。

4）I/O 服务器：用来为 HMI 应用程序提供对 LonWorks 网络的访问功能。

网络工具基于 LNS 网络操作系统，具有互操作性，即这些工具软件可在同一时刻在同一网络上运行。

1. LNS DDE 服务器

LNS DDE 服务器是一个很好的软件包，它允许任何与 DDE 相兼容的 Microsoft Windows 应用程序监视和控制 LonWorks 网络而无须编程。用于 LNS DDE 服务器的典型的应用程序包括人机界面应用程序、数据记录和趋势分析应用程序以及图像处理显示接口。

LNS 是一个 LonWorks 网络的开放的、标准的操作系统，它以强大的客户/服务器体系结构为基础，允许多个安装人员或者维护人员同时访问和修改一个公共数据库。通过建立 LNS 和 Microsoft DDE 协议的连接，与 DDE 相兼容的 Windows 应用程序可以使用以下方法和 LonWorks 设备进行交互操作：

1）读、监视和修改任何网络变量的值。

2）监视和改变配置属性。

3）接收和发送应用程序报文。

4）测试（Test）、启用（Enable）、禁用（Disable）以及强制（Override）LonMaker 对象。

5）测试、闪烁（Wink）以及控制设备。

LNS DDE 服务器把 LonWorks 网络连接到楼宇、工厂处理装置、半导体制造和其他工业、商业应用的控制系统的操作界面。在上百种 DDE 应用程序中，可以和 Wonderware InTouch、Intellution iFix、USDATA FactoryLink、National Instruments 的 LabView、BridgeView、Microsoft Excel、Microsoft Visual Basic 等相兼容。LNS DDE 服务器支持 Wonderware 公司的 FastDDE 协议，以提高和 InTouch 一起使用的性能。

一旦网络经由 LonMaker for Windows 配置完毕投入使用，LNS DDE 服务器即可自动访问由 LonMaker 工具自动创建的 LNS 数据库，LNS 能够确保所需的信息能够在 LNS 数据库中自动生成，而无须额外的配置步骤。

2. LonScanner 协议分析软件

LonScanner 协议分析软件为 LonWorks 产品制造商、系统集成商和最终用户提供一个简单易用的、基于 Windows 操作系统的工具，使用户可以观察、分析和诊断所安装的 LonWorks 网络的行为。这个工具所提供的先进的功能在数据网络分析中起着重要的作用，适合控制网络的独特需求。

协议分析软件通过数据采集、定时标记等手段将所有通信数据存储到日志文件中来简化网络的维护。多个日志和网络接口设备能够同时被激活，这使得从一个多信道的网络中或者从多个网络中采集数据包变得简单，其事务分析系统（Transaction Analysis System）能够检查每一个采集到的与之相关的数据包，以帮助用户了解和解释网络的通信流量。其特点如下：

1）捕获、分析、描绘和显示一个信道上所有的 ANSI/EIA 709.1 数据包，用于网络活动和通道流量的详细分析。

2）支持大多数通用的 709.1 网络接口设备，包括 Echelon 公司的 U10/U20 USB 网络接口设备、PCC-10 PC 卡网络接口、PCLTA-21 网络接口、i. LON 100 互联网服务器以及 i. LON 600 LonWorks/IP 服务器。

3）当配合 LNS Turbo Runtime 一起使用时，可以监视 IP-852 信道。

87

4）当配合 i. LON 100 和 i. LON 600 一起使用时，可以监视本地或者远程网络。

5）能够运行在 Windows 7、Windows XP、Windows Server 2003 和 Windows 2000 平台上。

6）能够和基于 LNS 的应用程序（如 LonMaker 工具）共享同一个网络接口设备。

7）能够解释数据包的内容，而无须解释原始的十六进制数据。

8）简单的数据包记录功能配合事务分析系统，能够解释所有与之相关的数据包。

9）提供数据包接收过滤器以减少被记录的数据包数量，从而帮助用户找到与之相关的数据包。

10）能够显示设备和网络变量名，包括基于用户自定义的网络地址或者基于来自任何 LNS 网络数据库（可以是由 LonMaker 集成工具生成的数据库）的名称。

11）基于 LonMark 资源文件的网络变量数据编排格式，能够简化数据的解释。

12）能够显示整个网络统计数据，从而对网络的状况进行详细的分析。

13）能够在长期趋势曲线图中显示网络负载或出错率数据，从而很容易地辨别额外的网络通信量和错误信息。

14）能够同时监视多个信道和网络。

除由 Echelon 公司推出的 LonScan 协议分析软件外，还有由 LOYTEC 公司推出的硬件工具 LPA 网络协议分析仪，用于网络协议分析、诊断和组建高性能网络架构等。

4.7.3　LonMaker 和 i. LON 100

1. LonMaker

LonMaker for Windows 集成工具是一个用于设计、安装和维护多设备供应商的、开放的、互操作性的 LonWorks 控制网络的软件包，它为 PC 提供了网络管理工具，可用于应用程序代码下载、设备安装、网络变量连接、报文标记、基本的网络诊断和控制等。LonMaker 工具基于 LNS 网络操作系统，包含功能强大的客户服务器体系结构以及简单易用的 Visio 用户界面。这个工具可用来设计、启动和维护分布式的控制网络，也可用作网络维护工具。

LonMaker 工具遵循了 LNS 插件标准，该标准允许 LonWorks 设备制造商为他们的产品提供自定义的应用，当 LonMaker 用户选择相连的设备时，这些自定义的应用会自动启动，可以使系统工程师和技术员非常方便地定义、测试和维护相关设备。

对于实际工程系统而言，网络设计也可以在工程现场进行，如果将 LonMaker 工具连接到一个已交付使用的网络上，网络设计也可以在工程现场进行。这个特点非常好地满足了小型网络设计的要求，同时对于需要增加、移除和修改网络设备的场合也可提供方便。

LonMaker 工具可为用户提供友好的操作环境界面和灵活的绘画功能，使得设备的创建非常方便。LonMaker 工具含有一系列的用于 LonWorks 网络设计的设备图形模板，用户也可以创建自己的图形。用户创建的图形可以是一台单独的设备或者功能块，也可以是一个复杂的、完整的系统，系统中含有预先定义好的设备、功能块和这些设备、功能块之间的连接关系。利用定制子系统图形（Custom Subsystem Shapes），用户只需要简单地将图形拖到一个新的绘图页面上就可创建子系统，这样就可大大减少复杂系统设计所需要的时间。

利用 LonMaker 提供的网络安装功能，可以在同一时间让多台设备投入使用。可以通过多种方式识别所安装的设备，包括服务引脚、条形码扫描神经元芯片 ID 号或手动输入 ID 号等。

LonMaker 工具是一种扩展的工具，在网络的整个生命周期都可利用它来简化网络安装任务。

（1）LonMaker 所含组件　其所含组件主要有：

1）LonMaker 光盘。该光盘包括 LNS 服务器的 LonMaker 软件、LonPoint 插件和应用、Visio 专业版或 2002 标准版、LNS 驱动以及 Adobe Acrobat 阅读器。集成安装程序简化了所有软件的安装。

2）LonMaker 用户指南。学习如何安装和使用 LonMaker 工具。

安装 LonMaker 工具的其他资料在联机帮助文件中，可在相关网址（http://www.echelon.com/lonmaker）中找到其更新资料。

（2）硬件要求　LonMaker 集成工具对计算机硬件要求如下。如果要设计一个两百到成千上万个设备的网络，则要参见 LNS 服务器和运行 LonMaker 工具的计算机的附加建议，该建议在组建大型网络描述中。

1）组建小网络。当组建的网络比较小时，LonMaker 集成工具对硬件的要求如下：

① 操作系统可以是 Windows 7、Windows XP、Windows 2000 或者 Windows 98，这里以 Windows 7 为例。

② 至少 350MB 的硬盘空间。

③ Pentium Ⅲ、Pentium 4 或者更快的 CPU。

④ 内存至少 512MB。

⑤ CD ROM 驱动。

⑥ 超级 VGA（800×600 像素）或 256 色的高分辨率显示。

⑦ 鼠标或其他相兼容的点击设备。

所需的存储器同时受插件数量、LNS 应用及其他正在运行的 Windows 应用的影响。如果同时运行多个插件或应用程序，则至少需要 512MB 的空间。

为了节省 LonMaker 备份文件，推荐使用一个 100MB 或更大的可移动存储介质驱动器，如 ZIP 磁盘或远程文件服务器。

2）组建大型网络。组建大型网络时，高性能的硬件是必不可少的。LNS 服务器磁盘的持续传输速率应该大于 20Mbit/s，平均寻道时间应该小于 8ms。该传输速率满足使用 SATA、UltraATA/100、超 SCSI 以及更快接口的 SCSI 驱动。通过使用诸如 RAID 5 磁盘阵列的冗余磁盘配置，可以进一步提高网络性能和可靠性。

对于大型网络，安装 LonMaker 工具时，Windows XP 和 Windows 2003 系统至少应该有 2GHz 的 Pentium 4，Windows 2000 至少有 1GB 的内存和 1500MB 的页面文件，必要时还要增加虚拟内存。速度、操作系统和内存大小在调试网络时不那么重要，调试设备时，至少 512MB 内存的小型笔记本式计算机运行就很好。

（3）LonMaker 的安装　LonMaker 工具的每个许可副本最多允许安装在两台设备上，通常主安装是在台式计算机上，复制在笔记本式计算机上。二次复制必须为主用户独家使用；LonMaker 软件一次只能在一台计算机上使用，另一台计算机不能管理或恢复 LonWorks 设备。安装时要遵循以下步骤：

1）如果事先装有 LonMaker 试用版，要替换为完整版，必须先卸载 Visio 试用软件。若不卸载 Visio，那么 LonMaker 软件可以安装，但 Visio 的完整版无法安装。

2）如果要安装 LonMaker 试用版，而事先安装了 LonMaker 零售版或 Visio 2002，则在安装试用版之前要卸载它们，并重启计算机。

3）关闭所有正在运行的 Windows 程序。如果正在运行任何 16 位的程序（包括后台程序），则 LonMaker 软件可能无法正确安装。

4）要禁用任何 LonWorks 服务。

5）将 LonMaker 光盘插到 CD- ROM 驱动器中。

6）在"Select Components"对话框上勾选适当的复选框，选择想要安装的组件，如图 4-22 所示。

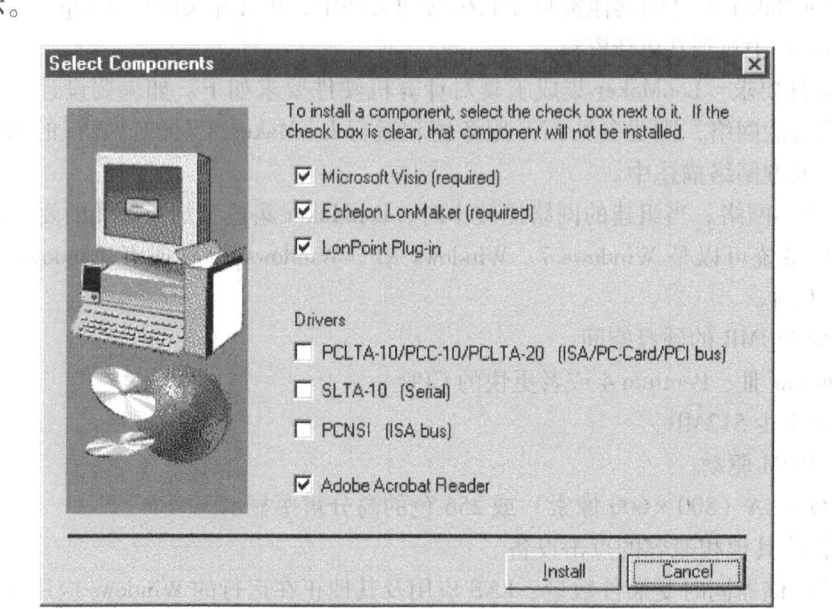

图 4-22　LonMaker 软件"选择组件"对话框

① Microsoft Visio。如果已经安装了 Visio 软件，则同样可以从 LonMaker CD 上安装 Visio，如果没有安装，则必须选择安装。

② LonMaker Integration Tool：安装 LonMaker 工具将自动安装 LNS Turbo Edition 网络操作系统及以下网络接口的驱动程序：i. LON 10 以太网适配器、i. LON 100 Internet 服务器和 i. LON 600 LonWorks/IP 服务器；U10/U20 USB 网络接口；PCC-10、PCLTA-10、PCLTA-20 和 PCLTA-21 PCI 网络接口。

由于展板使用的是 LonPoint 模块，因此在安装 LonMaker 时必须安装 LonPoint Plug- in。

③ Drivers。当使用 LonWorks 信道时，LonMaker 工具需要使用 LNS 网络接口，例如 i. LON 10、i. LON 100、PCLTA-10、PCLTA-20、PCC-10、PCNSI、SLTA-10 或者 PL- SLTA。

如果用户使用 PCLTA-10、PCLTA-20 或者 PCC-10，则勾选 PCLTA-10/PCC-10/PCLTA-20 复选框；如果使用 PCNSI，则勾选 PCNSI 复选框；如果使用 SLTA-10，则勾选 SLTA-10 复选框。如果用户使用的是 IP 网络接口，则不要选择任何的 LNS 网络驱动（这里由于使用的网络接口是 i. LON 100，则不选择以上各选项框）。

④ Adobe Acrobat Reader。Adobe Acrobat Reader 是一个免费软件，可以阅读 PDF 文件，多数 LonMark 参考文档是 PDF，如果已经安装了 Adobe Acrobat Reader 软件，则不选 Adobe

Acrobat Reader 复选框，否则要选择该复选框。

单击"Install"按钮，安装程序会根据选择的组件顺序进行安装（Microsoft Visio 和 Lon-Maker 的序列号都在盘中的 SN 文件里）。

7）如果安装的是 LonMaker 工具的试用版，则在使用 LonMaker 工具之前，必须先激活 Visio。

（4）LonMaker 设计管理器概述 LonMaker 设计管理器允许创建、打开、备份、恢复、整理和删除 LonMaker 网络，也可以设置资源文件语言和选择新的网络安装模板。打开 Lon-Maker 设计管理器，需单击 Windows 开始菜单，选择"Programs"→"Echelon LonMaker for Windows"→"LonMaker for Windows"，打开窗口如图 4-23 所示。

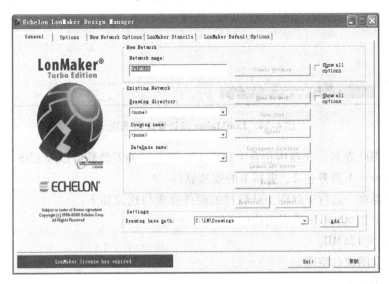

图4-23 LonMaker 设计管理器打开网络

LonMaker 设计管理器的选项卡允许设置一个 LonMark 资源文件的语言优先级列表和选择新网络的 LonMaker 模板。

当 LonMaker 工具显示所选设备、功能块和网络变量的文档时，它要使用包含在 Lon-Mark 资源文件中的定义。通过指定 LonMaker 工具中的 LonMark 资源文件语言优先级列表，可以用不同的语言显示 LonMark 资源文件信息。

在"网络性能"中，可以通过选择资源文件语言标签为特定网络设置资源文件语言。可在 LonMaker 设计管理器中选择"Options"选项卡全局性地为新网络设置资源文件语言，如图 4-24 所示。

2. i. LON 100

（1）i. LON 100 服务器所含组件 其所含组件主要包括：

1）i. LON 100 设备。有八种型号的 i. LON 100 因特网服务器，内置 TP/FT-10 自由拓扑双绞线和 PL-20 电源线两个版本；版本可带也可不带内置模拟调制解调器及 IP-852 使能路由；对还没有 IP-852 使能路由的 i. LON 100 e3 服务器，需购买 IP-852 激活密钥。如 i. LON 100 e3 硬件指导所述，每个模型的输入输出略有不同。

2）i. LON 100 快速启动指导。该文件描述如何连接 i. LON 100 硬件以及如何使用 i. LON 100 网页配置 i. LON 100 的 IP 信息。

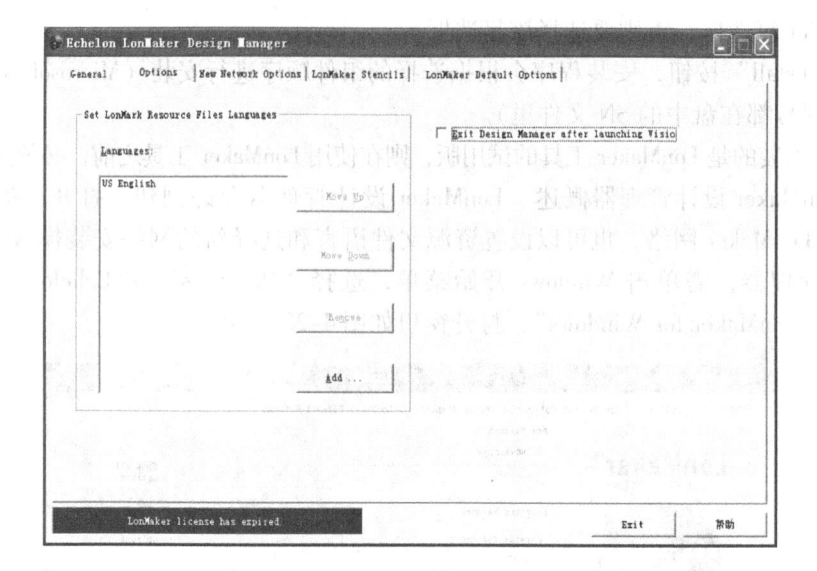

图 4-24　LonMaker 设计管理器选项卡

3）i. LON 100 光盘。光盘内包含 i. LON 100 服务器的安装软件以及 LNS 3 服务包 7、更新 1 和 LonMaker 3.1 服务包 2、更新 1 的安装软件。

（2）硬件要求　运行 i. LON 100 软件的硬件要求与建议如下：

1）Pentium Ⅱ 600MHz 或者更快的 CPU。

2）内存至少 128MB。

3）70MB 空闲硬盘空间。

4）CD ROM 驱动。

5）超级 VGA（800 × 600 像素）或 256 色的高分辨率显示。

6）鼠标或其他相兼容的点击设备。

（3）软件要求　运行 i. LON 100 的软件要求与建议如下：

1）操作系统可以是 Microsoft Windows XP、Windows 2000 或者 Windows 2003，Echelon 推荐安装微软最新版本的 Windows 服务包；大字体或小字体的屏幕分辨率为 1024 × 768 像素，小字体屏幕分辨率为 800 × 600 像素。

2）相应软件为 LonMaker 3.2、服务包 2 或更高版本，LNS 3.1、服务包 8、更新 1 或更高版本上。

3）IE 浏览器 6 或更高版本。

4）终端仿真程序，如 Windows 超级终端。

（4）i. LON 100 服务器的使用步骤　其使用步骤如下：

1）安装 i. LON 100 软件，设置初始值，配置 i. LON 100 网络服务器。

2）开始访问 i. LON 100 网页或 i. LON 100 配置插件，配置 i. LON 100 应用。

3）利用已创建的 i. LON 100 服务器，为要使用的应用创建数据点。

4）配置要使用的应用程序。

5）创建用于监视和控制设备的自定义 Web 页面。

（5）i. LON 100 软件安装　使用 i. LON 100 配置插件之前，要安装 i. LON 100 软件，安

装时遵循以下步骤。注意要用 IE 浏览器 6 或更高的版本访问 i. LON 100 网页。

1）如果使用的是 LNS 应用，要确认是 LNS 3、服务包 8、更新 1 或更高版本。如果使用的是 LonMaker 集成工具，要确认是 LonMaker 3. 1、服务包 3、更新 3（或更高版本）。这些补丁均在 i. LON 100 光盘中。

如果安装的 LonMaker 工具版本低于 3. 1，首先要将其更新至 3. 1 版。LNS 和 LonMaker 工具的最新服务包可在相关网址（www. echelon. com/downloads）中下载。

最后，单击 LonMaker 设计管理器的标题栏并选择 "About Echelon LonMaker"，确认安装的所有软件的版本都要正确。该对话框如图 4-25 所示。

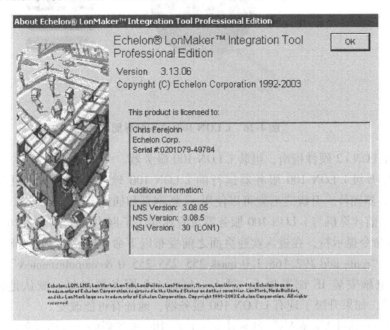

图 4-25　LonMaker 网络集成工具对话框

2）确认计算机上安装了 IE 浏览器 6、服务包 1（或更高版本）。可根据以下步骤 3 和步骤 4 安装 IE 浏览器 6、服务包 1。

3）插入 i. LON 100 e3 光盘，会出现 i. LON 100 e3 窗口，如果没有出现，打开 i. LON 100 e3 的根目录并双击 "Setup. exe"。

4）单击 "Install Products" 按钮，打开产品安装窗口，如图 4-26 所示。

5）安装 i. LON 100 e3 软件。选择 "Echelon i. LON 100 e3 Software"，按照屏幕上的安装提示安装 i. LON 100 e3 软件。

6）如果要用 i. LON Vision 软件为 i. LON 100 e3 服务器创建自定义网页，还需要在计算机上安装 Macromedia Contribute 3. 1 软件。可以选择 "Macromedia Contribute 3. 1 Trial Version" 安装软件的试用版。然后，选择 "Echelon i. LON Vision Software"，按照指示完成安装。注意，Macromedia Contribute 3. 1 软件要在 i. LON Vision 之前安装。如果是从另一个来源获取 Macromedia Contribute 软件，可以稍后安装 i. LON Vision 软件。

（6）连接和配置 i. LON 100 网络服务器　安装完 i. LON 100 软件后，接下来可将其连接到 i. LON 100 服务器上并执行一些初始配置任务。按以下步骤进行：

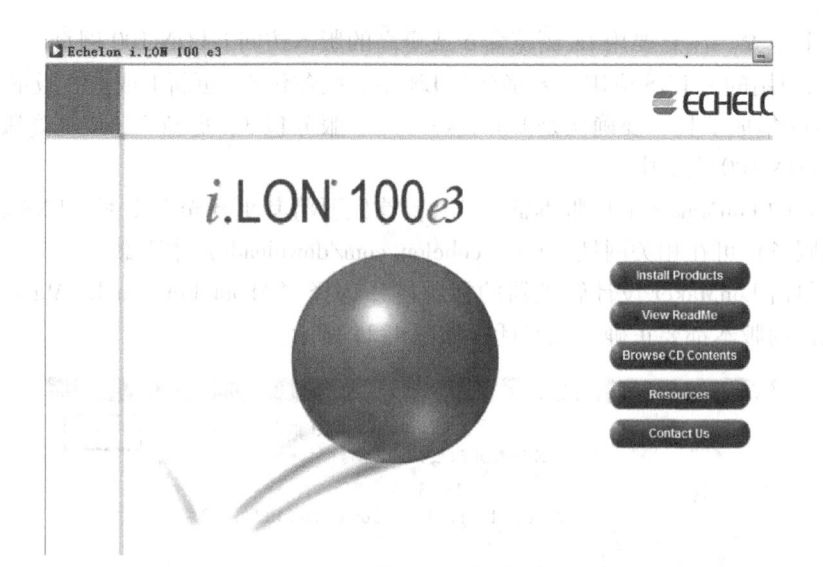

图 4-26 i. LON 100 e3 安装界面

1）根据 i. LON e2 硬件指南，组装 i. LON 100 服务器。

2）如果要升级 i. LON 100 服务器运行的 i. LON 100 软件早期版本，用升级向导升级 i. LON 100 服务器固件。升级之后就可以使用 e3 新网页和插件。

3）如果当前计算机与 i. LON 100 服务器没有在同一子网上（默认 192. 168. 1. x），则要打开 Windows 命令提示符，在进入欢迎页面之前发布以下命令（把"192. 168. 1"变为合适的子网前缀）："route add 192. 168. 1. 0 mask 255. 255. 255. 0 &computername&"。

4）打开电脑安装 IE 浏览器 6，进入 i. LON 100 服务器地址。默认地址是 http: // 192. 168. 1. 222，如果升级了现有 i. LON 100 服务器，地址有可能改变。

5）用"Network-LAN/WAN"网页建立 i. LON 100 服务器的连接和服务。

6）如果 i. LON 100 服务器配有调制解调器，用"Configure- Modem"网页设置调制解调器。

7）用"Network-LONWORKS"网页为 i. LON 100 服务器配置 LonWorks 环境。如果计划使用 i. LON 100 服务器作为本原接口把 LNS 或基于 OpenLDV 的应用连接到 LonWorks 网络的话，就需要配置环境。也可以利用该网页配置 NVE 驱动，NVE 驱动负责管理网络上的 NVE（外部）数据点。NVE 数据点是网络上其他设备的数据点，i. LON 100 服务器可以使用它来监视这些设备。

8）如果计划把 i. LON 100 服务器作为 IP-852 通道上的路由器使用，就要启动路由器选项，配置 i. LON 100 服务器的 IP-852 路由环境。

9）配置 i. LON 100 服务器的时间设定。

10）用"Network- M- Bus"和"Network- Modbus"网页分别配置 M- bus 与 Modbus 驱动。

11）在 i. LON 100 服务器上执行安全访问重置，设置 i. LON 100 服务器的安全选项。

12）重启 i. LON 100 服务器。指向"Setup"，然后单击菜单上的"Reboot"按钮，打开"Setup- Reboot"网页。一旦 i. LON 100 服务器重新启动，所有的设置都会生效。

4.8 LonWorks 地铁车辆监控应用实例

4.8.1 系统概述与总体框架

1. 系统概述

随着我国城市化进程的快速发展，城市交通拥堵日益严重，发展运量大、节能环保和快速安全的城市轨道交通体系已经迫在眉睫。城市轨道车辆各节车厢的运行状态和故障信息通过分布在现场的智能设备进行采集，应用现场总线技术将采集到的数据集中显示，从而保证轨道车辆高速、安全、稳定运行。

LonWorks 网络地铁车厢监控系统组成如图 4-27 所示。系统采用 LonWorks 作为地铁车辆总线，实现各节车厢之间的数据传输。一级网络是整体地铁总线，可以实现对整体车厢的统一控制，二级网络是车厢级的 LonWorks 总线及车厢级应用节点。每一节车厢的控制单元为地铁车辆总线上的一个控制节点，通过 EIA-485 将分布在各节车厢的车门控制器、空调控制器、供电监控器的数据通过 LonWorks 网络传输给主处理板，各车厢的主处理板通过 LON 网关与车辆总线通信，从而实现整车的联网功能。

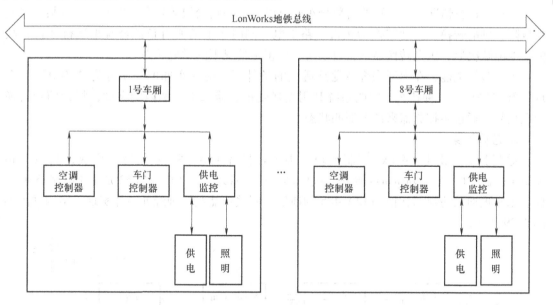

图 4-27 LonWorks 网络地铁车厢监控系统组成

（1）列车主控计算机 列车主控计算机采用带有 EIA-485 通信接口的薄型触摸屏工控机，主控计算机是地铁车辆监控系统的核心，负责接收各种数据指令并自动执行相应的操作步骤，显示并记录各节车厢的运行状态，对运行过程中出现的故障及时进行诊断、显示并报警。

主控计算机的控制软件使用 Visual Studio 开发，地铁"车厢控制单元"界面如图 4-28 所示，可以以数字、指示灯和数字仪表的形式选择性地显示全车车厢和每节车厢的车厢号、车门开关情况、车厢温度和通电照明情况，界面简洁直观、操作方便。

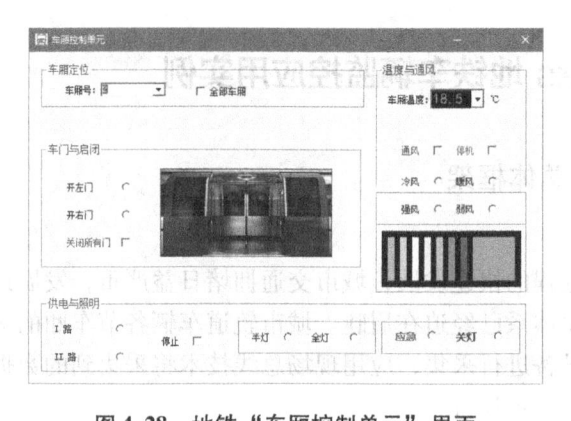

图 4-28 地铁"车厢控制单元"界面

（2）代理节点 代理节点是连接地铁车辆网和车厢网的桥梁，一般分为车厢网络和整车网络两层，有两个独立的 LonWorks 通信接口。上行 LonWorks 通信接口负责列车级网络通信，接收并将车辆主机的信息转发给下行 LonWorks 通信模块。下行 LonWorks 通信接口负责车厢级网络通信，转发集中控制命令，接收各车厢应用节点传输的参数、工作状态等信息。

（3）电源供电和照明控制功能 为了保证供电的可靠性，地铁车辆的供电系统分为两路，在正常运行情况下，一路给奇数号车厢供电，另一路给偶数号车厢供电。一旦某一路发生故障，供电转换器自动转换为正常一路供电，同时车上的所有负载会减半运行并报告故障。故障解决后，供电转换器又会自动切换到正常情况下的供电状态。

为了节约电能，在保证乘客视觉舒适性的条件下，地铁车厢的照明分为"半灯""全灯"和"停止"三种状态。照明系统利用光强度传感器采集车厢内的亮度，将光信号转换为电信号，通过主控制器来调节照明状态。

2. 总体框架

适配器主要由 LonWorks 控制模块、协议转换和 EIA-485 通信模块构成，其中 Lon-Works 控制模块用于 LonWorks 现场总线的网络通信管理，主 CPU 89C52 加上 EIA-485 通信模块来实现通信协议的转换和 EIA-485 的通信。网关功能利用神经元芯片实现，结构框图如图 4-29 所示。

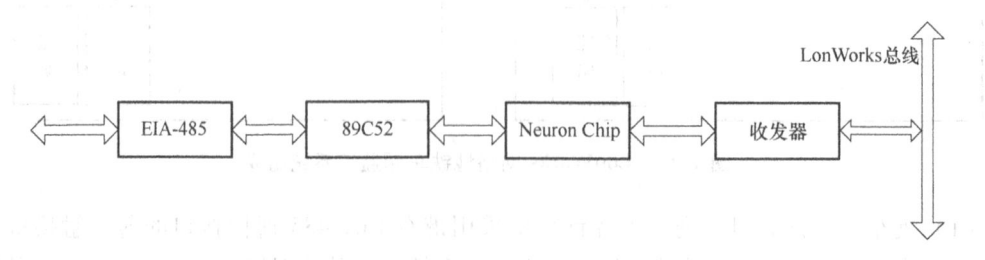

图 4-29 结构框图

工作原理：Neuron 芯片选用从 A 操作方式，即在主处理器的控制下工作，在通信前，89C52 和 Neuron 芯片之间建立握手信号，即 HS 信号有效，然后主机再发送 CMD_RESYNC，表示要求 Neuron 芯片同步，而 Neuron 芯片接到芯片信号后，则发送 CMD_ACKSYNC，表明已经同步可以通信，这时虚拟令牌就可以在主机与芯片之间无限制地交替传递。

4.8.2　处理器 STC 89 C52 与外围电路设计

部分外围电路设计连接图如图 4-30 所示。

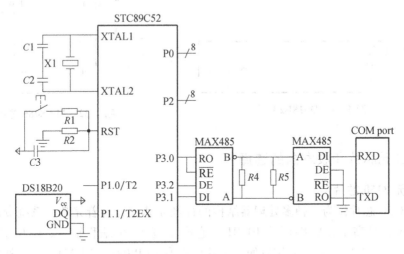

图 4-30　部分外围电路设计连接图

1. 主处理器 STC89C52

主处理器选用由宏晶公司推出的兼容性较好的 STC89C52 小型单片机。STC89C52 是自动化领域常用的器件，它是一种低功耗、高性能 CMOS 8 位微处理器，具有 8KB 系统可编程 Flash 存储器，在原有 MCS-51 内核上做了很多改进，使得芯片具有传统 51 单片机不具备的功能。主要特性如下：

（1）8KB 程序存储空间。

（2）512B 数据存储空间。

（3）内带 4KB EEPROM 存储空间。

（4）可直接使用串口下载用户程序。

2. DS18B20 数字温度传感器

车厢温度控制采用 DS18B20 数字温度传感器，其接线方便、体积小，可以根据应用场合的不同而封装成不同的外部形状，如管道式、螺纹式和磁铁吸附式等，如图 4-31 所示。

DS18B20 独特的单线接口方式使得其只需要一条数据口线就可以与微处理器 STC89C52 实现双向通信，不需要其他外围元件。DS18B20 还支持多点组网功能，在保证电源电压供电正常的情况下，唯一的三线上可以并联多个 DS18B20 传感器，实现多点测温，在 $-10 \sim +85℃$ 的温度范围内，精度可达 $±0.5℃$，可以精确地控制车厢温度，保证乘客的舒适性。

3. EIA-485 通信模块

EIA-485 通信模块的主要功能是实现通信协议的转换和 EIA-485 的通信，可采用 MAX485 芯片，它所构成的 485 总线采用的是半双工的工作方式，数据最高传输速率为 10Mbit/s，接口采用平衡驱动器与差分接收器的组合，抗共模干扰能力强，即抗噪声干扰性强。EIA-485 接口的最大传输距离标准值为 4000ft（1ft = 0.3048m），实际上可达 1219m，在总线上允许连接多达 128 个收发器，即具有多站能力。MAX485 芯片如图 4-32 所示。

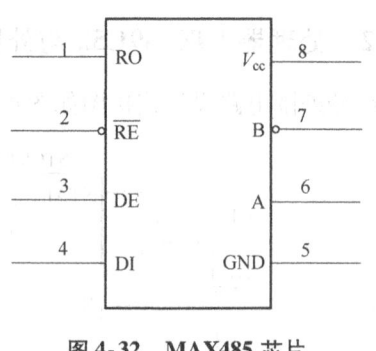

图 4-32　MAX485 芯片

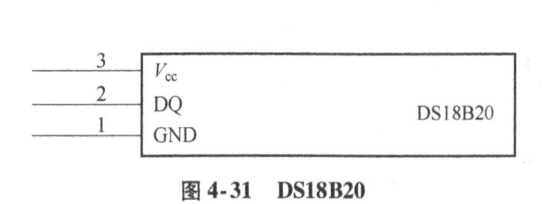

图 4-31　DS18B20

4.8.3　神经元芯片和收发器的选择

1. 神经元 3150 芯片

神经元 3150 芯片作为一种多处理器结构的神经元芯片，有着完整的系统资源，集成了三个管线 CPU，最高工作频率可达 10MHz。它配备有 11 个编程输入、输出引脚（IO1 ~ IO10），编程方法多达 34 种，应用方便。芯片内设有 EEPROM 和 RAM，支持外部扩展多种存储器的接口，最大存储空间可达 64KB。Neuron 芯片的优势在于它的网络通信功能，引出的 5 个通信引脚（CP0 ~ CP4）提供了单端、差分和特殊应用模式等三种网络通信方式。

2. 收发器的选择与电路设计

FFT-10A 收发器主要由一个隔离变压器和一个差分曼彻斯特编码器组成，其引脚排列如图 4-33 所示。

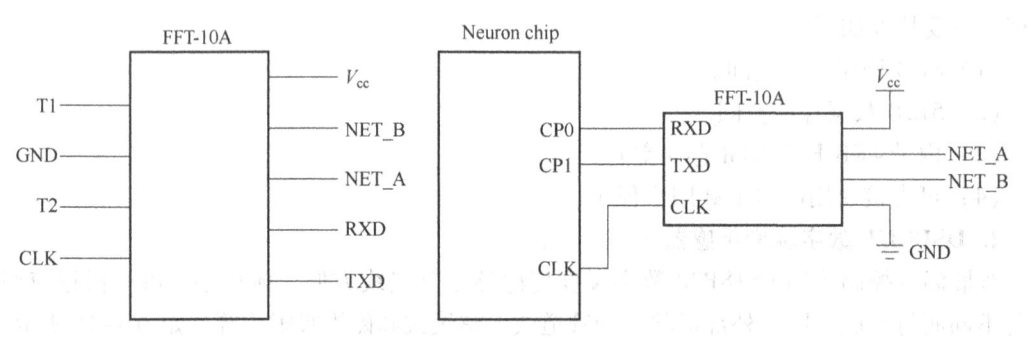

图 4-33　FFT-10A 收发器及其与神经元芯片的连接

NET_A、NET_B 是两个网络接口，此接口没有极性要求。RXD、TXD 分别是数据接收和发送端口，CLK 为收发器时钟输入端，T1、T2 则用来提供钳位和瞬时电压保护。收发器所带的变压器隔离接口可满足系统高性能、高共模隔离的要求，同时具有隔离噪声作用，可防止干扰信号进入传输网络中，它支持无极性自由拓扑结构，从而可使系统安装不再局限于总线结构，也就是说，此收发器支持星形、环形接线（自由拓扑结构通过最简单的接线方式减少了系统安装的时间和费用，从而可使任务以最快的方式完成）。由于减少了对通信线的拓扑、接合和节点位置的限制，因而使得网络更易于扩展。两个 FFT-10A 收发器还可以背靠背用作数字式重复器，同时可在一个信道上增加传输距离或节点数量。神经元芯片与 FFT-10A 收发器的连接如图 4-33 所示。

3. 实例总结

在上述案例中，每节车厢的主处理器和 LON 网络适配器的组合就相当于 LonWorks 列车总线的一个智能节点，并且是基于主机的现场控制节点。主处理器通过 LON 网络适配器完成与列车总线的通信，而主处理器与网络控制器之间的通信依靠 EIA-485 完成。主处理器将从各个子系统收到的数据以及本身处理好的数据传送给网络适配器，网络控制系统再将数据传送到列车总线上；同样，主处理器也可以从网络适配器接收到来自列车总线上其他车厢的控制信息。由于 LonWorks 网络的互操作性和智能节点之间的对等性，从而能完成车厢之间的相互控制与信息显示。

第 4 章习题

4-1　LonWorks 有哪些技术特点？

4-2　简述 LonWorks 中的通信控制器——神经元芯片的结构及功能。

4-3　LonWorks 神经元芯片有几种类型的存储器？试简述之。

4-4　LNS 包括哪些设备？LNS 技术有哪些优点？

4-5　举例说明电源线收发器的结构及节点应用。

4-6　试说明 LonWorks 互操作性的应用程序准则及意义。

4-7　举例说明 LonWorks 的应用。

第 5 章

FF 技术

基金会现场总线（Foundation Fieldbus，FF）标准是现场总线基金会组织开发的，它综合了通信技术与集散控制系统（DCS）技术。FF 技术起源于以美国艾默生（Emerson）、Honeywell为首的企业集团联合欧洲等地的 150 家公司制定的 World FIP。这两大集团于 1994年 9 月合并，成立了现场总线基金会，致力于开发出国际统一的现场总线协议。它以 ISO/OSI 模型为基础，取其物理层、数据链路层、应用层为 FF 通信模型的相应层次，并在应用层上增加了用户层。用户层主要针对自动化测控应用的需要，定义了信息存取的统一规则，采用设备描述语言规定了通用的功能块集。由于以上这些公司是该领域自控设备的主要供应商，对工业底层网络的功能需求了解很透彻，也具备足够引领该领域现场自控设备发展方向的能力，因而由它们组成的基金会所颁布的现场总线规范具有一定的权威性。基金会现场总线技术在过程自动化领域拥有广泛支持和良好发展前景。

基金会现场总线既是通信系统，又是一种分布式的自动化系统。它作为一种通信系统，有别于一般的网络系统，它位于工业现场，通信围绕现场自动化任务。它作为一种网络自动化系统，有别于一般的自动化系统，其网络节点是现场仪表或现场设备，它们既有通信功能，又有信号测量输入、运算、控制和操作输出功能，通过网络组态和控制组态即可在工业生产现场构成分布式网络自动化系统。

5.1 FF 主要技术概述

现场总线基金会的目标是致力开发出统一标准的现场总线，并已于 1996 年颁布了低速总线 H1 的标准。经过几年的发展，H1 低速总线发展为 H1 和 H2 两大类，其典型传输速率值为 31.25kbit/s、1Mbit/s 和 2.5Mbit/s，低速总线已经步入了实用成熟阶段。同时，高速总线的标准——高速以太网（HSE）也于 2000 年制定出来，其产品也正在不断涌现。以下主要介绍基金会现场总线 FF-H1 的相关技术。

1. FF-H1 的主要技术

FF-H1 是底层网络，与一般的广域网、局域网相比，它是低速网。FF-H1 可以由单一总线段或多总线段构成，也可以由网桥把不同传输速率、不同传输介质的总线段互连而构成，网桥在不同总线之间透明地转换传送信息。同时，还可以通过网关或计算机接口板，将FF-H1 与工厂管理层的网段挂接，彻底打破了过去多年来未能解决的自动化信息孤岛的局面，形成了完整的工厂信息网络。FF-H1 围绕工业生产现场的通信系统和分布式的网络自动化系统两个方面，形成了它的技术特色，综合了通信技术和网络自动化技术，其主要技术如下：

1）通信技术。FF-H1 的通信技术主要包括通信模型、通信协议、网络管理和系统管理等。它涉及一系列与通信相关的硬件与软件技术，如专用集成电路、通信圆卡、计算机接口卡、中继器、网桥、网关、通信栈软件、网络软件和组态软件等。

2）功能块技术。FF-H1 借鉴了 DCS 的功能块及功能块组态技术，在现场总线仪表或设备中定义了多种标准功能块（FB），每种功能块可以实现某种算法或应用功能。换句话说，FF-H1 将实现控制系统所需的各种功能划分为功能块，再规定它们各自的输入、输出、算法、事件、参数和块图，并使其标准化。这样不但便于用户对功能块组态构成所需的控制回路，而且便于不同的制造商产品中的功能块混合组态或调用。功能块的标准化结构既是实现总线系统开放的基础，也是实现网络自动化的基础。

3）设备描述（Device Description，DD）技术。FF-H1 为了支持标准的功能块操作，实现现场总线仪表或设备的互操作性，共享不同制造商总线设备中的功能块，采用了设备描述技术。为了进行设备描述，FF-H1 还规定了相应的设备描述语言（Device Description Language，DDL），采用设备描述编译器，把 DDL 编写的设备描述的源程序转成计算机可读的目标文件。

4）系统集成技术。FF-H1 是通信系统和控制系统的集成，是集通信、网络、计算机、控制于一体的综合性技术，如网络技术、网络系统组态技术、控制技术、控制系统组态技术、人机接口技术、网络管理技术、诊断维护技术和 OPC（OLE for Process Control）技术等。

5）系统测试技术。FF-H1 为了保证系统的开放性和通用性，规定了一致性测试技术、互操作性测试技术、系统功能和性能测试技术、总线监听和分析技术。一致性测试技术和互操作性测试技术是为保证系统开放性采取的措施，其中一致性测试技术保证通信网络系统符合规范，互操作性测试技术保证不同制造商的总线设备的功能块可以混合组态和协同操作。

2. FF-H1 主要技术特点

适应于过程自动化的低速部分（FF-H1）是参考了 ISO/OSI 参考模型并在此基础上根据过程自动化系统的特点进行演变而得到的。除了实现现场总线信号的数字通信外，FF-H1 还具有适用于过程自动化的其他一些特点：

1）支持总线供电。FF-H1 采用基于 IEC 61158-2 的双线信号传输技术，并提供两种供电方式给现场设备：非总线供电和总线供电。非总线供电的现场设备的工作电源直接来自外部电源，总线供电方式时总线上既要传输数字信号，又要由总线为现场设备提供电能。

2）支持本质安全。FF-H1 的现场设备按照设备是否为总线供电，是否可用于易燃易爆环境以及功耗类别而区分。根据本质防爆的要求，应用于易燃易爆场合的设备，不但要保证能完成测量、控制、通信等正常工作，而且要在任何情况下（如断路、短路、故障以及在操作过程中的维护、接通、断开等），不至于产生火花和引发燃烧、爆炸等重大事故。

3）令牌总线访问机制。FF-H1 采用了令牌传递的总线控制方式。从物理上看，这种方式是一种总线型结构的局域网，站点共享的传输介质为总线。但从逻辑上看，它是一种环状结构的局域网，连接到总线上的站点组成一个逻辑环，每个站点被赋予一个顺序的逻辑位置，站点只有取得令牌才能发送数据帧，该令牌在逻辑环上依次传递。

4）内容广泛的用户层。FF-H1 在应用层上增加了一个内容广泛的用户层，它由功能块和设备描述语言这两个重要的部分组成，使得设备与系统的集成一级互操作更加易于实现。

3. HSE

现场总线基金会放弃了其原来规划的 H2 高速总线标准，并于 2000 年 3 月 29 日公布了基于以太网的高速总线技术规范，即 HSEFS1.0 版，该版本迎合了控制和仪器仪表最终用户对可互操作的、节约成本的、高速的现场总线解决方案的要求。HSE 充分利用低成本和商业可用的以太网技术，并以 100Mbit/s ~ 1Gbit/s 或更高的速度运行。HSE 支持所有的 FF 低速部分 31.25kbit/s 的功能，如功能模块和设备描述语言，并支持 H1 设备与基于以太网的设备通过连接设备接口进行连接。

5.1.1 通信模型

1. FF 通信模型

FF 采用了 OSI 参考模型中的三层：物理层、数据链路层和应用层，隐去了 3 ~ 6 层，保证了 FF 的共性，另外，针对自身的特点，增加了用户层，保证了 FF 的个性。OSI 参考模型与 FF 模型对比如图 5-1 所示。其中，物理层和数据链路层采用 IEC/ISA 标准，物理层（PHY）与传输介质相连接，规定了如何发送信号和接收信号；数据链路层（DLL）规定了现场总线仪表或设备如何共享网络，怎样进行通信调度和数据传输服务。应用层有两个子层：现场总线访问子层（Fieldbus Access Sublayer，FAS）和现场总线信息规范（Fieldbus Message Specification，FMS）层，并将从数据链路到 FAS、FMS 的全部功能集成为通信栈（Communication Stack），FAS 的基本功能是确定数据访问的关系模型和规范，根据不同要求，采用不同的数据访问工作模式。现场总线信息规范（FMS）层的基本功能是面向应用服务，生成规范的应用协议数据。现场总线访问子层和信息规范层的任务是完成一个应用进程到另一个应用进程的描述，实现应用进程之间的通信，提供应用接口的标准操作，实现应用层的开放性。

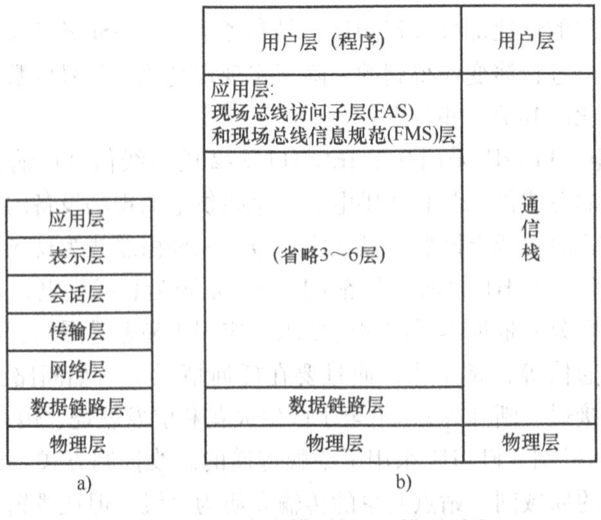

图 5-1 OSI 参考模型与 FF 模型对比

a）OSI 参考模型　b）FF 模型

FF-H1 通信模型按功能分为 3 大组成部分，即通信实体、系统管理内核和功能块应用，如图 5-2 所示。

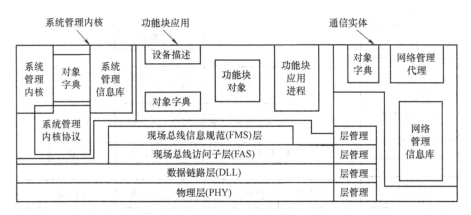

系统管理内核　　　功能块应用　　　　　　通信实体

图 5-2　FF- H1 通信模型

　　虚拟通信关系（Virtual Communication Relationship，VCR）传递各个部分之间的信息，它相当于逻辑通信通道。VCR 表示两个或者多个应用进程之间的关系，是各应用程序（Application Process，AP）之间的逻辑通信通道。

　　在 FF- H1 通信模型的相应软件和硬件开发过程中，将数据链路层、应用层、用户层（功能块、网络管理和系统管理）的软功能集成为通信栈，供软件开发商开发，通过软件编程来实现，另外再开发 FF- H1 专用集成电路及相关硬件，用硬件来实现物理层和数据链路层部分功能。这样通过软件和硬件相结合从而在物理上实现 FF- H1 的通信模型。

2. 协议数据单元

　　FF 现场总线在传输系统的每一层都建立协议数据单元（Protocol Data Unit，PDU）。PDU 包含来自上层的信息以及当前层的附加信息，建立后这个 PDU 被传送到下一个较低的层。物理层实际以一种编帧的位流形式传输这些 PDU，但是由通信栈的较高层建造这些 PDU，接收系统自下而上传送这些分组通过通信栈，并在通信栈的每一层分离出 PDU 中的相关信息。

　　图 5-3 所示为现场总线协议数据的内容和模型中每层应该附加的信息，即 FF 的协议数据单元报文结构。它也从一个角度反映了现场总线报文信息的形成过程。如某个用户要将数据通过现场总线发往其他设备，首先在用户层形成用户数据，并把它们送往总线报文规范层处理，每帧最多可发送 251 个 8 位字节的用户数据信息，然后依次送往现场总线访问子层（FAS）和数据链路层（DLL）；用户数据信息在 FAS、FMS 和 DLL，各层分别加上各层的协议控制信息，在数据链路层再加上帧校验信息后，送往物理层将数据打包，即加上帧前、帧后定界码，也就是开头码、帧结束码，并在帧前定界码之前再加上用于时钟同步的前导码（或称之为同步码）。

3. VCR 通信

　　基金会现场总线控制系统建立两台现场设备或仪表应用进程（AP）之间的通信连接，有点像建立两台电话之间通话的线路连接，但它不完全像电话那样有真正的物理线路上的连接，现场设备应用进程之间的连接是一种逻辑上的连接，或称作软连接，因此，把这种通信连接称为虚拟通信关系。

　　在 FF 网络中，设备之间传送信息是通过预先组态好的通信通道进行的。VCR 就是基金

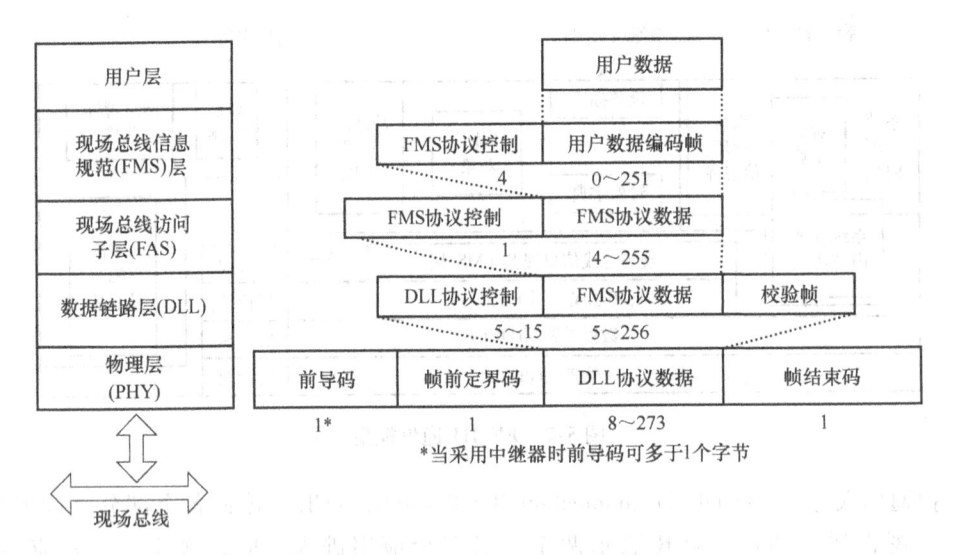

图 5-3　FF 的协议数据单元报文结构

会现场总线网络各应用之间的通信通道。为满足不同应用需求，基金会现场总线设置了三种类型的虚拟通信关系：客户/服务器（Client/Server）VCR 通信、报告分发（Report Distributed）VCR 通信、发布方/接收方（Publisher/Subscriber）VCR 通信。

（1）客户/服务器 VCR 类型　当总线上一台设备从链路活动调度器（Link Active Scheduler，LAS）中得到一个传输令牌（Pass Token，PT）时，它可以发送一个请求报文给现场总线上的另一台设备，请求者被称为"客户（Client）"，而收到请求的设备被称为"服务器（Server）"，当服务器收到来自于 LAS 的 PT 时，发送相应的响应，同一台设备在不同的时刻，既可以看作请求者也可以看作被请求者，换句话说，该设备在不同的时刻既可以作为客户也可以作为服务器。客户/服务器 VCR 类型用来实现现场总线设备间的通信，它们是排队的、非调度的、用户初始化的、一对一的，常用于操作员产生的请求，诸如设定点改变、整定参数的存取和改变、报警确认和设备的上载/下载。

（2）报告分发 VCR 类型　当总线上一台设备有事件或者趋势报告，收到来自链路活动调度器（LAS）的一个传输令牌（PT）时，将报文发送给由该 VCR 定义的一个"组地址"——总线设备。在该 VCR 中被组态为接收的设备，将接收这个报文，该发布者称为报告分发者，这种采用一个报告者对应一组接收者的通信关系被称为报告分发 VCR 类型。

（3）发布方/接收方 VCR 类型　当一台总线设备从链路活动调度器（LAS）得到一个传输令牌（PT）时，该设备就将其缓冲器中的信息向总线上的多台设备发布或广播这些信息，这个广播信息者被称为发布方（Publisher），收听这些信息的设备被称为接收方（Subscriber），这种采用一台设备广播其缓冲器信息而多台设备同时接听的通信关系称为发布方/接收方 VCR。

发布方/接收方 VCR 类型属于总线上一台设备与多台设备之间的缓冲式的、一对多的通信。缓冲意味着在网络中只保留数据的最新版本，以前的数据完全被新数据覆盖，它常用于刷新功能块的输入输出数据，如刷新过程变量（PV）和操作输出（OUT）等。表 5-1 总结比较了上述三种 VCR 通信类型。

表 5-1 VCR 通信类型比较

VCR 类型	客户/服务器型	报告分发型	发布方/接收方型
通信特点	排队、一对一、非周期	排队、一对多、非周期	缓冲、一对多、周期或非周期
信息类型	初始设置参数或操作模式	事件报告、趋势报告	刷新功能块的输入输出数据
典型应用	改变设定值、改变模式、调整控制参数、上载/下载、报警管理、远程诊断、访问显示画面	向操作台报告报警信息和历史趋势数据	向 PID 等控制功能块和操作台发送过程变量（PV）和操作输出（OUT）

4. 物理层

FF-H1 的物理层（PHY）符合国际电工委员会 IEC 61158-2（1993 年）和 ISA-S50.02 中有关物理层的标准，其基本任务有两点：一是从传输介质上接收信号，经过处理后传给数据链路层（DDL）；二是将来自数据链路层的数据加工后变为标准物理信号发送到传输介质上。现场总线基金会为低速总线颁布了 FF-816 31.25kbit/s 物理层规范，也称为低速现场总线的 H1 标准。

（1）31.25kbit/s 现场总线　31.25kbit/s 现场总线属于基金会低速现场总线 H1，可用于温度、物位和流量控制等控制应用场合，其设备可由现场总线直接供电，支持非现场总线供电，也能在原有的 4~20mA 设备的路线上运行。31.25kbit/s 现场总线也以总线供电设备方式支持本质安全（Intrinsic Safety，IS），为此，应在安全区域的电源和危险区域的本质安全设备之间加上本质安全栅。

（2）31.25kbit/s 现场总线信号　31.25kbit/s（H1）现场总线为电压型信号类型，发送设备以 31.25kbit/s 的速率将 ±10mA 电流信号传送给一个 50Ω 的等效负载，产生一个调制在直流（DC）电源电压上的 1V 的峰值电压信号，DC 电源电压范围为 9~32V，电压模式的现场总线信号波形如图 5-4 所示。对于本质安全应用场合，允许的电源电压应由安全栅额定值给定。

根据 FF-H1 的报文结构，H1 物理层（PHY）信号通信由以下几种信号编码组成。

1）协议报文编码。这里的协议报文编码是指携带了现场总线要传输的数据报文，这些数据报文由上层的协议数据单元生成。FF 采用曼彻斯特编码技术将数据编码加载到直流电压或直流电流上形成物理信号，在曼彻斯特编码过程中，每个周期时钟周期被分成两半，用前半周期为低电平、后半周期为高电平形成的脉冲正跳变来表示 0；前半周期为高

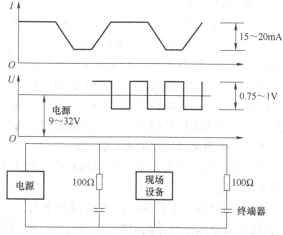

图 5-4　FF-H1 总线电压模式信号波形

电平、后半周期为低电平的脉冲负跳变表示 1。这种编码的优点是数据编码中隐含了同步时钟信号，不用再另外设置同步信号。

2）前导码。前导码是为了置于通信信号最前端而特别规定的 8 位数字信号：10101010，即一个字节。一般情况下，它是 8 位即一个字节长度。若使用中继器，则前导码可以多于一个字节。收信端的接收器正是采用这一信号与正在接收的现场总线信号同步其内部时钟。

3）帧前定界码。它标明了现场总线信息的起点，长度为 8 个时钟周期，也就是一个 8 位的字节。帧前定界码由特殊的 N + 码、N − 码和正负跳变脉冲按规定的顺序组成，在 FF 总线的物理信号中，N + 码和 N − 码具有自己的特殊性，它不像数据编码那样在每个时钟周期的中间都必然会存一次电平的跳变，N + 码在整个时钟周期都保持高电平，N − 码在整个时钟周期都保持低电平，即它们在时钟周期的中间不存在电平的跳变。收信端的接收器利用帧前定界码信号来找到现场总线信息的起点。帧前定界码波形如图 5-5 所示。

4）帧结束码。帧结束码标志着现场总线信息的终止，长度也为 8 个时钟周期，或称一个字节。像起始码那样，帧结束码也是由特殊的 N + 码、N − 码和正负跳变脉冲按规定的顺序组成，当然其组合顺序不同于起始码。图 5-5 中也画出了帧结束码的波形。

前导码、帧前定界码和帧结束码都是由物理层的硬件电路生成并加载到物理信号上的。这几种编码形成如图 5-5 所示的编码序列。作为发送端的发送驱动器，要把前导码、帧前定界码和帧结束码增加到发送序列之中，而接收端的信号接收器则要从所接收的信号序列中去除掉前导码、帧前定界码和帧结束码。

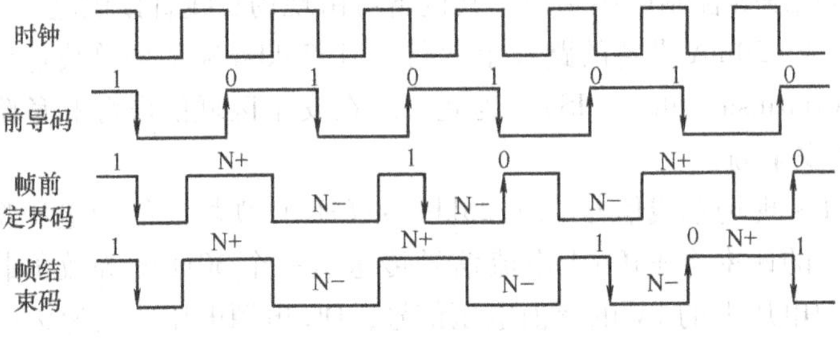

图 5-5 FF-H1 的几种编码波形

5. 数据链路层

基金会现场总线（FF）的数据链路层（DLL）位于物理层与总线访问子层之间，为系统管理内核和总线访问子层访问总线媒体服务，在数据链路层上所生成的协议控制信息就是为完成对总线上的各类链路传输活动进行控制而设置的。数据链路层实现总线通信中的链路活动调度、数据的接收发送、活动状态的探测、响应和总线上各设备间的链路时间同步。每个总线段上有一个媒体访问控制中心，称为链路活动调度器（LAS），LAS 具备链路活动调度能力，可形成链路活动调度表，并按照调度表的内容形成各类磁路协议数据，链路活动调度是该设备中数据链路层的重要任务。

（1）通信设备类型 基金会现场总线（FF）根据设备的通信能力，由 DLL 规范定义了三种类型设备：

1）基本设备。不具备链路活动调度能力的设备，称为基本设备（Basic Device，BD）。BD 只能接收总线命令并做出响应，即它的 DLL 只能控制设备对总线的活动，这是最基本的通信功能，因此可以说总线上的所有设备，包括链路主设备都具有基本设备能力。

2）链路主设备。链路主设备指有能力成为总线段上链路活动调度中心的设备，也称之为链路活动调度器（LAS）。LAS具备链路活动调度能力，可形成链路活动调度表，并按照调度表的内容形成链路协议数据，链路活动调度是该设备中DLL的重要任务。

3）网桥。网桥用于连接不同传输速率或不同传输介质的网段，由于它担负着对其下游各总线段的链路活动调度，因而它必须成为LAS。

一条总线段上可以连接多种通信设备，也可以挂接多台链路主设备（LMD），但同时只能有一台LMD成为LAS，没有成为LAS的LMD起着后备LAS的作用。图5-6表示了现场总线通信设备类型及构成。

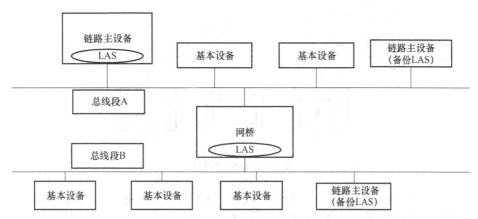

图5-6 现场总线通信设备类型及构成

（2）受调度通信 链路活动调度器（LAS）是一条总线段的调度中心，拥有总线上所有设备的清单及链路活动调度表，任何时刻每个总线段上都只有一个LAS处于工作状态，总线上的设备只有得到LAS的许可，才能向总线上传输数据。基金会现场总线的通信活动分为两类：受调度通信与非调度通信。由LAS按预定调度时间表周期性依次发起的通信活动，称为受调度通信或周期性通信。LAS内有一张预定调度时间表，一旦到了某台设备要发送的时间，LAS就发送一个强制数据（Compel Data，CD）给这台设备，基本设备收到了这个强制数据后，就可以向总线上发送它的信息，如图5-7所示。

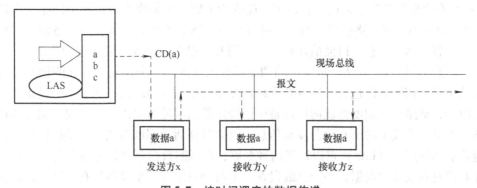

图5-7 按时间调度的数据传递

LAS发出CD(x, a)，设备（发送方）x收到后，x再发出数据链路包（Data Link Packet）DL(a)，使接收方（y和z）设备接收到报文a。受调度通信一般用于设备间周期性地传送数据，如现场变送器和执行器之间传送闭环控制的测量信号或输出信号。

（3）非调度通信　在预定调度时间表之外的时间，LAS 向总线发出一个传输令牌（PT），得到这个令牌的设备才能发送信息。这样的通信方式称为非调度通信或非周期性通信，如图 5-8 所示，LAS 发出 PT(x)，设备 x 收到后，z 再发出 DL(M)，使设备 z 收到报文 M。非调度通信的内容为报警/事件、维护/诊断信息、程序激活、显示信息、趋势信息和组态等。

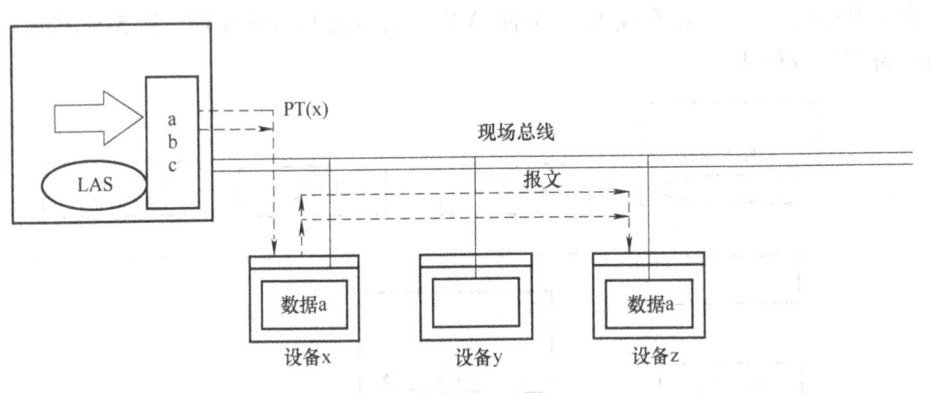

图 5-8　非调度通信

（4）链路活动调度器运作　链路主设备（LMD）通过竞争成为链路活动调度器（LAS），之后再按照链路活动的调度算法和调度表工作。

1）链路活动调度权的竞争过程与 LAS 转交。当一个总线段上存在多个链路主设备时，一般通过链路活动调度权的竞争过程，使赢得竞争的链路主设备成为 LAS。在系统启动或现有 LAS 出错失去 LAS 作用时，总线段上的链路主设备通过竞争争夺 LAS 权，竞争过程将选择具有最低节点地址的链路主设备成为 LAS。在系统设计时，可以给希望成为 LAS 的链路主设备分配一个低的节点地址。但是由于各种原因，希望成为 LAS 的链路主设备并不一定能赢得竞争而真正成为 LAS，例如在系统启动时的竞争中，某个设备的初始化可能比另一个链路主设备要慢，因而尽管它具有更低的节点地址，却不能赢得竞争而成为 LAS。当具有低节点地址的链路主设备加入到已经处于运行状态的网络时，由于网段上已经有了一个在岗 LAS，在没有出现新的竞争之前，它也不可能成为 LAS。如果确实想让某个链路主设备成为 LAS，还可以采用数据链路层提供的另一种方法将 LAS 转交给它，即在该设备网络管理信息库的组态中置入这一信息，以便能让设备了解到希望把 LAS 转交给它的这种要求。

2）链路活动的调度算法。链路活动调度器的工作按照一个预先安排好的调度时间表进行，在这个预定调度表内包含了所有要周期性发生的通信活动时间，到了某个设备发布信息的预定时间，链路活动调度器就向该设备中的特定数据缓冲器发出一个强制数据（CD），这个设备马上就向总线上的所有设备发布信息，这是链路活动调度器执行的最高优先级行为。

链路活动调度器（LAS）可以发送两种令牌，即强制数据令牌和传输令牌。得到令牌的设备才有权对总线传输数据，一个总线段在一个时刻只能有一个设备拥有令牌。强制数据的协议数据单元 CD DLPDU 用于分配强制数据类令牌。LAS 按照调度表周期性地向现场设备循环发送 CD，LAS 把 CD 发送到数据发布者的缓冲器，得到 CD 后，数据发布者便开始传输缓冲器内的内容。

（5）数据链路 PDU 单元　协议控制信息由三部分组成。第一部分是帧控制信息，它只有一个 8 位字节，指明了该 DLPDU 的种类、地址长度、优先权等。第二部分是数据链路地址，包括目的地址与源地址，当然，并非所有种类的 DLPDU 都具有目的地址与源地址，有些类别的 DLPDU 只有源地址，没有目的地址；有的甚至既无源地址，也无目的地址，如探测响应类的 DLPDU。如果第一部分字节中的第五位为"1"，则说明数据链路地址为四个 8 位字节的长地址；若第五位为"0"，说明数据链路地址为短地址，只有低位的两个 8 位字节为真正的链路地址，高位的两个地址字节写为 00。第三部分则指明了该类 DLPDU 的参数。DLPDU 单元结构见表 5-2。

表 5-2　DLPDU 单元结构

协 议 信 息	帧控制信息	数据链路地址			参　　数	用 户 数 据
		目的地址	源地址	第二源地址		
字节数	1	4	4	4	2	n

（6）数据传输方式　基金会现场总线（FF-HI）提供无连接和面向连接的两种数据传输方式，其中面向连接又分为两种传输方式。

1）无连接数据传输。无连接数据传输是指在数据链路服务访问点（Data Link Service Access Point，DLSAP）之间排队传输 DLPDU，这类传输主要用于在总线上发送广播数据。通过组态可以把多个地址编为一组，并使之成为数据传输的目的地址，同时也容许多个数据发布源把数据发送到一组相同的地址上。数据接收者不一定对数据来源进行辨认与定位。

无连接数据传输的特点是在数据传输之前不需要单独为数据传输而发送创建连接的报文，也不需要数据接收者的应答响应信息，即在数据链路层不必为控制其传输而另外设置任何报文信息，因而不需要数据缓冲器，每个传输的优先权也是分别规定的。

2）面向连接的传输。面向连接的传输连接方式要求在数据传输之前发表某种信息来建立连接关系，面向连接的传输又分为两种：通信双方经请求响应交换信息后进行的数据传输和以数据发送方的 DLDPU 为依据的传输方式。

① 通信双方请求响应交换信息的传输方式。该连接方式在要求建立连接时，创建带有通信发起者的源地址和目的地址的连接控制帧。响应方需指出它是否接受这个连接请求，一旦数据传输在一个连接上开始，所有 DLPDU 内的数据就以相同的优先权被传输。

② 以数据发送方的 DLPDU 为依据的传输方式。该连接方式所传输的数据 DLPDU 只含有一个地址，即发布者的地址。接收者知道发布者的这个地址，并根据该地址接收发布者发出的数据，接收者对发布者的辨认情况不必为发布方所知道。

6. 应用层

（1）现场总线访问子层　现场总线访问子层（FAS）是基金会现场总线（FF）通信参考模型中应用层的一个子层，位于现场总线信息规范（FMS）层与数据链路层之间，利用数据链路层的受调度通信与非调度通信作用，为 FMS 和 AP 提供 VCR 的报文传送服务。

在现场总线的分布式通信系统中，各应用进程（AP）之间要利用通信通道传递信息。在应用层中，把这种模型化的通信通道称为应用关系（Application Relationship End Points，AREP）。

应用关系负责在所要求的时间，按规定的通信特性，在两个或多个应用进程（AP）之间传送报文。现场总线访问子层（FAS）的主要活动就是传送被称为 FAS 协议数据单元的 FAS 报文与它的通信成员进行通信，从而提供与应用关系相关的各种服务。

1）现场总线访问子层的协议机制（PM）。总线访问子层的协议机制分为三层：FAS 服务协议机制（FAS Service Protocol Mechanism，FSPM）、应用关系协议机制（Apply Relation Protocol Mechanism，ARPM）和 DLL 映射协议机制（DLL Mapping Protocol Mechanism，DMPM）。三者之间的相互关系如图 5-9 所示。

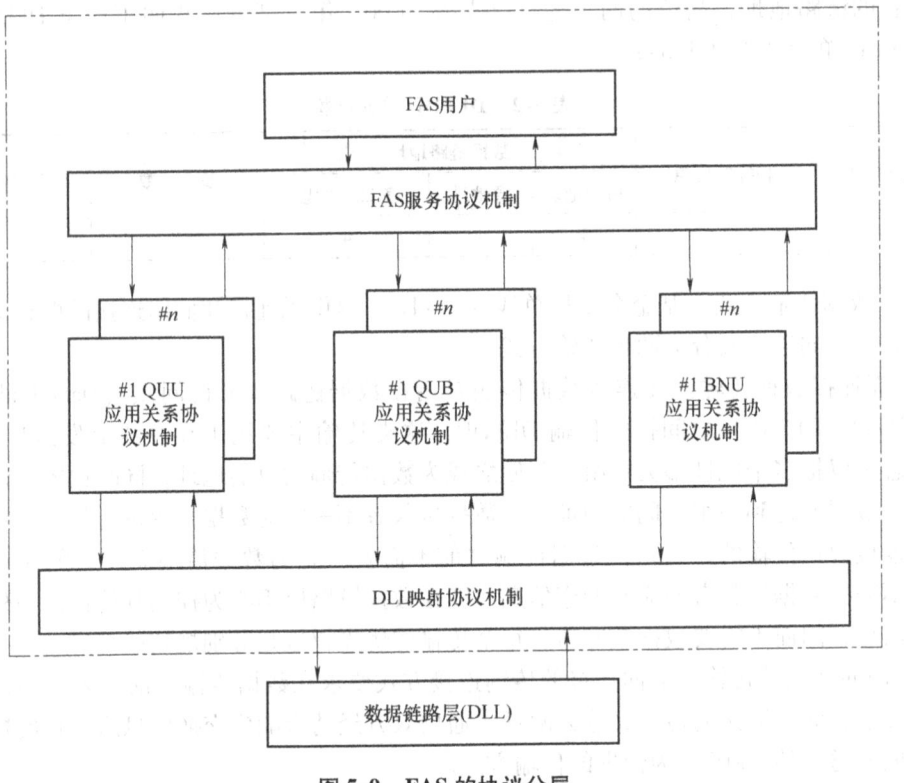

图 5-9 FAS 的协议分层

① FAS 服务协议机制（FSPM）。FAS 服务协议机制描述 FAS 用户和特定的应用关系端点之间的接口，FAS 用户是指总线报文规范层和功能块应用进程。对所有类型的应用关系端点，其服务协议机制都是公共的，没有任何状态变化，它负责把服务用户发来的信息转化为 FAS 内部的协议格式，并根据应用关系端点参数，为该服务选择一个合适的应用关系协议机制；相反地，根据应用关系端点的特征参数，把 FAS 的内部协议格式转换成用户可接受的格式，并传送给 FAS 用户，简言之，FSPM 是对上层的接口。

② 应用关系协议机制（ARPM）。应用关系协议机制是 FAS 层的中心，它描述了应用关系的创建和撤销以及与远程 ARPM 之间交换协议数据单元 FAS-PDU。ARPM 负责接收来自 FSPM 或 DMPM 的内部信息，根据应用关系端点类型和参数生成另外的 FAS 协议信息，并把它发送给 DMPM 或 FSPM。如果是要求建立或撤销应用关系，就是指试图建立或撤销这个特指的应用关系。

③ DLL 映射协议机制（DMPM）。DLL 映射协议机制与 FSPM 有点类似，它是对下层即数据链路层的接口。DMPM 把来自应用关系协议机制的 FAS 内部协议格式转换成数据链路

层 DLL 可接受的服务格式，并送给 DLL；或者反过来，将接收到的来自 DLL 的内容，以 FAS 内部协议格式发送给应用关系协议机制 ARPM。

2）应用关系端点（AREP）的分类。基金会现场总线（FF）规定了以下三种应用关系端点（AREP）：源方（Source）和收方（Sink），客户（Client）和服务器（Server），发行者（Publisher）和预订者（Subscriber）。

按照应用关系端点（AREP）的综合特性，将 AREP 划分为以下三类端点：排队式、用户触发、单向类 AREP，简称 QUU 类端点；排队式、用户触发、双向类 AREP，简称 QUB 类端点；缓冲式、网络调度、单向类 AREP，简称 BNU 类端点。

① QUB（Queued User-triggered Bidirectional）类 AREP。QUB 类 AREP 所提供的应用关系（AR）支持两个应用进程（AP）之间的确认服务，客户端和服务器端的相互作用就属于这一类。

客户端点接收确认服务要求，将它具体体现在相应的 FAS-PDU 中，并把这个 FAS-PDU 交给数据链路层。DLL 按照 AREP 的属性定义，提供排队的、面向连接的数据传输服务，为 AREP 所规定的通信特性决定了如何配置数据链路层，发送所有客户端点的 FAS-PDU 都采用数据链路层提供的相同等级的服务。服务器端点接收来自数据链路层的 FAS-PDU，并按顺序递送确认的服务指针，指针按照接收顺次排序。

服务器端点接收来自用户的确认服务响应，将它具体体现在相应的 FAS-PDU 中，并把 FAS-PDU 交给数据链路层，数据链路层按照端点的属性定义提供有向排队、面向连接的数据传输服务。发送所有服务器端点的 FAS-PDU 都采用该数据链路层提供的相同等级的服务，客户端点接收这个 FAS-PDU，把确认服务传送到与这个端点相关的应用进程，完成这个确认服务。

② QUU 类 AREP。QUU（Queued User-triggered Undirectional）类 AREP 所提供的应用关系支持从一个 AP 到零个或多个 AP、按要求排队的非确认服务，源方/收方的相互关系就属于这类。源方 AREP 接收非确认服务请求，将它具体体现在相应的 FAS-PDU 中，并把这个 FAS-PDU 提交给数据链路层，数据链路层按 AREP 的属性定义，提供排队的无连接数据传输服务。采用数据链路层提供的同级服务，发送源方端点的所有 FAS-PDU 端点接收 AREP 接收的从数据链路层来的 FAS-PDU，并按次序递送非确认服务指针，指针按照接收的顺次排序。

③ BNU 类 AREP。BNU（Buffered Network-scheduled Undirectional）类 AREP 所提供的应用关系支持对零个或多个应用进程的周期性、缓冲型、非确认的服务，发布方/预定接收方间的相互作用就属于此类。

发布方 AREP 接收非确认的服务请求，把它具体体现在相应的 FAS-PDU 中，并将 FAS-PDU 交给数据链路层（DLL）。DLL 按照 AREP 的属性定义，提供缓冲型、面向连接的数据传输服务。发送所有来自发布方端点的 FAS-PDU，都采用由 DLL 提供的相同等级的服务。预订者 AREP 从 DLL 接收 FAS-PDU，并且按次序递送非确认的服务指针，该次序是指与这个端点相关的 AP 的接收次序。

如果含有先前服务请求的 FAS-PDU 被发送之前，发布方端点收到另一个非确认服务请求，先前的 FAS-PDU 将被替代，其结果是先前的 FAS-PDU 将会丢失。与此类似，如果预订者的先前一个 FAS-PDU 在它的用户读取之前，收到另一个 FAS-PDU，新来的 FAS-PDU 将替代先前的，其结果是先前的 FAS-PDU 就丢失了。

如果发布方在数据链路层发送缓冲区的内容被触发之前，没有收到新的非确认服务，同一个 FAS-PDU 将被再次发送。如果预订者成功地收到了相同的 FAS-PDU，它会向用户提示，已经收到了重复的 FAS-PDU。

3）应用关系的建立方式。每个应用关系（AR）是通过连接两个或多个同类型的 AREP 建立起来的，AR 之间信息的传递，取决于包含在 AR 中的 AREP 类型。AR 的建立主要有 3 种方法：预先建立、预先组态、动态定义和创建。

① 预先建立 AR。预先建立 AR 的特点是当应用程序（AR）被连接到一个网络上时，应用关系端点的内容就建立好了。任何应用关系都可以按这种方法事先设置，这样，当应用关系所包含的应用进程之间发生通信时，无须首先在网络上明确地建立应用关系（AR），不过要真正实现通信，依然要处理数据传输的状态，在本地把状态带入到数据传输阶段。

② 预先组态 AR。预先组态 AR，但未建立 AR。它的特点是每个端点都知道应用关系（AR）的特性，但定义好的内容要求采用现场总线访问子层（FAS）的相关服务来激活。

③ 动态定义和创建 AR。动态定义和创建 AR 的特点是采用网络管理服务来远程创建应用关系端点，必须为应用关系中所包含的每个 AREP 创建其定义，然后下一步要做的就像预先组态 AR 要做的那样。

只有客户/服务器应用关系创建会引发总线访问子层协议数据单元（FAS-PDU）的交换。在交换过程中，采用数据链路连接端点（Data Link Connection End Points，DLCEP）地址作为客户/服务器应用关系端点的全局标识，在数据链路服务应用进程的本地节点间传输 FAS-PDU 的内容。

（2）现场总线信息规范　现场总线信息规范（FMS）层是通信参考模型应用层中的另一个子层，它和 FAS 共同构成 FF 的应用层。该层描述了用户应用所需要的通信服务、信息格式、行为状态等。

FMS 提供了一组服务和标准的报文格式，用户应用可采用这种标准格式在总线上相互传送信息，并通过 FMS 服务访问 AP 对象以及它们的对象描述，把对象描述收集在一起形成对象字典（Object Dictionary，OD）。应用进程中的网络对象和相应的 OD 在 FMS 中称为虚拟现场设备（Virtual Fieldbus Device，VFD）。

FMS 服务在 VCR 端点提供给应用进程。FMS 服务分为确认服务和非确认服务，确认服务用于操作和控制应用进程对象，如读/写变量值及访问对象字典，它使用客户/服务 VCR；非确认服务用于发布数据或通报事件，发布数据使用发布方/预订接收方 VCR，而通报事件使用报告分发型 VCR。

总线报文规范层由以下几个模块组成：虚拟现场设备（VFD）、对象字典管理、联络关系管理、域管理、程序调用管理、变参访问和事件管理。

1）虚拟现场设备（VFD）。从通信伙伴来看，虚拟现场设备（VFD）是一个自动化系统的数据和行为的抽象模型，它用于远距离查看对象字典中定义过的本地设备的数据，其基础是 VFD 对象。VFD 对象含有可由通信用户通过服务使用的所有对象及对象描述，对象描述存放在对象字典中，每个 VFD 有一个对象描述，因而虚拟现场设备可以看作应用进程（AP）的网络可视对象和相应的对象描述的体现。FMS 服务没有规定具体的执行接口，它们以一种可用函数的抽象格式出现。

一个典型的虚拟现场设备可有几个 VFD，至少应该有两个 VFD，一个用于网络与系统管理，一个作为功能块应用，它提供对网络管理信息库（NMIB）和系统管理信息库（SMIB）的访问。网络管理信息库（NMIB）包括虚拟通信关系、动态变量和统计，当该设备成为链路主设备时，它还负责链路活动调度器（LAS）的调度工作。系统管理信息库（SMIB）的数据包括设备标签、地址信息和对功能块执行的调度。

VFD 对象的寻址由虚拟通信关系表（Virtual Communication Relation Table，VCRT）中的VCR 隐含定义。VFD 对象有几个属性，如厂商名、模型名、版本、行规号等，逻辑状态和物理状态属性说明了设备的通信状态及设备总状态，VFD 对象列表具体说明它所包含的对象。

VFD 支持的服务有三种：Status、Unsolicited Status 和 Identify。Status 为读取状态服务，后面括号内的服务属性为逻辑状态、物理状态；Status. req/ind（），Status. rsp/cnf（Logical Status，Physical Status）。Unsolicited Status 为设备状态的自发传送服务，Unsolicited Status. req/ind（Logical Status，Physical Status）。Identify 为读 VFD 识别信息服务，后面括号内的服务属性为厂商名、模型名、版本号；Identify. req/ind（）；Identify. rsp/cnf（Vendor Name，Model Name，Revision）。

厂商名、模型名、版本与行规号都属于可视字符串类，由制造商输入，分别表明制造商的厂名、设备功能模型名和设备的版本水平。行规号以固定的两个 8 位字节表示，如果没有一个相应的行规与之对应，则这两个 8 位字节都输入为 "0"。

逻辑状态是指有关该设备的通信能力状态：

0 ——准备通信状态，所有服务都可正常使用；

2 ——服务限制数，指某种情况下能支持服务的有限数量；

4 ——非交互 OD 装载，如果对象字典处于这种状态，不允许执行 Initiate Put OD 服务；

5 ——交互 OD 装载，如果对象字典处于这种状态，所有的连接服务将被封锁，并将拒绝建立进一步的连接，只有 Initiate Put OD 服务可以被接收，即可启动对象字典装载。只有在这种连接状态下才允许以下服务：Initiate、Abort、Reject、Status、Identify、PhysRead、Phywrite、Get OD、Initiate Put OD、Put OD、Terminate Put OD。

物理状态则给出了实际设备的大致状态：

0 ——工作状态；

1 ——部分工作状态；

2 ——不工作状态；

3 ——需要维护状态。

Unsolicited Status 是为用户或设备状态的自发传送而采用的服务，它也包括逻辑状态、物理状态和指明本地状态的 Local Detail。Identify 服务用于读取 VFD 的识别信息。

2）对象字典（OD）。由对象描述说明通信中跨越现场总线的数据内容，把这些对象描述收集在一起，形成对象字典（OD）。对象字典包含以下通信对象的对象描述：数据类型、数据类型结构描述、域、程序调用、简单变量、矩阵、记录和变量表事件。字典的条目 0 提供了对字典本身的说明，被称为字典头，为用户应用的对象描述规定了第一个条目。用户应用的对象描述能够从 255 以上的任何条目开始，条目 255 及其以下条目定义了数据类型，如用于构成所有其他对象描述的数据结构、位串、整数和浮点数。

对象字典（OD）由一系列条目组成，每一个条目分别描述一个应用进程对象和它的报文数据。对一个对象字典唯一地分配一个统一的 OD 对象描述，这个 OD 对象描述包含关于这个对象字典结构的信息，用一个唯一的目录号来标注这个对象描述，它是一个 16 位无符号数，目录号或者名称在对象与对象描述的服务中起关键作用。可以在系统组态过程中规定对象描述，也可在组态完成后的任何时候，在两个站点之间传送。对象字典的结构见表 5-3。

表 5-3　对象字典的结构

条　目　号	对象字典内容	包含的对象
0	字典头，OD 对象描述	OD 结构的信息
1 ~ i	数据类型静态表（ST-OD）	数据类型和数据结构
k ~ n	静态对象字典（S-OD）	简单变量、数组、记录、域事件的对象描述
p ~ t	动态变量表列表（DV-OD）	变量表的对象描述
u ~ x	动态程序调用表（DP-OD）	程序调用的数据描述

对象字典（OD）可分为字典头、数据类型、静态条目及动态条目四部分。

① 字典头。字典头是对象字典中的第一个条目，即目录 0 或 OD 描述。它描述了对象字典的概貌，如每组条目的起始序号、每组内的条目数量等。

② 数据类型。数据类型（Data Type）对象指出对象字典中的 AP 所采用的数据类型，条目 1 ~ 63 作为标准数据类型定义，数据结构定义从对象字典的目录 64 开始。数据类型不可以远程定义，它们在静态类型字典（ST-OD）中有固定的配置，数据类型对象不支持任何服务。

③ 数据结构。数据结构（Data Struct）对象说明记录的结构和大小，它在 ST-OD 中有固定的配置，其元素的数据类型必须使用在 ST-OD 中已定义的数据类型。FF 定义的数据结构有：块、值和状态（三种：浮点、数字、位串）、比例尺、模式、访问允许和报警（三种：浮点、数字、总貌）、事件、警示（三种：模拟、数字、更新）、趋势（三种：浮点、数字、位串）、功能块链接、仿真（三种：浮点、数字、位串）、测试、作用等。

④ 静态条目。对象字典中接下来的一组条目是静态定义的 AP 对象的内容，或称为静态对象字典。静态定义的 AP 对象是指那些在 AP 工作期间不可能被动态建立的对象，静态对象字典中包含了简单变量、数组、记录、域、事件等对象的对象描述。对象字典给每一个对象描述分配一个目录号，除此之外，还可以为下列对象，如域（Domain）、程序调用（Program Invocation）、简单变量（Simple Variable）、数组（Array）、记录（Record）、变量表（Variable List）、事件（Event）等赋予一个可视字符串名称，名称长度可以为 0 ~ 32B，这个名称长度的字节数被输入到对象描述的名称长度区。长度为 0，表示不存在名称。

⑤ 动态条目。动态条目包括动态变量表列表和动态程序调用表两部分。前者为变量表的对象描述，后者为程序调用的对象描述。

动态变量表对象及其对象描述是通过定义变量表（Define Variable List）服务动态变化的，也可以通过删除变量表（Delete Variable List）服务删除它，还可对它赋予对象访问权。给每个变量表对象描述分配一个目录号，还可以给它分配一个字符串名称，它所包含的基本信息有：变量访问对象号、变量访问对象的逻辑地址指针和访问权等。

3）FMS 通信服务。现场总线信息规范子层（FMS）的通信服务，为用户提供各种功能模块在现场总线上通信的标准方法，为每个对象类定义了专门的 FMS 通信服务。FMS 提供联络关系管理服务、变量访问服务、事件服务、域上载/下载服务及程序调用服务等。

① 联络关系管理服务。对虚拟通信关系（VCR）的管理称为联络关系管理，相应的服务有三种：Initiate——开始连接通信关系，是确认性服务，可以采用三种 VCR 之一；Abort——解除已连接通信关系，是非确认性服务，可以采用三种 VCR 之一；Reject——拒绝不正确的服务，是确认性服务，采用客户/服务器型 VCR。

② 变量访问服务。变量访问对象在 S-D 中定义，是不可删除的，这些对象有物理访问对象、简单变量数组、记录、变量表及数据类型对象和数据结构说明对象。

简单变量是由其数据类型定义的单个变量，它存放 S-OD；数组是一结构性的变量，在 S-OD 中静态地存放，它的所有元素都有相同的数据结构；记录是由不同数据类型的简单变量组成的集合，对应一个数据结构定义。

变量表是上述变量对象的一个集合，其对象说明包含来自 S-OD 的 Simple Variable、Array、Record 的一个索引表。一个变量表可由定义变量表服务创建，或由删除变量表服务删除。

物理访问对象描述一个实际字节串的访问入口，它没有明确的 OD 对象说明，属性是本地地址和长度。

③ 事件服务。事件（Event）是为从设备向另外的设备发送重要报文而定义的，由 FMS 使用者监测导致事件发生的条件，当条件发生时，该应用程序激活事件通知服务，并由使用者确认。

相应的事件服务有：事件通知、确认事件通知、事件条件监测和带有事件类型的事件通知。事件服务采用报告分发型虚拟通信关系，用于报告事件与管理事件处理。

④ 域上载/下载服务。域（Domain）即一部分存储区，可包含程序和数据，它是字节串类型。域的最大字节数在 OD 中定义，属性有名称、数字标识、口令、访问组、访问权限、本地地址和域状态等。

与其相应的服务主要是下载和上载。FMS 服务容许用户应用在一个远程设备中上载（Upload）或下载（Download）域。Upload 指从现场设备中读取数据，Download 指向现场设备发送或装入数据。对一些如可编程序控制器等功能和结构较为复杂的设备来说，往往需要跨越总线远程上载或下载一些数据与程序。

⑤ 程序调用服务。FMS 规范规定了不同种类的对象具有一定的行为规则。一个远程设备能够控制现场总线上的另一设备中的程序状态，程序状态有非活动态、空闲、运行、停止、非运行态等。例如，远程设备可以利用 FMS 服务中的创建（Create）程序调用，把非存在状态改为空闲状态，也可以利用 FMS 中的启动（Start）服务把空闲状态改变为运行状态。

程序调用服务有 PI 的创建、删除、启动、恢复、复位和废止。表 5-4 中列出了这类服务的服务名称及服务内容。

表 5-4　程序调用服务的服务名称及服务内容

服务名称	服务内容	服务名称	服务内容
Create Program Invocation	创建程序调用对象	Resume	恢复程序执行
Delete Program Invocation	删除程序调用对象	Reset	复位
Start	启动程序	Kill	废止程序
Stop	停止程序		

4）FMS 协议数据单元。FMS 协议数据单元由 3 个字节的固定部分和一个可变长度部分组成。并非所有 FMS-PDU 都需要可变长度部分，固定部分由以下三部分组成：

① 第一 ID 信息。表示服务类，例如确认请求、确认响应、确认错误、未确认 PDU、拒绝 PDU 和初始 PDU。

② Invoke ID。一个字节，数据类型为 8 位整数。

③ 第二 ID 信息。可更精确地识别 PDU。

5.1.2 网络管理与系统管理

1. 网络管理

（1）网络管理的组成　FF-H1 的每台设备包含一个网络管理代理（Network Management Agents，NMA）和各协议层管理实体（Layer Management Entities，LME），即 FMS LME、FAS LME、DLL LME 和 PHY LME。

FF-H1 的网络管理主要由网络管理者（Network Manager，NMgr）、网络管理代理（Network Management Agents，NMA）和网络管理信息库（Network Management Information Base，NMIB）三部分组成。

1）网络管理者（NMgr）。网络管理者按系统管理者的规定，负责维护网络运行任务。网络管理者监视每个设备中通信栈的状态，在系统运行需要或系统管理者指示时，执行某个动作。网络管理者通过处理由网络管理代理生成的报告来完成其任务，它指挥网络管理代理，通过 FMS 来执行它所要求的任务。一个设备内部网络管理与系统管理的相互作用属本地行为，但网络管理者与系统管理者之间的关系，则涉及系统构成。

2）网络管理代理（NMA）。每个设备都有一个网络管理代理负责管理其通信栈，通过网络管理代理支持组态管理、运行管理和监视判断通信差错。网络管理代理利用组态管理设置通信栈内的参数，选择工作方式与内容，监视判断有无通信差错。在工作期间，它可以观察、分析设备的通信状况，如果判断出有问题，需要改进或改变设备间的通信，就可以在设备一直工作的同时实现重新组态，是否重新组态则取决于它与其他设备间的通信是否发生中断。尽管实际上组态信息、运行信息、出错信息大部分驻留在通信栈内，但都包含在网络管理信息库 NMIB 中。

3）网络管理信息库（NMIB）。网络管理信息库是网络管理的重要组成部分之一，它是被管理变量的集合，包含了设备通信系统中组态、运行、差错管理的相关信息。网络管理信息库（NMIB）与系统管理信息库（SMIB）结合在一起，成为设备内部访问管理信息的中心，网络管理信息库的内容是借助虚拟现场设备管理和对象字典来描述的。

（2）网络管理代理的虚拟现场设备（NMA VFD）　网络管理代理的虚拟现场设备是网络上可以看到的网络管理代理，或者说是由 FMS 看到的网络管理代理。NMA VFD 运用 FMS 服务，使得 NMA 可以穿越网络进行访问。NMA VFD 的属性有厂商名称、模块名称、版本号、行规号、逻辑状态、物理状态及 VFD 专有对象表，前三个属性由制造商规定并输入，NMA VFD 的行规号为 0x4D47，即网络管理英文字头 M. G 的代码，逻辑状态、物理状态用于网络运行的动态数据，VFD 专有对象是指 NMA 索引对象，NMA 索引对象是 NMIB 中对象的逻辑映射，它作为一个 FMS 数组对象定义。

（3）访问网络管理对象的 FMS 服务　访问不同的网络管理对象使用各自相应的 FMS 服

务：NMA VFD 的属性由 FMS Identify 服务读取；NMA VFD OD 由 Get OD、Put OD 访问；NM 索引对象及其他具体管理对象支持 FMS Read 和 FMS Write 两种服务访问。

（4）通信实体　通信实体包含物理层（PHY）、数据链路层（DLL）、现场总线访问子层（FAS）和现场总线信息规范（FMS）层直到用户层，占据了通信模型大部分区域，是通信模型的主要组成部分。设备的通信实体由各层的协议和网络管理代理共同组成，通信栈是其核心。

2. 系统管理

系统管理（System Management，SM）用来协助基金会现场总线系统中各设备的运行。每个设备中都有系统管理实体，该实体由用户应用与系统管理内核（System Management Kernel，SMK）组成。系统管理内核（SMK）可看作一种特殊的应用进程（AP），从它位于通信模型的用户层位置可以看出，SM 是通过集成多层的协议与功能而完成的。基金会现场总线采用系统管理者/代理者模式（SMgr/SMK），每台设备的系统管理内核（SMK）承担代理者角色，并响应来自系统管理者（SMgr）的指示。SM 可以全部包含在一个设备中，也可以分布在多个设备之间。

SM 包含系统管理内核（SMK）、系统管理内核协议（SMKP）、系统管理信息库（SMIB）和系统管理服务等。SM 的结构如图 5-10 所示。

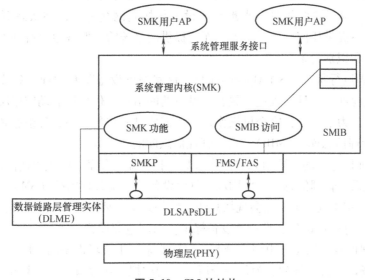

图 5-10　SM 的结构

（1）系统管理内核（SMK）　系统管理内核是一个设备管理实体，负责网络的协调和执行功能的同步任务，并是设备具备与网络上其他设备进行互操作的基础。

SMK 与数据链路层（DLL）有着密切联系，既可以使用某些 DLL 服务，也可以直接访问 DLL，从而执行其功能。这些功能由专门的数据链路服务访问点（DLSAP）提供，DLSAP 地址保留在 DLL 中。在设备地址分配过程中，SM 与 DLSAP 相互联系，且它们的界面都是本地生成的。

现场设备中的 SMK 在网络上完全发挥作用之前，一般要经过 3 个主要状态：未初始化状态、初始化状态和系统管理运行状态。这 3 种状态下对应的物理设备位号和节点地址分配如图 5-11 所示。

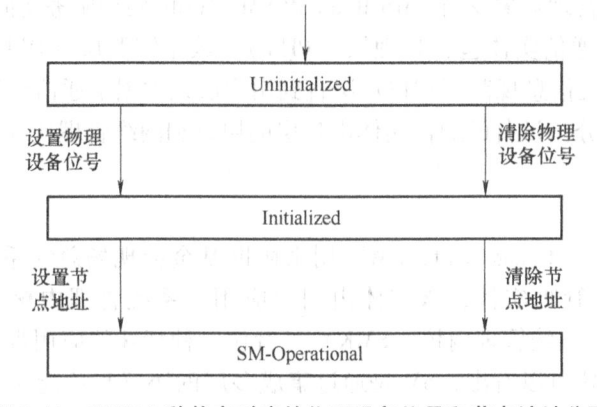

图 5-11　SMK 3 种状态对应的物理设备位号和节点地址分配

1）未初始化状态（Uninitialized）。在该状态下，设备既没有物理设备位号也没有分配的节点地址，只能通过系统管理来访问设备，这种状态下只允许系统管理功能来识别设备以及为设备分配物理设备位号。

2）初始化状态（Initialized）。该状态下设备有正确的物理设备位号，但未被分配节点地址，准备采用默认的系统管理节点地址使设备挂接到网络上。这种状态下，SMK 除了系统管理服务之外不提供任何其他的服务，而所提供的系统管理服务也只有分配节点地址、消除物理设备位号和识别设备。

3）系统管理运行状态（SM- Operational）。该状态下设备既有物理设备位号，又有了已分配给它的节点地址，一旦进入这一状态，设备的网络管理代理便启动应用层协议，允许跨越网络进行通信。为了使设备完全可操作，可能需要进一步的网络管理组态和应用组态。

（2）系统管理信息库（SMIB）　系统管理信息库的特点如下：

1）系统管理信息库的主要组态和操作参数。把控制系统管理操作的信息组织成对象存储起来，即形成系统管理信息库（SMIB）。每台设备的系统管理内核（SMK）中只有一个系统管理信息库，SMIB 包含了基金会现场总线系统的以下主要组态和操作参数：

① 设备 ID。每一台设备有唯一的设备标识，由制造商设置。

② 设备物理位号。该位号由用户分配，以标明系统中现场设备的作用。

③ 虚拟现场设备表。该列表为每一个所支持的虚拟现场设备提供注释和名称。

④ 时间对象。该对象包含了当前应用时钟时间和它的分配参数。

⑤ 调度对象。该对象包含了设备中各任务（功能块）间协调合作的调度信息。

⑥ 组态方式/状态。该对象包含了支配系统管理状态的状态和控制标记。

2）系统管理信息库的访问。SMIB 包含系统管理对象。从网络角度来看，SMIB 可看作虚拟现场设备管理 FMS 提供对它的远程应用访问服务，以进行诊断和组态，同时，运用 FMS 应用层服务，如读、写等来访问 SMIB 对象。VFD 管理与设备的网络管理代理共享，它也提供对网络管理代理 NMA 对象的访问，SMIB 中包含有网络可视的 SMK 信息。

（3）现场总线装置管理　基金会现场总线装置管理分为现场设备地址管理、寻址位号管理和设备识别。

1）设备地址管理。每个现场总线设备都必须有唯一的网络地址和物理设备位号，以便现场总线有可能对它们实行操作。为了避免在仪表中设置地址开关，这里通过系统管理自动实现网络地址分配。为一个新设备分配网络地址的步骤如下：首先，通过组态设备分配给这个新设备一个物理设备位号，这个工作可以"离线"实现，也可以通过特殊的默认网络地址"在线"实现；其次，系统管理采用默认网络地址询问该设备的物理设备位号，并采用该物理设备位号在组态表内寻找新的网络地址；最后，系统管理给该设备发送一个特殊的地址设置信息，使这个设备得到这个新的网络地址。对进入网络的所有的设备都按默认地址重复上述步骤。

2）寻址位号管理。系统管理通过寻找位号服务搜索设备或变量，为主机系统和便携式维护设备提供方便。系统管理对所有的现场总线设备广播这一位号查询信息，一旦收到这个信息，每个设备都将搜索它的虚拟现场设备（VFD），看是否符合该位号。如果发现这个位号，就返回完整的路径信息，包括网络地址、VFD 编号、虚拟通信关系（VCR）目录和对象字典（OD）目录，主机或维护设备一旦知道了这个路径，就能访问该位号的数据。

寻找位号服务查找的对象包括物理位号、功能块（参数）及 VFD，使用 FIND_TAG_QUERY 服务发出查找请求，使用 FIND_TAG_REPLY 服务做出响应。它们是确认性服务。

3）设备识别。现场总线网络的设备识别通过物理设备位号和设备 ID 来进行。SMK 的识别服务容许应用进程从远程 SMK 得到物理设备位号和设备标识 ID。设备 ID 是一个与系统无关的识别标志，它由生产者提供。在地址分配中，组态主设备也采用这个服务去辨认已经具有位号的设备，并为这个设备分配一个更改的地址。

（4）功能块管理　系统管理内核（SMK）代理的功能块调度功能，运用存储于系统管理信息库（SMIB）中的功能块调度，告知用户应该执行的功能块或其他可调度的应用任务。SMK 使用 SMIB 中的调度对象和由数据链路层（DLL）保留的链路调度时间来决定何时向它的用户应用发布命令。

功能块调度的作用是保证同一链路上的各功能块既可以协调动作，又可以与链路活动调度器（LAS）控制及调度的数据传输同步，另外还能保证应用的执行和应用间数据的传输同步。

功能块调度的前提是总线段上的 LAS 以及支持功能块调度的设备分别建立了各自的周期性调度。功能块的执行是可重复的，每次重复称为一个宏周期（Macrocycle），宏周期通过使用值为零的链路调度时间作为它们起始时间的基准而实现链路时间同步，也就是说，如果一个特定的宏周期生命周期是1000，那么它将以0、1000、2000 等时间点作为起始点。假定调度组建工具已经为某个控制回路组建了调度表，见表5-5。该调度表包含有开始时间，这个开始时间是指它偏离绝对链路调度开始时间起点的数值，绝对链路调度开始时间是总线上所有设备都知道的。

表 5-5　某控制回路调度表

受调度的功能块	与绝对链路调度开始时间的偏离值
受调度的 AI 功能块执行	0
受调度的 AI 通信	20
受调度的 PID 功能块执行	30
受调度的 AO 功能块执行	50

图 5-12 描述了链路调度循环周期、功能块调度、相对链路调度起点的时间偏离值之间的关系，同时说明了变送器、调节阀和 LAS 宏周期（120）内功能块调度执行顺序。

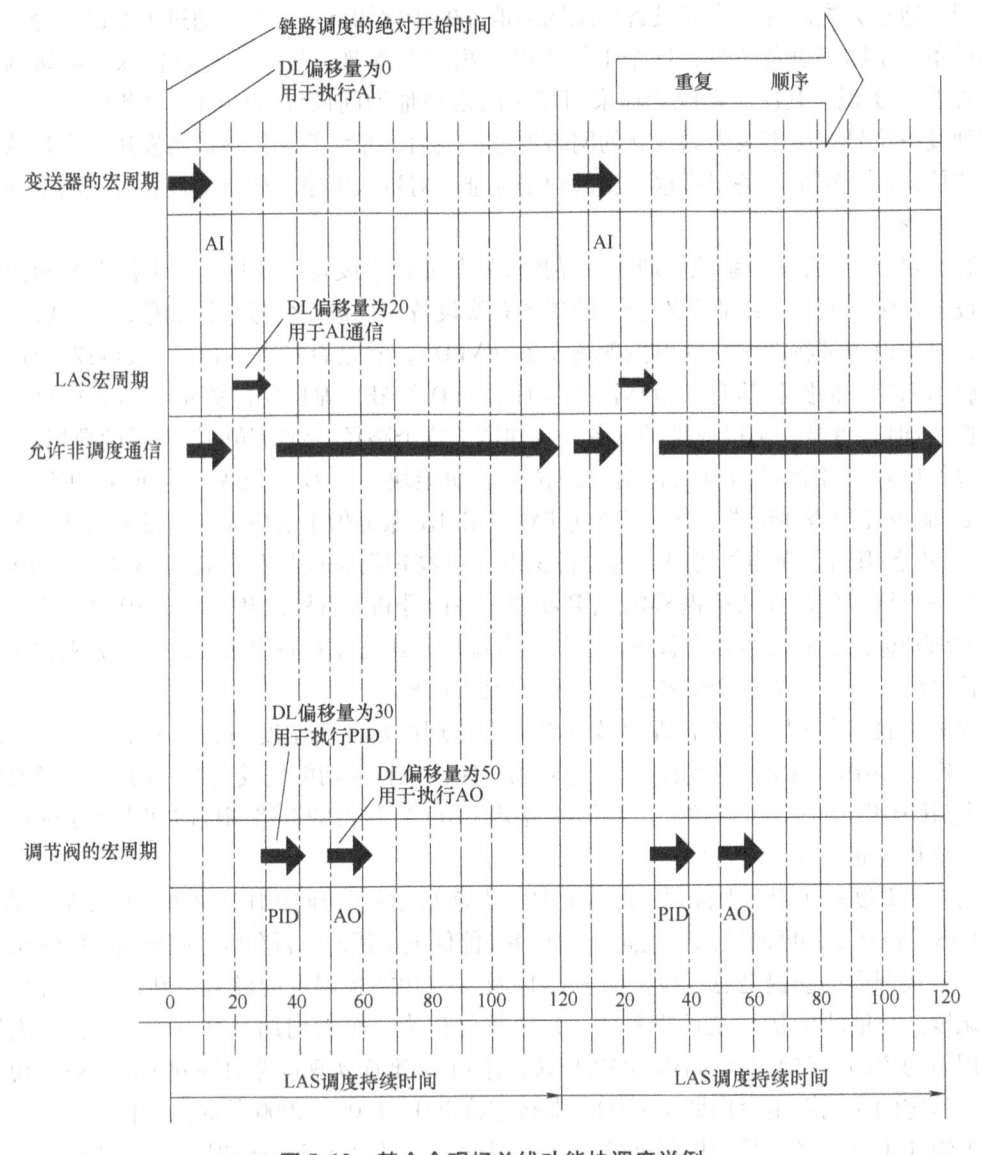

图 5-12　基金会现场总线功能块调度举例

1）在偏离值为 0 的时刻，变送器中的系统管理将引发 AI 功能块的执行。

2）在偏离值为 20 的时刻，链路活动调度器将向变送器内的 AI 功能块的缓冲器发出一个强制数据（CD），缓冲器中的数据将发布到总线上。

3）在偏离值为 30 的时刻，调节阀中的系统管理将引发 PID 功能块的执行。

4）在偏离值为 50 的时刻，执行 AO 功能块。控制回路将准确地重复这种模式。

直到一个周期中 4 种调度工作完毕，下一个周期再重复上述调度模式，如此周而复始地重复执行功能块调度。

在功能块执行的间隙，链路活动调度器还向所有现场设备发送令牌信息，以便它们可以发送各自的非调度信息，如改变给定值、报警通知等。图 5-12 中只有偏离值从 20～30，即当 AI 功能块数据正在总线上发布的时间段不能传送非受调度信息外，其他时间段都可以传送非受调度信息。

（5）应用时间管理　基金会现场总线支持应用时钟分配功能。系统管理者（SMgr）有一个时间发布器，它向所有的现场总线设备周期性地发布应用时钟同步信号。数据链路调度时间与应用时钟一起被采样、传送，使得正在接收的设备有可能调整它们的本地时间，应用时钟同步允许设备通过现场总线校准带时间标志的数据。

3. FF 应用模块

基金会现场总线把现场设备的硬件和软件功能抽象成用户应用模块，这样便于用户应用这些模块。现场总线设备的功能块与 DCS 中使用的功能块或算法是相似的，它们由不同的功能和算法的子程序组成，用于完成特定功能的运算。不同的模块表达了不同类型的应用功能，现场总线设备中的模块可分为 3 种类型，即功能块、资源块和变换块，它们位于现场总线设备通信模型中的最高层——用户层。应用模块用于作为现场总线设备与生产过程的界面，构成自动控制回路，完成自动化系统任务，这才是基金会现场总线的最终目的，也是它与一般通信总线的区别所在。图 5-13 显示了用户层与生产过程界面、通信系统界面的关系。

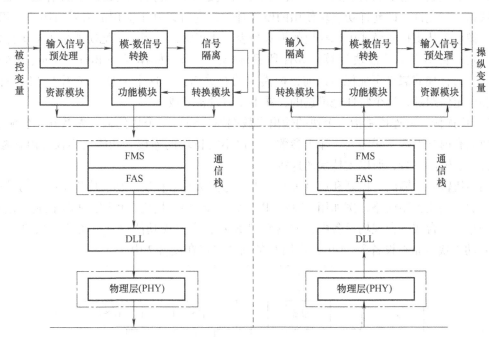

图 5-13　用户层与生产过程界面、通信系统界面的关系

（1）块对象　块对象是资源块、功能块和变换块的统称，为了说明它们的通用特性以及它们之间的连接，FF-H1 定义了块对象的形式模型，该模型由参数、算法和事件三大要素组成。参数分为输入、输出和内含参数三种，其中内含参数规定块的专有数据，用于算法执行；输入和输出参数用于块与块之间的连接；算法实现块的功能，可以按时间反复执行，或按事件发生重复工作。

1）块参数的分类。根据块参数的用途，可以分为以下三类：

① 输入参数。该参数值取自另一个功能块的输出参数，即输入参数连接到另一个功能块的输出参数，如果输入参数不与输出参数相连，那么将会被视为一个常数，该值可以由接口设备或临时设备写入。

② 输出参数。该参数是由输入参数、内含参数经块算法计算的结果，可以和一个或多个功能块的输入参数连接。输出参数包含值和状态，状态说明参数值的品质。

③ 内含参数。该参数是一些组态参数，由操作员和高层设备设置或通过计算设置，它不和其他功能块参数连接。

FF-H1 规范已经将块参数标准化，定义为通用参数（6 个通用参数分别为：ST_REV、TAG_DESC、STRATEGY、ALERT_KEY、MODE_BLK、BLOCK_ERR）、功能块参数、设备参数和设备制造商定义的特殊参数。

2）块模式（MODE_BLK）。块模式是所有块都有的重要参数，它决定块运行的状态，也能反映块应用的一些错误。块模式分为目标、现实、允许、正常和保留目标 5 种模式。①目标是操作员选择功能块的目标模式，在所允许选择的模式中只能选一个。②现实，即现行的功能块模式，在某些运行条件或组态下，如输入状态环（输入状态可能是好、不确定或坏）或旁路也可能和目标模式不一致。现实模式是功能块执行模式计算的结果，操作员不能选择。③允许，即允许功能块使用的模式种类，它可以基于应用的需要由用户来组态，所以这像一个从支持的模式中选择出的模式列表。④正常，仅用于记忆功能块正常运行条件下的模式，它不影响功能块计算。⑤保留目标模式，当目标模式是 Rcas、Rout、MAN 和 OOS 时，目标模式属性可能保留以前目标模式的有关信息，这个信息可能用于功能块模式脱落和设定值跟踪，这个特性是可选的，并由接口设备完成。

3）块连接。块连接是指一个块的输出参数端连接到另一个块的输入参数端。资源块和变换块只有内含参数，无输入、输出参数，所以不支持块的连接。功能块不仅有内含参数，也有输入、输出参数，所以支持块的连接。

功能块输入、输出、控制和运算等类别中，每类又有多种块。功能块连接的目的是构成功能块的应用或控制回路，例如用 AI 块、PID 块和 AO 块连接构成单回路 PID 控制，这些功能块分布在一台或多台现场设备中，如图 5-14 所示，应用 A 功能块分布在设备 1、2、3 中，应用 B 功能块分布在设备 3、4 中，应用 C 的功能块仅在设备 2 中。

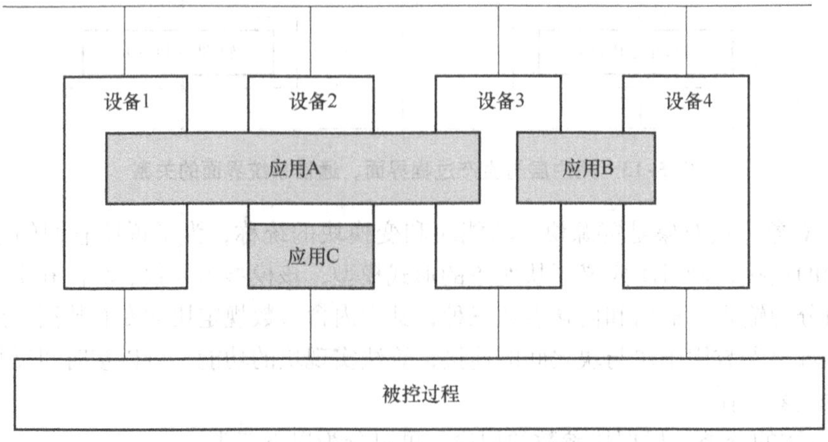

图 5-14　FF-H1 功能块应用分布

根据功能块的输入、输出参数之间的连接关系，可以分为正向连接和反向连接。

① 正向连接。该连接是从前一个功能块的输出参数端连接到后一个功能块的输入参数端，例如从输入块到控制块、从一个控制块到另一个控制块、从控制块到输出块。如图 5-15 所示，AI 块的 OUT 连接到 PID 块的 IN、PID 块的 OUT 连接到 AO 块的 CAS_IN 均属于正向连接。

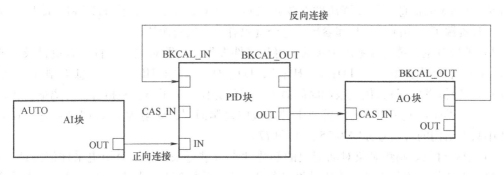

图 5-15　FF-H1 功能块的连接

② 反向连接。该连接是从后一个功能块的输出参数端连接到前一个功能块的输入参数端，例如从输出块到控制块、从一个控制块到另一个控制块。反向连接保证了块的模式或工作方式改变时，块之间连接的输入和输出参数之间的无扰动切换。图 5-15 中 AO 块的 BKCAL_OUT 连接到 PID 块的 BKCAL_IN 属于反向连接。

（2）功能块（Function Block）　参数、算法和事件完整地组成了功能块，功能块描述了现场设备的控制和运算功能。通过对输入、控制、运算、输出功能块的连接组态，可构成自动控制回路，实现控制策略，最终完成系统的自控任务。

功能块的构成要素有输入参数、输出参数、算法、内含参数、输入事件和输出事件。功能块类型决定了功能块的构成要素，如输入块只有输出参数，输出块只有输入参数，输入输出参数实现块与块之间的连接，内含参数只能被访问，不能用于连接等。

（3）资源块（Resource Block）　资源块表达了现场设备的硬件和软件对象及其相关运行参数，描述了现场总线设备的特征，如设备名、制造者和系列号等。一台设备只有一个资源块，为了使资源块能表达设备特性，规定了一组参数，而且这些参数全是内含参数，所以资源块没有输入或输出参数。

（4）转换块（Transducer Block）　转换块读取传感器中的硬件数据，并将其写入相应的要接收这一数据的硬件中。允许转换块按所要求的频率从传感器中取得数据，并确保合适地写入到要读取数据的硬件之中，它不含有运用该数据的功能块，这样便于把读取数据、写入的过程从制造商的专有物理 I/O 特性中分离出来，提供功能块的设备入口，并执行一些功能。因此，转换块是用户层的功能块与设备硬件输入、输出之间的接口，它主要完成输入、输出数据的量程转换和线性化处理等任务。

以下说明功能块应用进程的对象分类。

1）链接对象。链接对象（Link Object）提供资源和通过现场总线交换的信息之间的映射，用于访问、分配、交换对象的虚拟通信关系（VCR）、某功能块输入参数和另一功能块输出参数的关联等。

123

链接对象识别块的参数、趋势对象、事件和定义如何交换数据的通信特征，通过在总线组态时定义现场设备和接口设备之间的链接，在现场设备在线运行前或运行时传送给它，就可以访问警告和趋势对象，并把它们送往不同的设备中处理。

2）设备资源。功能块应用进程的虚拟现场设备（VFD）称作资源，它表示该应用进程的网络可访问的软件、硬件对象。设备资源构成功能块应用的网络连接，提供用 FMS 传送服务请求/响应的信息，组成资源的对象定义包含在对象字典中，由 FMS 和功能块应用共享。通过资源可以访问对象及其参数，每个资源有唯一的资源块。

3）警告对象。警告对象用于块的报警和事件报告。报警对象的子目录有块目录、警键（Alert Key）、标准类型（1，LO；2，HI；3，LO_LO；4，HI_HI 等）、信息类型（1，事件通知；3，警报发生等）、优先权和时间戳等。警告分作 3 个子类：模拟警告、离散警告及更新警告，子类属性值从相应的报警或事件参数中复制而得，映射为 FMS 记录，它们在对象字典中数据结构的目录号分别为 75、76 和 77。

4）趋势对象。趋势对象对功能块的趋势性参数进行采样，并对历史采样值短期存储，以便接口设备收集这些信息。趋势对象包含最近 6 个采样值及其状态，以及最后一次采样的时间，另外，趋势对象还包含有块目录、趋势参数、相对目录、采样类型及间隔等属性。趋势有 3 个子类，浮点趋势、离散趋势、位串趋势，分别对应数据结构目录号 78、79 和 80，映射为 FMS 记录。

5）观测对象。观测对象（View Object）提供对组态和操作的可视性，以便支持功能块的管理和控制，它主要用于获得运行、诊断和组态的信息，在观测对象中定义的块参数分为以下四类：

① 动态操作参数（View_1）——访问动态操作参数值。

② 静态操作参数（View_2）——访问静态操作参数值。

③ 完全动态参数（View_3）——访问所有动态参数值。

④ 其他静态参数（View_4）——访问其他静态参数值。

6）程序调用对象。采用程序调用对象把具有代码和数据的域组合到可执行的程序中，程序调用模型提供将域连接到程序的服务，并启动、停止和删除该程序。

7）域对象。域是一部分物理内存区的程序和数据，其数据类型为 Domain，与资源的软件成分有关的程序和数据可以利用域对象进行访问。域对象支持下载/上载服务，把客户端数据装入服务器域和把服务器域数据发送到客户端。

8）动作对象。动作对象用于创建或删除一个块或对象，动作对象的子目录有作用（0，无作用请求；1，创建块或对象；2，删除一个块或对象）、对象的 DD Member ID、对象在对象字典中的位置序号。动作对象的值可由 FB_Action 服务写入，它映射为 FMS 记录，含 3 个元素，其数据结构目录号为 86。

5.1.3 设备信息文件

1. 现场总线设备的定义

FF 总线设备由通信行规与设备行规规定，不同类别的设备有不同的通信能力的要求。通信行规与设备行规给出了基金会现场总线设备中互相操作性特征与选项的详细说明，它规定了一个设备能与其他设备进行互操作所应具备的最小要求，因而每个设备都必须满足行规中规定的起码要求。通信行规说明了设备在网络工作方面的能力、详细的通信功能。设备行规详细地说明了这个设备的用途，并说明设备的应用要求。现场总线基金会为设计标准的流量、压力、温度、液位变送器和阀门分别制定了规范。

基金会现场总线将设备定义为五类：智能 I/O 设备类、显示控制设备类、临时设备类、接口设备类和过往设备类。

（1）智能 I/O 设备类（101 类）　智能 I/O 设备为输入或输出数据的智能设备，它支持功能模块应用过程和系统或网络管理代理功能，如现场变送控制器、调节阀。按 FF 通信行规规定，智能 I/O 类设备可能具有的应用过程为：通过系统管理服务，自动地被分配到现场总线上的地址；事件报告；报警确认；趋势报告；支持对可访问参数值的读写服务功能；向其他设备发布输出参数值的发布者功能；接收发布参数值的预定接收功能；支持对系统管理信息库（SMIB）读写的系统管理代理功能；支持对网络管理信息库（NMIB）读写的网络管理代理功能；支持远地位号查询；静态创建具有一个或多个变换块及功能块的应用进程；功能块服务。

（2）显示控制设备类（102 类）　显示控制设备指的是传统的控制室架装仪表类，如控制器、显示和记录仪等，它一般比智能 I/O 设备类要复杂。在许多场合都要求它们具有链路管理功能，这类设备可能的应用进程比 101 类多，除了上述 101 类的所有可能应用过程之外，其可能的应用过程还有：支持 VCR 的读取和装载；设备地址分配；客户请求能力；作为基本参数读写访问的客户，支持功能块参数装载；事件、报警的接收与确认。

（3）临时设备类（103 类）　临时设备是在网络启动或维护时，暂时挂接在网络上的设备。可以用它来规定组态参数值，为通信、网络管理、系统管理和功能块实行组态，当在线操作中要进行调整或设备启动时，也会要求有这类组态设备。这类设备可能具有的应用过程包括设备地址的访问者；客户请求能力；作为基本参数读写访问的客户，支持功能块参数装载；系统管理者，支持对设备位号、设备地址的识别，功能模块寻找等；网络管理者，支持VCR 的选取和装载；设备地址分配。

由于它随时可能被断开，为了不妨碍通信，它不应该成为链路主管。

（4）接口设备类（104 类）　接口设备是和其他系统或网络的接口，这类设备可能的应用过程与 102 类相同，区别在于 102 类设备要拥有所有的必要功能，而 104 类设备的功能是可选的。

104 类设备提供了通信功能的模块结构，可以根据设备的应用过程对其通信功能模块进行选择。这些模块是：作为链路主管的通信功能 LM；作为系统管理者的功能 SMgr（SMKP 初始化作用与客户角色）；运用系统管理内核协议的应用时间发布者 TM；作为系统管理的功能 SM（SMKP 响应者角色与服务器角色）；作为客户角色通信功能；作为服务器角色的通信功能；作为发布者角色的通信功能；作为预定接收者的通信功能 SUB；作为报告源角色的的通信功能；作为报告接收角色的通信功能。

（5）过往设备类（001 类）　过往设备的基本特征是无设备地址，没有产生信号帧的功能，也称为网络辅助设备。这类设备主要指捕捉通信包、分析总线运行状况的总线分析仪，还有终端器、中继器、电源和安全栅等。

2. 设备描述

（1）设备描述　设备描述（DD）是基金会现场总线为实现可互操作性而提供的一个重

125

要工具。由于要求同一总线上现场总线设备具有互操作性，必须使功能块参数与性能规定标准化，同时它也为用户和制造商加入新的块或参数提供了条件。每种设备都有对应的 DD，即设备制造商在供应物理设备的同时，还必须提供对应的设备描述。DD 为虚拟现场设备中的每个对象提供了扩展描述，DD 内包括参数标签、工作单位、要显示的十进制数、参数关系、量程和诊断菜单等。

（2）设备描述层　FF 设备参数分层如图 5-16 所示。分层中的第一层为通用参数，通用参数指那些公共属性参数，如标签、版本和模式等，所有的块都必须包含通用参数。

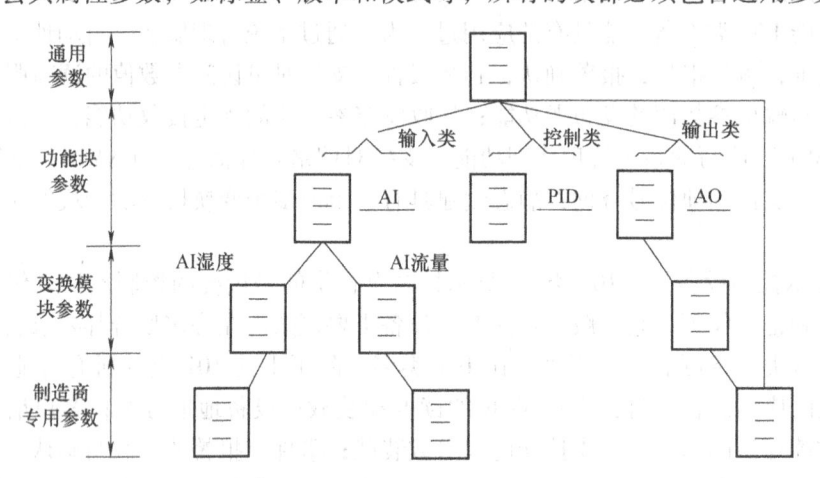

图 5-16　FF 设备参数分层

第二层为功能块参数，该层为标准功能块规定了参数，也为标准资源块规定了参数。

第三层为变换模块参数，该层为标准变换模块定义了参数，在某些情况下，变换块规范也可能为标准功能块规定参数。现场总线基金会已经为前三层编写了设备描述，形成了标准的现场总线基金会设备描述。

第四层为制造商专用参数，在这个层次上，每个制造商都可以自由地为功能块和变换块增置他们自己的参数，这些新增置的参数应该包含在附加 DD 中。

3. 设备描述信息文件

设备描述信息文件由设备描述语言（DDL）的一些基本结构件组成。每个结构件有一组相应的属性，属性可以是静态的，也可以是动态的，它随参数值的改变而改变。

（1）设备描述语言　现场总线基金会规定的 DDL 是一种程序语言，用它描述通过现场总线接口可访问的信息。DDL 是可读的结构文本语言，表示一个现场设备如何与主机及其他现场设备相互作用。现场总线基金会规定的 DDL 共有 16 种基本结构，它们是：块（Blocks），描述一个块的外部特性；变量（Variables）、记录（Records）、数组（Arrays），分别描述设备包含的数据；菜单（Menus）、编辑显示（Edit Displays），提供人机界面支持方法，描述主机如何提供数据；方法（Methods），描述主机应用与现场设备间发生相互作用的复杂序列的处理过程；单元关系（Unit Relations）、刷新关系（Refresh Relations）及整体写入关系（Waite_as_one Relations），描述变量、记录、数组间的相互关系；变量表（Variable Lists），按成组特性描述设备的逻辑分组；项目数组（Item Arrays）、数集（Collections），描述数据的逻辑分组；程序（Programs），说明主机如何激活设备的可执行代码；域

（Domains），用于从现场设备上载或向现场设备下载大量的数据；响应代码（Response Codes），说明一个变量、记录、数组、变量表、程序或域的具体应用响应代码。

DDL 系统结构的组成如图 5-17 所示，该系统主要由两个规范和两个工具组成，其中两个规范分别为 DDL 规范和 DDL 二进制编码规范，两个工具分别为 DDL 编译器和 DD 服务器（DD Server）。

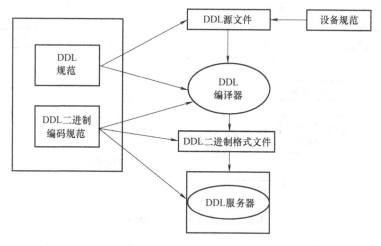

图 5-17　DDL 系统结构

用 DDL 来描述设备是设备制造商的第一步工作，该语言不仅要描述 FF-H1 为功能块及参数定义的标准集，同时要描述为用户组和制造商定义的专用集。

（2）DDL 编译器　DDL 编译器（Tokenizer）将用 DDL 编写的 DDL 源文件转换成二进制格式文件，并对 DDL 源文件中的差错进行校验。差错校验有利于加强设备的互操作性和一致性，例如，对制造商的设备的描述，可以引用现场总线基金会的核心设备描述、集团用户设备类型的设备描述和制造商的专有设备描述。对这个最终的设备描述进行编译时，编译器的差错校验，可能会发现这三个设备描述源文件之间的不一致性。上述措施都可以提高 DDL 源文件的编写质量，同时能确保功能上的一致性，最终保证了设备的互操作性。

5.2　FF 应用

5.2.1　FF 网络设计

由于控制网络的数字化通信特征，使得现场总线控制系统的布线、安装与传统的模拟控制系统有很大区别。一条双绞线上挂接多个现场设备，对布线和安装有许多新的要求，具有新的特点。

1. H1 网段的构成

图 5-18 所示为基本 H1 网段的构成。在该网段中，有作为链路主管的主设备、现场基本设备、总线供电电源、电源调理器、连接在网段两端的终端器、布线连接用的电缆、连接器或连接端子。

网段上连接的现场设备有两种：①总线供电式现场设备，它需要从总线上获取工作电源，总线供电电源就是为这种设备准备的；②单独供电式现场设备，它不需要从总线上获取其工作电源。

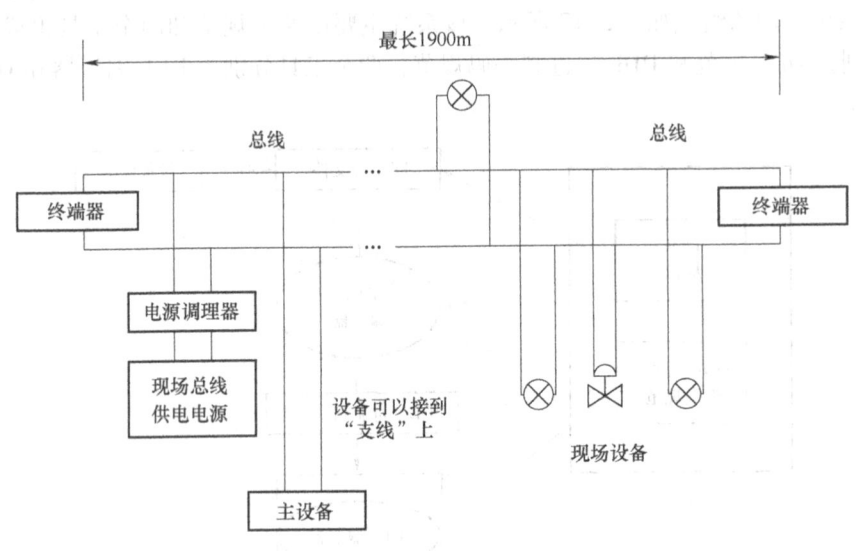

图 5-18　基本 H1 网段的构成

FF 规定了几种型号的总线供电电源，131 型为给安全栅供电的非本安电源，133 型为推荐使用的本安电源，132 型为普通非本安电源，输出电压最大值为直流 32V。按照规范要求，现场设备从总线上得到的电源不能低于直流 9V，以保证现场设备的正常工作。

H1 网段的供电电源需要通过一个电阻——电感式阻抗匹配电路，即电源调理器连接到网络上。电源调理器可以单独存在，也可将它嵌入到总线电源之中。

在有本质安全防爆要求的危险场所，现场总线网段还应该配有本质安全防爆栅。图 5-19 所示为 H1 的本安网段示例，这种齐纳式安全栅将向危险区送入的电压控制在一定的范围之内，例如 ±11V，网段的连接应保证每个现场设备从总线上得到大于 9V 的工作电压，另外还有一种单独供电式隔离型安全栅。

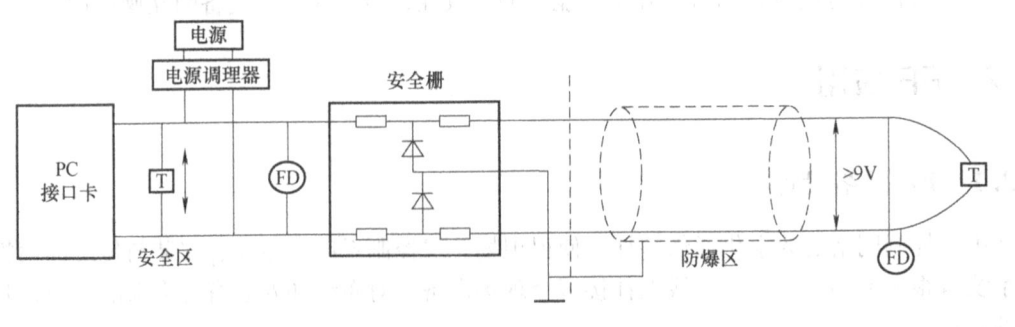

图 5-19　H1 的本安网段

终端器连接在总线两端的末端或末端附近，其作用是防止发生信号波的反射。终端器电阻的阻值应该等于该导线的特征阻抗，特征阻抗随着导线的直径、与电缆中其他导线的相对间距、导线的绝缘类型的变化而变化，与导线的长度无关。电缆制造厂商可以提供导线的特征阻抗值，例如 24AWG 双绞线电缆的特征阻抗为 100～150Ω。终端器的阻值等于导线的特征阻抗时，因反射引起的信号失真最小，大于或小于特征阻抗值的终端器都会因反射而加大信号畸变，采用终端器的主要目的是要用导线的特征阻抗来终止传输导线。H1 网段采用的终端器由一个 $1\mu F$ 的电容与一个 100Ω 的电阻串联构成。

每个总线段的两端各需要一个终端器，而且每一端只能有一个终端器，可采用单独的终端器。有时，也将终端器电路内置在电源、安全栅、PC 接口卡、端子排内。在安装前要了解清楚某个设备内是否已有终端器，避免重复使用，影响网段上的数据传输。

现场总线可使用多种型号的电缆，表 5-6 中列出了 A、B、C、D 这 4 种电缆可供选用，其中 A 型为新安装系统中推荐使用的电缆。

其次推荐使用的现场总线电缆是多股双绞线对、外层全屏蔽的，即 B 型电缆。当同一地区有多条现场总线时，在新的安装过程中适于选用这种类型的电缆，或者将它用于改造工程中。

另一种推荐使用的是未加屏蔽的单对或多股双绞线的电缆，即 C 型电缆。最后一种是没有双绞的，但外层全屏蔽的多芯电缆，即 D 型电缆。C、D 两种电缆主要应用于改造工程中。相对 A、B 而言，C、D 在使用长度上有些限制，在某些特定场合中，要避免使用 C、D 两种电缆。其他类型的电缆也可在现场总线系统中使用。

表 5-6 现场总线电缆规格

型　　号	特　　征	规格/mm²	最大长度/m	每米电阻值/(Ω·m⁻¹)
A	屏蔽双绞线	0.8	1900	0.022
B	屏蔽多股双绞线	0.32	1200	0.05
C	无屏蔽多股双绞线	0.13	400	0.132
D	外层屏蔽、多芯非双绞线	0.125	200	0.136

网桥和网关是网段之间的连接设备。网桥用于连接不同速率的现场总线网段或不同物理层，如金属线、光导纤维等的现场总线网段，从而组成一个更大的网络。网桥可以是总线供电也可以是非总线供电的设备。

网关用于将 FF 的 H1 网段连向采用其他通信协议的网段，例如高速以太网（HSE）、LonWorks 网段等，连向 HS 网段的网关又称为链接设备。

2. 总线供电与网络配置

在网络上如果有两线制的总线供电现场设备，应该确保有足够的电压可以驱动它，每个设备至少需要 9V 电压，为了确保这一点，在配置现场总线网段时需要知道以下情况：

1）当前每个设备的功耗情况。
2）设备在网络中的位置。
3）电源在网络中的位置。
4）每段电缆的阻抗。
5）电源电压。

每段总线压降可由对直流回路的分析得到，现以图 5-20 所示的网络作为示例讲解。

假设在接口板处设置一个 15V 的电源，而且在网络中全部使用 B 型电缆。在 10m 的分支线处，有一个现场设备 FD_3 采用单独供电方式（实质上是一个 4 线制设备），在 10m 分支线处还有一个现场设备 FD_2，电流为 20mA，其他设备各自耗能为 10mA。网桥为单独供电方式，并不消耗任何网络电流。

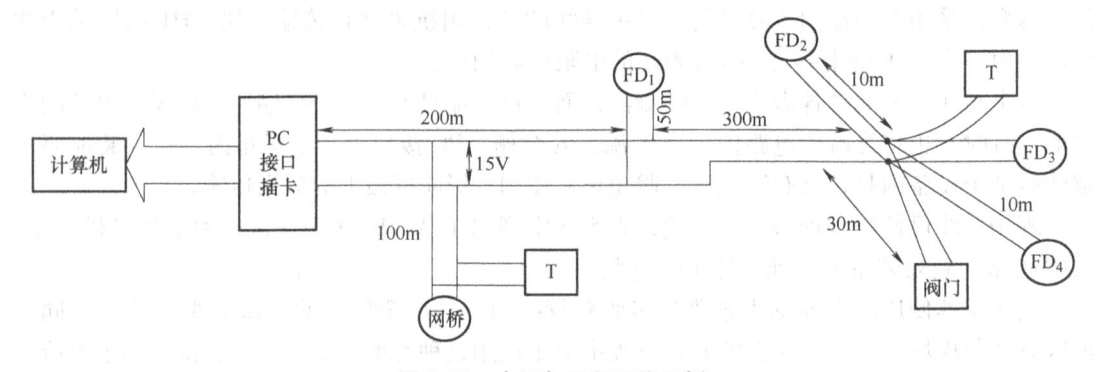

图 5-20　电源与网段配线示例

忽略温度影响，每米导线电阻为 0.1Ω。表 5-7 列出了每段电线的电阻、流经此段的电流以及压降。

表 5-7　图 5-20 中各段的电路参数

段长度/m	电阻/Ω	电流/A	压降/V
200	20	0.05	1.0
50	5	0.01	0.05
300	30	0.04	1.2
10	1	0.02	0.02
30	3	0.01	0.03

考虑到电缆在电路中的长度应是通信距离的两倍，各总线供电设备从网段上得到的电压如下：FD_1 处可得到 12.9V，FD_3 处可得到 10.56V，FD_4 处可得到 10.58V，阀门处可得到 10.54V，因此所有的现场设备都得到大于 9V 的电压，这个结果令人满意。如果网络上有更多的现场设备或网络电缆直径较小时，就不会是这种情形了，或许需要提高供电电源的电压，或许需要调整电源的安放位置。

显然，这是一个烦琐乏味的计算过程，但当需要添加一个或更多的网络耗能现场设备时就不得不这样做。目前已有完成该计算过程的计算机软件，只要输入网络现状，所有的直流电压就都能立即显示出来，如果改变了网络结构，电压值将被重新计算。

在某些情况下，网络可能负荷过重，以至于不能满足网络耗能现场设备的连接台数，有时还不得不重新摆放电源的位置，使每个设备的供电电压得到满足，同时一定还要考虑高温状态下电缆的电阻会增加这个因素。

3. 网络的连接长度

H1 网络的连接长度由主干及其分支长度决定。主干是指总线段上挂接设备的电缆主路径，其他与之相连的线缆通道都叫作分支线，网络分支是在主干的任何一点分接或者延伸，并添加网络设备而实现的。

网络与分支的延长应该受到限制，网段上的主干长度和分支线长度的总和也是受到限制的，不同类型的电缆对应不同的最大长度。

（1）网络分支长度的取值　分支线应该越短越好，分支数和每个分支上的设备个数都会影响到允许的分支长度。表5-8列出了不同条件下每个分支最大长度的建议值。

表5-8中指出的最大长度是推荐值，它包括一些安全因素，以确保在这个长度之内不会引起通信问题。分支长度根据电线类型、规格，网络的拓扑结构，现场设备的种类和个数而异，例如，一个分支可被延长至120m，这是在分支数较少的情况下。如果有32个分支线，那么每个分支线应短于1m，分支线表并不是绝对的，如果有25个分支，每支上有一个设备，长度严格按照表中规定，会选择1m的长度。如果能去掉一个设备，表中显示每段可有30m长，对于24个设备而言，可以使其中某一个的分支少于30m。

表5-8　每个分支最大长度的建议值　（单位：m）

设 备 总 数	1个设备/分支	2个设备/分支	3个设备/分支	4个设备/分支
25 ~ 32	1	1	1	1
19 ~ 24	30	1	1	1
15 ~ 18	60	30	1	1
13 ~ 14	90	60	30	1
1 ~ 12	120	90	60	30

一个更常见的情况是设备中除了某一个因素以外其他都符合表中要求，例如，已有14个设备，每个分支线都是准确的90m，但第15个设备的分支线为10m，分支线的条数乘以它的长度为1270m，即14个设备的分支线长度乘以90m加上第15个设备的分支线长度，1270m的长度已经超出表格中规定的要求，但也能被认可。

一种简单地估计网段主干与分支允许长度的办法如图5-21所示。图5-21表明在总线型、树形连接以及混合拓扑连接中，以主干和各分支总长度之和不超过1900m为判别标准。

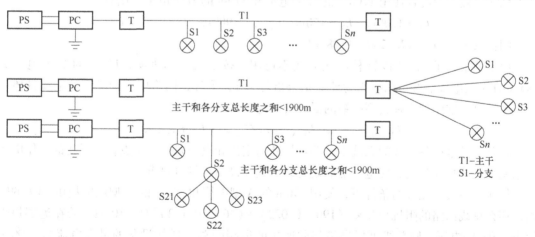

图5-21　连线长度的要求

（2）网络扩充中使用中继器　如果现场设备间距离较长，超出规范要求的1900m时，可采用中继器延长网段长度。中继器取代了一个现场总线设备的位置，这也意味着开始了一个新的起点，新增加了一条1900m长的电缆，创建了一条新的主干线。

最多可连续使用4个中继器，使网段的连接长度达到9500m。中继器可以由总线供电，也可以由非总线供电。图5-22所示为采用中继器延长网段长度的示意图，图中还表示了使用中继器时如何应用终端器。

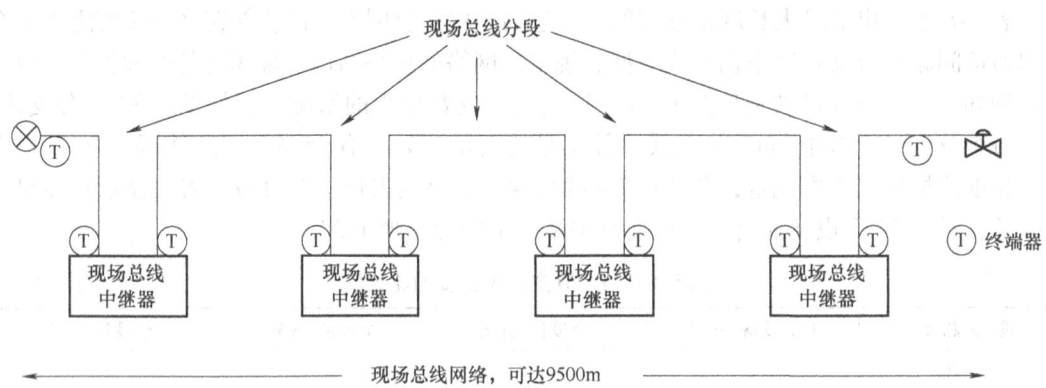

图 5-22 中继器的使用

除了增加网络的长度以外，使用中继器还可增加网段上的连接设备数。按规范要求，一个网段上的设备最多为32个。第一条主干有 i 个设备，其中之一为中继器；第二条主干有 j 个设备，其中之一为中继器。使用4个中继器时网段中各种设备的个数可以达到156个。

（3）网络扩充中使用混合电缆 有时需要几种电缆的混合使用，两种电缆的最大混合长度应满足：

$$L_X/L_{MAXX} + L_Y/L_{MAXY} < 1 \tag{5-1}$$

式中，L_X 为电缆X的长度；L_Y 为电缆Y的长度；L_{MAXX} 为电缆X单独使用时的最大长度。L_{MAXY} 为电缆Y单独使用时的最大长度。

例如，假设想混合使用1200m的A型电缆和170m的D型电缆，则有

$$L_X = 1200m, \quad L_Y = 170m, \quad L_{MAXX} = 1900m, \quad L_{MAXY} = 200m。$$

则：$1200/1900 + 170/200 = 1.48 > 1$。

由于结果大于1，所以这种配线方式不可用。按公式计算表明，170m的D型电线和285m的A型电线恰好可以，因为此时结果恰好为1，另外，网络中两种类型的电缆具体位置并不重要。推广到4种类型电缆的混合公式为

$$L_V/L_{MAXV} + L_W/L_{MAXW} + L_X/L_{MAXX} + L_Y/L_{MAXY} < 1$$

在总线供电设备组成的系统中，要根据欧姆定律和电缆阻抗，用设备所需要的工作电压和电流来决定总线长度，使电源能满足总线上远端设备的供电要求。

例如，在公式允许的条件下，使用190m的A型电缆和360m的C型电缆提供24V的输出，那么总线回路的阻抗为 $2 \times [(190 \times 0.022) + (360 \times 0.132)]\Omega = 103\Omega$。若在远端提供最小为9V的电压，则总线可提供给与此连接的远端的总线耗能设备的最大电流为 $1000 \times (24-9)/103mA = 146mA$。假设每个设备消耗14mA，那么此段中可以有10个设备。有许多方法可以使这种状况得到改善，例如，用一个32V输出的现场总线电源或使用一个中继器。

5.2.2 FF 在市区热网测量系统中的应用

基金会现场总线（FF）系统是把具备通信能力，同时具有控制、测量等功能的现场设

备作为节点，通过总线把它们互联为网络。通过各节点仪器仪表间的操作参数与数据调用以及信息共享和系统的各项自动化功能，形成网络集成自动化系统。FF 作为控制现场的最底层通信网络，可以通过符合 FF 协议的通信接口卡将其与工厂管理层的网络挂接，实现生产现场的运行和控制信息与控制室、办公室的管理指挥信息的沟通和一体化，构成一套完整的工业控制信息网络系统。

1. 总体设计

FF 压力测量系统由上位 PC、智能压力变送器、智能压力变送器与上位 PC 通信的 FF PC 接口卡等部分构成。具体的系统框图如图 5-23 所示。

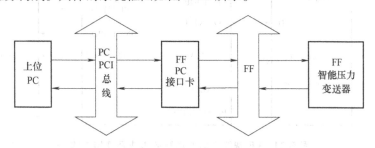

图 5-23　FF 压力测量系统的总体框图

系统的工作原理如下：FF 智能压力变送器将测得的压力信号转化为符合基金会现场总线的数字信号传送到 FF 上，通过 FF 的信号被 FF PC 接口卡接收。FF PC 接口卡将接收到的信号转化为符合 PC_PCI 总线的信号，然后通过 PC_PCI 总线传送到上位 PC，与之相对应，上位 PC 的控制信号则是通过对称的方式传送到 FF 智能压力变送器来实现对变送器的操作的。

2. FF 智能压力变送器的设计

FF 智能压力变送器主要由传感器与输入电路、通信接口和媒体访问单元三部分构成，其中通信接口的设计是重点，该部分采用美国德州仪器（TI）公司的集成多路 24 位 A-D 转换器的 MSC1210 作为微处理器和 SMAR 公司的 FB3050 作为 FF 通信控制芯片来设计，实现对液体或气体压力参数的高精度数据采集、处理，以及通过 FF 进行数据通信。FF 智能压力变送器的组成及连接方式如图 5-24 所示。

下面简单介绍一下 FF 智能压力变送器的工作原理。压力变送器在恒流源的驱动下采集压力信号并将该信号通过由 MSC1210 模拟输入通道 AIN0 和 AIN1 组成的差分输入通道传送给微处理器，经过 MSC1210 处理之后的信号再通过 FB3050 和 MAU 与总线通信。通信接口设计是本部分的重点和难点，具体的设计方法如下：由于 FB3050 的接口设计上已经充分考虑了与 Intel 系列 CPU 的接口问题，因此 MSC1210 的数据地址总线可以直接与 FB3050 的数据地址总线相连接，但是必须输入一个高电平信号到 PI_MODE，表示选用的是 Intel 系列 CPU。MSC1210 具有数据/地址复用端口 P0，同时 FB3050 也支持数据/地址复用，所以需要外接地址锁存器电路。具体的连接方法是：MSC1210 的 P0.0 ~ P0.7 与 FB3050 的 8 位 CPU 数据总线 PB_CDATA［7：0］对应相连接，同时输出一个高电平给 FB3050 的 PI_MUXON，表示使用的是地址/数据复合总线，并且将 MSC1210 的地址锁存信号输出脚 ALE 与 FB3050 的地址锁存信号输入脚 PI_CAS 相连接。MSC1210 地址总线的高 8 位输出 P2 端口，与 FB3050 的 16 位 CPU 地址总线的 15 ~ 8 脚对应相连。由于使用了地址/数据复用总线，因此

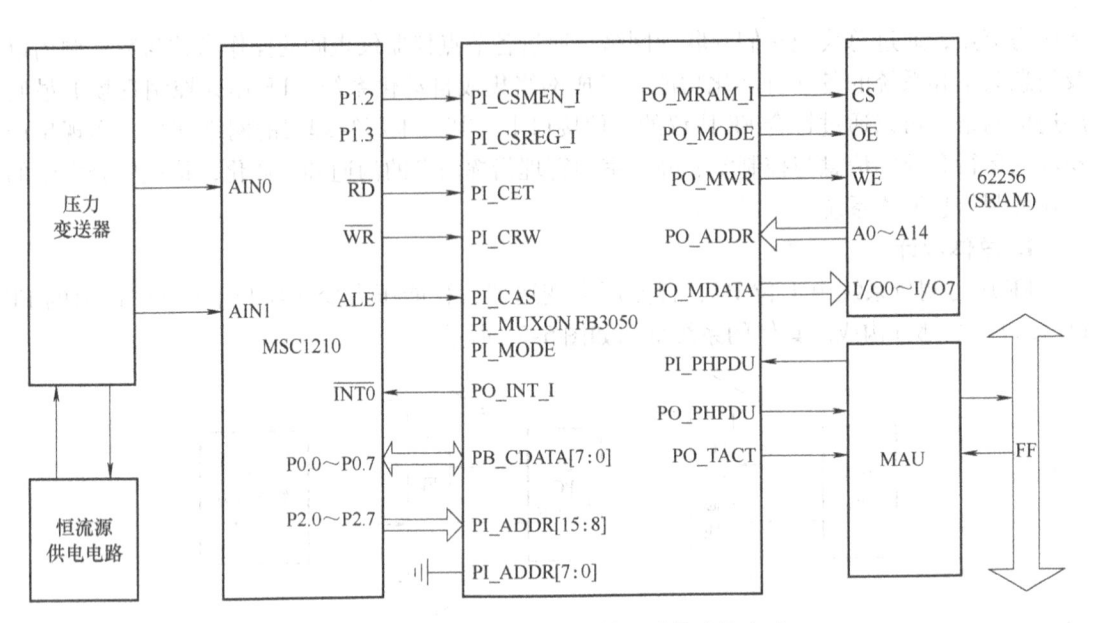

图 5-24　FF 智能压力变送器的组成及连接方式

FB3050 的 16 位 CPU 地址总线的 7～0 脚需要与地相连接。FB3050 的中断输出、MSC1210 的外部中断输入均为低电平有效，所以直接相连即可完成中断请求的要求。MSC1210 的时钟输出信号可以直接作为 FB3050 的系统时钟输入，这样 MSC1210 与 FB3050 之间的数据和控制信息的通信就得到了解决，也就完成了通信接口的设计。媒体访问单元的设计在这里就不介绍了。

3. FF PC 接口卡的设计

上位 PC 与 FF 无法直接相连而实现它们之间的信息交换，所以必须设计 FF PC 接口卡来满足它们之间互相通信的要求。图 5-25 所示为 FF PC 接口卡设计简图，它主要由双口 RAM 芯片 IDT 7142、单片机 Intel 80188、通信控制器 FB3050 和媒体访问单元四个部分构成。

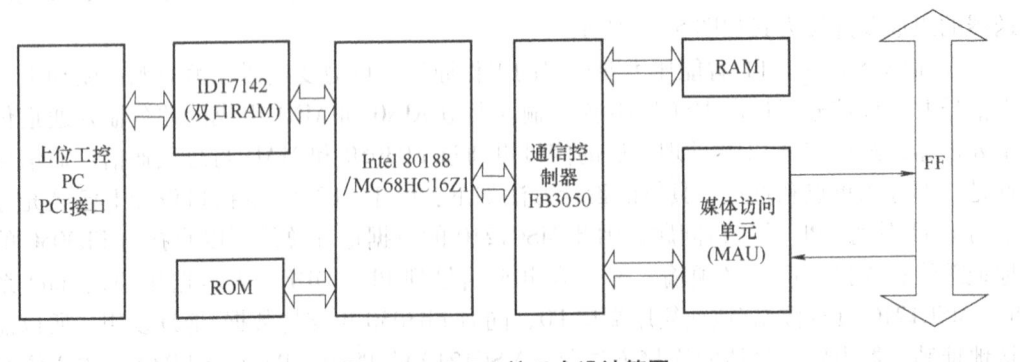

图 5-25　FF PC 接口卡设计简图

本部分设计采用嵌入式控制中最常见的 Intel 80188 CPU 作为接口卡上的 CPU，Intel 80188 提供 20 条地址总线，存储器寻址空间为 1MB，I/O 最大寻址空间为 64KB（16 位地址线），片内还集成了一套中断控制器、两路 DMA 控制器、3 个 16 位定时器、6 条可编程的存储器片选线和 7 条可编程的 I/O 接口片选线，对嵌入式控制线路的设计非常方便，在接口卡 CPU 与 PC CPU 通信方面采用的是双口 RAM 方式，这种方式可使两边的 CPU 在数据块级同步。

（1）网卡设计　FB3050 功能齐全，可以用作现场设备的通信控制器，也可以用作主设备的通信网卡。本节设计一种智能网卡，其主要功能是管理 FF 网络的通信事务，使网卡能够自主地与总线上的设备通信。网卡所在的 PC 只提供人机界面，网卡上应包括网卡 CPU 与 PC 主机 CPU 的通信接口、CPU 与 FB3050 的硬件接口、FB3050 与局部存储器的接口、FB3050 与总线介质存取访问的接口等 4 个部分。

1）网卡 CPU 的选用。网卡 CPU 是网卡的核心部件，CPU 选择的合适与否决定了网卡的成败。嵌入式 CPU 与一般单片机不一样，它除了一般单片机所具有的并口、异步串口、定时器/计数器、中断口、地址线、数据线外，还要有便于产品调试用的同步串口及总线仲裁功能。其寻址空间一般大于 64KB，数据总线的宽度为 16 位或 32 位等，也就是说，嵌入式 CPU 不仅要有单片机的各种外部接口功能，还要有处理器的大规模信息处理功能。符合上述要求的 CPU 芯片很多，除了 Intel 80188，这里还可选用 Motorola 公司的 MC68HC16Z1 芯片。在此，将系统 CPU 升级为 MC68HC16Z1 来进行设计。

MC68HC16Z1 芯片有 2MB 的寻址空间（1MB 的程序空间，1MB 的数据空间）、16 位的数据总线宽度、4 ~ 25MHz 的时钟频率、7 个中断源和 12 条可编程片选线等。

2）网卡 CPU 与 PC 的接口。网卡 CPU 在正常的情况下，主要是管理现场总线网络繁忙的通信事务。当 PC 需要查询现场总线网络系统中某些节点的参数，或需要修改现场总线网络系统中某些节点的参数时，PC 需要与网卡 CPU 通信。通信的方法有许多种，例如通过串行口、并行口、USB 总线、ISA 总线、PCI 总线等。PC ISA 总线的速度太慢，现已被 PCI 总线替代。本设计选用 PCI 总线实现网卡 CPU 与 PC 的通信。

与 ISA 总线相比，PCI 总线复杂，但现在已有不少专用 PCI 接口芯片，这里选用 PCI9054 芯片作为 PCI 接口芯片，它符合 PCI 规范 2.2 版本。PCI9054 的局部总线（Local BUS）可以共享网卡 CPU 总线，各自都有自己的总线仲裁器，用来仲裁总线的使用权。为了使网卡 CPU 更好地管理现场总线网络系统的通信，在 PCI9054 的局部总线与网卡 CPU 总线之间加一块双口 RAM IDT7025 隔离起来，不让网卡 CPU 交出总线的使用权，独占总线。双口 RAM IDT7025 有 8K × 16B 的容量，有双口 RAM IDT7025 的隔离，PC 也更自由，其多任务功能照常发挥。为了使双口 RAM 能正常通信，在 PCI9054 的局部总线与网卡 CPU 之间必须有一对握手信号。

3）网卡 CPU 和 FB3050 的接口。当今的 FB3050 芯片比早期的 FB3050 芯片简单一些，它只能挂 32K × 8B 的 RAM，而扩展地址、I/O 地址和 ROM 等都不用，这样，FB3050 与网卡 CPU MC68HC16Z1 之间的接口就比较简单。由于 MC68HC16Z1 同时具备 8 位数据总线与 16 位数据总线工作的功能，因此 CPU MC68HC16Z1 的数据线 D7 ~ D0 与 FB3050 的数据线 D7 ~ D0 相接；MC68HC16Z1 的地址线 A14 ~ A0 与 FB3050 的地址线 A14 ~ A0 相接；CPU MC68HC16Z1 用两条片选线来分别选通 FB3050 的 32KB 存储器和片内寄存器；CPU MC68HC16Z1 的 E 时钟 EXTAL 同时连接到 FB3050 的 71 脚 PI_CLOCK 及 73 脚 RD。

FB3050 既能工作在 Intel 的模式下，也能工作在 Motorola 的模式下。当 FB3050 工作在 Intel 的模式下时，73 脚 RD 作为读选通信号输入；当工作在 Motorola 的模式下时，73 脚 RD

不能作为读选通信号输入，而要与71脚PI_CLOCK一同作为时钟信号输入。

FB3050的$\overline{WR}$、PI_RESET_I、POINT_I、PO_READY、PI_INT_I等信号直接与相应信号相连。

4）网卡与总线的接口。总线接口单元与通信控制器FB3050的接收输入（PI_PHPDU）、发送输出（PO_PHPDU）和发送控制（PO_TACT）3条信号线相连接。总线接口单元包含的电路有接收信号的整形滤波部分、发送信号的驱动部分以及隔离变压器部分，如图5-26所示。

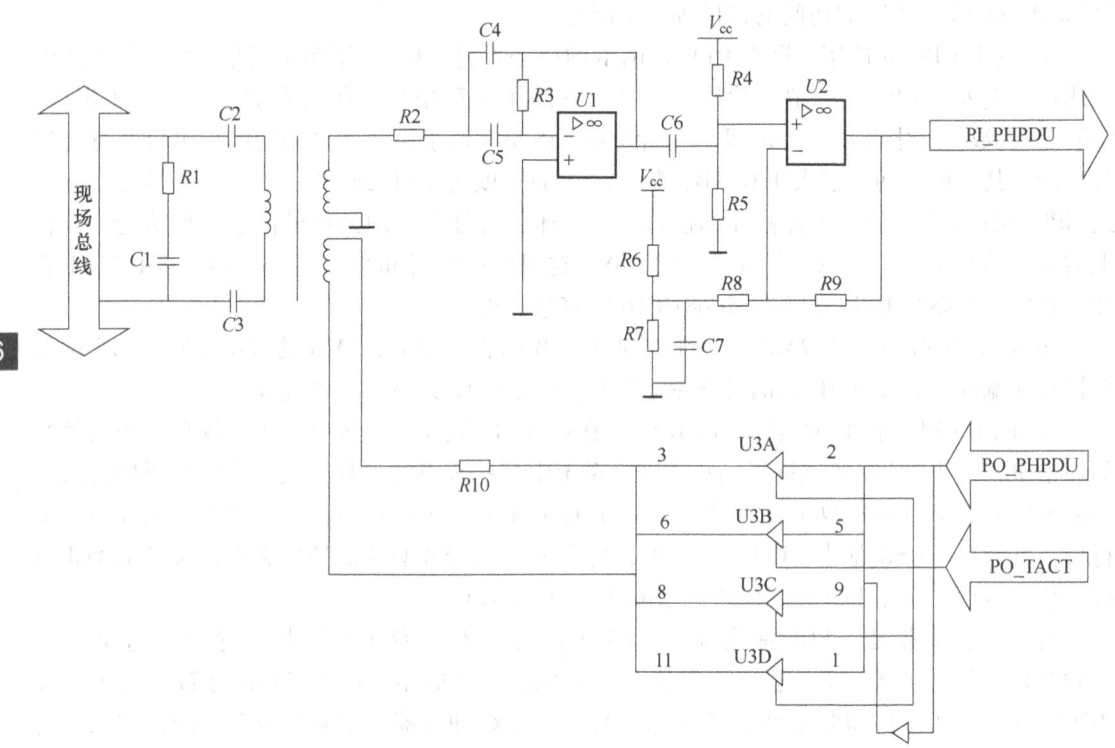

图5-26 网卡接口电路

（2）线路说明 图5-27给出了网卡的总体框图，下面结合框图，对设计路线做进一步说明。

1）关于MC68HC16Z1 CPU总线。MC68HC16Z1 CPU总线有1MB的程序可寻址空间及1MB的数据可寻址空间，具有1位数据总线，也可工作在8位数据总线上。它有大量的可编程序的片选线，不需要外部译码器，因而系统的连接比较简单。

MC68HC16Z1 CPU总线上挂有512KB的Flash ROM、两组256KB的SRAM（其中一组SRAM作为备用），当有特殊情况需要使用大于256KB的SRAM时，可安装备用组。总线上还挂有16KB的双口RAM及通信控制器FB3050，通信控制器FB3050自身需要挂一块32KB的SRAM。

MC68HC16Z1 CPU总线上只有通信控制器FB3050采用8位数据线，其他存储器都采用16位数据线。

2）关于双口RAM IDT7025。双口RAM IDT7025的R口接至MC68HC16Z1的CPU总线，

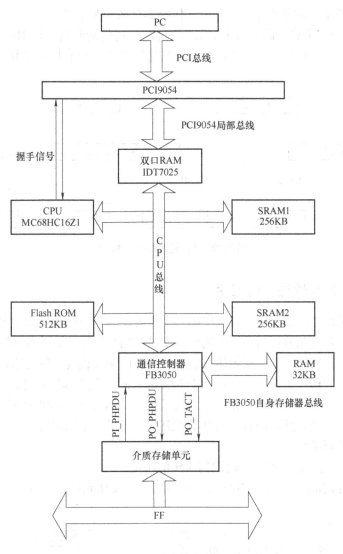

图 5-27　网卡的总体框图

L 口接至 PCI9054 的局部总线。双口 RAM IDT7025 的作用是使 MC68HC16Z1 CPU 总线及 PCI9054 的局部总线隔离，让 MC68HC16Z1 CPU 独占自己的总线，以集中精力管理好现场总线的通信事务，保证通信畅通。

　　虽然双口 RAM IDT7025 将 MC68HC16Z1 CPU 总线与 PCI9054 的局部总线隔离，但这两套总线还得有一对握手信号，以便当一边向双口 RAM 写入信息后，由握手信号通知另一方在有空时取走信息。

　　3）关于 PCI 总线。外部器件互连（Peripheral Component Interconnection，PCI）总线能够配合彼此间快速访问的适配器工作，也能让处理器以接近自身总线的全速去访问适配器。假设在每个数据段中发起方（主设备）和目标设备都没有插入等待状态，数据项（双字或 4 字）可以在每个 PCI 时钟周期的上升沿传送。对于 33MHz 的 PCI 总线时钟频率，可以达到 132Mbit/s 的传送速率，一个 66MHz 的 PCI 总线方案使用 32 位或 64 位传送时，可以达到

264Mbit/s 或 285Mbit/s 的传送速率，这种工作速率对网卡非常适合。

图 5-28 所示为一个典型的 FF 网络系统结构图。它包括低速网段 H1 和高速网段 HSE，由监视操作的计算机、控制器、作为网关的网络连接设备、网卡及许多由总线连接的现场设备组成。

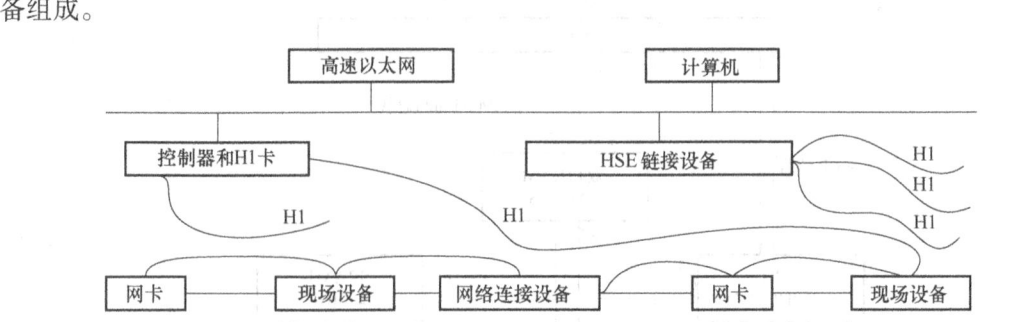

图 5-28　FF 网络系统结构图

5.2.3　FF 在粉煤灰输送中的应用

粉煤灰的输送是电厂整个生产过程中的一个重要环节，当前大多数的电厂都采用了浓相气力输送系统进行粉煤灰的输运。气力输送技术是利用空气流作为承载介质通过密封管道来输送颗粒及粉状物料的技术。根据粉体在输送管道中的密集程度，气力输送分为稀相气力输送和浓相气力输送。稀相输送粉体含量低于 $1 \sim 10 kg/m^3$，气流速度较高，为 $18 \sim 30 m/s$，连续输送距离基本上在 300m 以内；浓相气力输送是粉体含量 $10 \sim 30 kg/m^3$ 或灰气比大于 25 的输送方式，操作气速较低，用较高气压分股压送。根据实际情况，某工厂采用了基于 FF 的干输灰设备的控制系统。

1. 粉煤灰浓相气力输送现场总线控制系统的结构

在 FF 现场总线标准中，企业现场总线控制网络涉及从底层现场设备到上层信息网络的数据传输。

企业网络通信模型由现场控制层、监控层和企业管理层三层组成，如图 5-29 所示。

2. 现场设备的设计开发

现场设备在网络的最底层，直接与控制对象相互作用，控制对象为粉煤灰浓相气力输送装置，现场设备主要包括压力传感器、流量计以及各种气动阀门，它们共同组成一个 H1 总线段。

阀门的动作及发送装置的运行由 FF 智能气动阀门定位器来控制，它由圆卡和仪表卡组成，圆卡与总线连接，提供

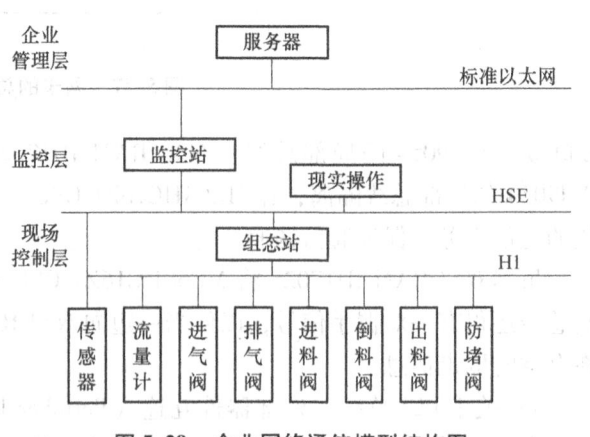

图 5-29　企业网络通信模型结构图

总线的接口、通信和功能块应用的处理能力。仪表卡输入/输出现场信号，执行控制功能。采用美国国家仪器（NI）公司的 Foundation Fieldbus Starter Kit 进行开发。

（1）仪表卡的开发设计　仪表卡的软件设计包括圆卡及反馈信号的读取、阀位控制信号的输出以及控制策略的制定，双 CPU 之间采用异步串行通信，仪表卡软件中编写从机收发程序。控制策略可采用中断和时间片分配的方式完成。

（2）现场仪表圆卡的开发　H1 现场仪表圆卡是开发 FF 兼容设备的硬件接口，采用 Motorola MC 68331 微处理器和 Fuji Electric Frontier-1 现场总线通信接口芯片，应用 NI-FBUS 功能块壳（Shell）软件进行总线设备的开发。

（3）总线组态及设备调试　NI-FBUS 接口使用 Intel 80386EX 微处理器执行总线通信软件以及通信管理软件，并采用 YAMAHA YTZ42 系列芯片作为总线接口控制芯片。在此，采用 YTZ420 芯片，YTZ420 是一款由 YAMAHA 公司推出的用于需要实现 IEC 61158 协议的现场总线设备的通信控制器。它提供了对 IEC 61158-2 协议 100% 的支持，同时支持 ISA S50.2 数据链路层的部分协议。YTZ420 的特点是低功耗，这对于需要实现本质安全的设备是最为理想的接口硬件解决方案。通过 YTZ420，可将 FF 设备连接到计算机上。

NI-FBUS 组态器使用简单的多窗口接口进行总线组态，它采用面向工程的形式组织 FF 网络段所需的组态信息，并可提供参数的合理值。

NI-FBUS 监视器用于监控 FF 网络通信，它使用 FBUS 接口卡与 H1 网络连接，用户可选择性地获取或查看总线上不同类型的数据包，完成系统诊断，还可用于开发和调试新设备运行。

（4）H1 总线段上电子元件的选型　选用 Emerson 公司的 DVC5000f-FL 型数字式阀门开/关控制器，采用二线制回路供电，具有双向数字式通信功能。压力传感器和气体流量计分别采用 Emerson 公司的 3051 压力变送器和 8800A 涡街流量计，用进料时间来控制进料量，以简化控制系统的结构。

3. 现场总线控制系统应用于粉煤灰输送的可行性分析

与 DCS 和 PLC 控制系统相比，粉煤灰浓相气力输送系统采用现场总线的控制方式具有突出的优势——系统成本降低，并且这种优势随着系统规模的增大而更加明显。

1）系统的集成和维护方便、快捷。

2）测控精度、可靠性得到提高。

3）彻底的分布控制系统。

4）具有开放性和互操作性。

5）信息一致性强。

FF 全分布式现场总线控制系统应用于过程控制时主要存在两点不足：

1）控制过程中对多点进行采集的信号同步性较差。

2）H1 总线主要针对过程量而设计，对由开关量组成的短报文，没有提供最佳处理机制，传输效率较低。

以上两个方面在本课题中表现并不明显，主要原因为：

1）电厂粉煤灰的输送对输送状态的稳定性（即控制的精确度）要求并不十分苛刻，另外，操作过程中控制系统依次采集单个信号，没有同时采集多个信号的情况。基于这两点考虑，采用 H1 总线对于保证数据的同步性基本没有影响。

2）在一套气力输送装置中，仅有 5 个开关量用于阀门的动作，单个 H1 总线段上开关量设备较少，对控制系统的影响不大。

第 5 章习题

5-1　简述 LAS 的工作过程。

5-2　简述 FAS 的服务及其参数的意义。

5-3　简述 FMS 的程序调用服务。

5-4　说明 FF 协议数据的构成与层次。

5-5　说明基于 PCI 总线接口的 FB3050 通信控制器的网卡设计。

5-6　H1 网络的连接长度有以下几种方案，哪一种是可行的？

（1）A 型电缆 1200m + D 型电缆 100m；

（2）B 型电缆 800m + C 型电缆 500m；

（3）A 型电缆 1000m + B 型电缆 200m + C 型电缆 100m。

第6章

PROFIBUS 总线技术

PROFIBUS 是一种国际化的、开放的、不依赖于设备生产商的现场总线标准，广泛应用于制造业自动化、流程工业自动化和楼宇及交通电力等领域的自动化系统中。该现场总线技术用于工厂自动化车间级监控和现场设备层的数据通信与控制，可实现现场设备层到车间级监控的分散式数字控制和现场通信，从而提供给工厂综合自动化和现场设备智能化很好的解决方案。

PROFIBUS 于 1955 年成为欧洲工业标准（EN 50170），1999 年成为国际标准（IEC 61158-3），2001 年被批准成为中华人民共和国机械行业标准（JB/T 10308.3—2001）。PROFIBUS 的市场占有率超过 40%，在众多的现场总线中稳居榜首。西门子公司提供了上千种 PROFIBUS 产品，并已经应用在中国的许多自动控制系统中，在工厂自动化系统网络中属于单元级和现场级。

PROFIBUS 由 PROFIBUS-FMS、PROFIBUS-DP 和 PROFIBUS-PA 三部分组成。PROFIBUS-FMS 侧重于车间级较大范围的报文交换，它主要定义了主站与主站间的通信功能，用于车间级监控网络，它提供大量的通信服务，完成以中等级传输速度进行的循环和非循环的通信服务。就 FMS 而言，它主要考虑系统功能而非响应时间，应用过程中通常要求随机信息交换，如改变设定参数等。

PROFIBUS-DP 是具有设置简单、价格低廉、功能强大等特点的通信连接，是专门为了自动控制系统和设备级分散 I/O 之间通信而设计的。使用 PROFIBUS-DP 网络能够取代价格昂贵的 24V 或 4~20mA 信号线。PROFIBUS-DP 用于分布式控制系统的高速数据传输。

PROFIBUS-PA 专为解决过程自动化控制中大量要求本质安全通信传输的问题且可提供总线供电，实现了 IEC 61158-2 中规定的通信规程，用于对安全性要求较高的场合。

6.1 PROFIBUS 控制系统组成

PROFIBUS 控制系统由主站和从站两部分组成。

主站掌握总线中数据流的控制权。只要主站拥有访问总线权（令牌），就可以在没有外部请求的情况下发送信息。在 PROFIBUS 协议中，主站也被称作主动节点，主站包括 PLC、PC 或可作为主站的控制器。

从站是简单的输入/输出设备，不拥有总线访问的授权，只能确认收到的信息或者在主站的请求下发送信息。在 PROFIBUS 协议中，从站也称为被动节点，只用到总线协议的一小部分，这使得它在实现总线协议时非常简单。从站包括以下设备：

1）PLC（智能型 I/O）可作为 PROFIBUS 网络上一个从站。PLC 自身有程序存储功能，它的 CPU 执行程序并按程序驱动 I/O。在 PLC 存储器内存在一段特定区域作为与主站通信的共享数据区，主站可通过通信间接控制从站 PLC 的 I/O。

2）分布式 I/O（非智能型 I/O）通常由电源、通信适配器和接线端子组成。分布式 I/O 不具有程序存储和程序执行能力，通信适配器部分接收主站指令，按主站指令驱动 I/O，并将 I/O 输入及故障诊断等返回给主站。通常分布型 I/O 是由主站统一编址，这样在主站编程时使用分布式 I/O 与使用主站的 I/O 没有什么区别。

3）变频器、传感器和执行机构等带有 PROFIBUS 接口的现场设备，可由主站在线完成系统配置、参数修改和数据交换等功能，至于哪些参数可进行通信以及参数格式由 PROFIBUS 行规决定。

6.2 PROFIBUS 基本特性

PROFIBUS-DP、PROFIBUS-PA 和 PROFIBUS-FMS 的性能比较见表 6-1。

表 6-1 3 种 PROFIBUS 总线性能比较

名 称	PROFIBUS-FMS	PROFIBUS-DP	PROFIBUS-PA
用 途	通用的自动化	工厂自动化	过程自动化
目 的	通用	快速	面向应用
特 点	大范围联网通信、多主机通信	即插即用、高效廉价	总线供电、本质安全
传输介质	EIA-485 或光纤	EIA-485 或光纤	IEC 61158-2

1. 传输技术

现场总线系统的应用往往取决于选用的传输技术。由于单一的传输技术不可能满足所有的要求，故 PROFIBUS 提供 3 种类型的传输：用于 PROFIBUS-DP 和 PROFIBUS-FMS 的 EIA-485 传输技术、用于 PROFIBUS-PA 的 IEC 61158-2 传输和光纤传输技术。

（1）EIA-485 传输技术　EIA-485 传输技术是 PROFIBUS 最常用的一种传输技术，通常称为 H2，如图 6-1 所示。它采用屏蔽双绞铜线，共用一根导线对，适用于需要高速传输、设备简单和价格低廉的领域。PROFIBUS-DP 与 PROFIBUS-FMS 都使用相同的 EIA-485 传输技术和统一的总线访问协议，因此，这两种系统可在同一总线上操作。

（2）IEC 61158-2 传输技术　IEC 61158-2 传输技术能够满足化工、石化等过程控制领域的要求，它是一种位同步协议，可保持本质安全性，并为现有设备提供网络供电。IEC 61158-2 传输技术通常称为 H1，用于 PROFIBUS-PA。

IEC 61158-2 传输技术的基本原理为：

1）每段只有一个电源作为供电装置。

2）每站现场设备所消耗的为常量稳态基本电流。

3）现场设备的作用如同无源的电流吸收装置。

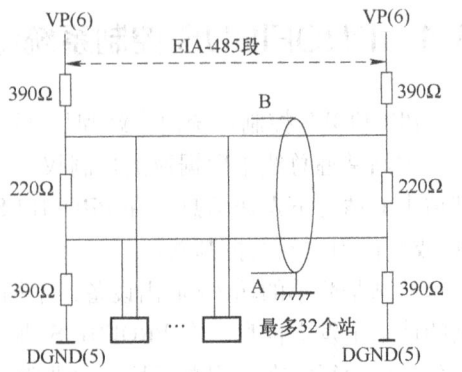

图 6-1 H2 总线段的结构

4）主干线两端起无源终端的作用。

5）支持介质冗余。

IEC 61158-2 传输技术特性为：

1）采用数字式、位同步、曼彻斯特编码的数据传输。

2）传输速率为 31.25kbit/s，电压式。

3）通过前同步信号，采用起始和终止限定符避免误差，保证数据传输可靠性。

4）介质为屏蔽/非屏蔽双绞线，这取决于环境条件。

5）可选远程电源供电。

6）防爆型，能进行本质及非本质安全操作。

7）网络拓扑为总线型、树形或星形结构。

8）每段 32 个站（不带中继器），最多 127 个站（带中继器）。

9）中继器最多可扩展至 4 台。

如图 6-2 所示，为了使 EIA-485 信号与 IEC 61158-2 信号相匹配，IEC 61158-2 传输技术总线段和 EIA-485 传输技术总线段的连接需要用分段耦合器。分段耦合器为现场设备的远程电源供电，供电装置可限制 IEC 61158-2 总线的电流和电压。

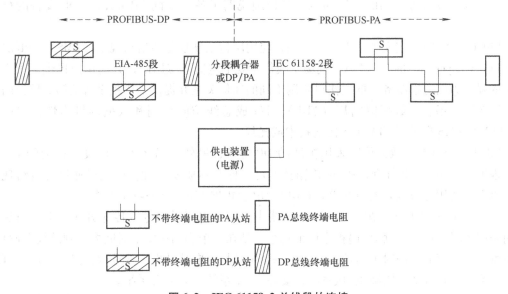

图 6-2　IEC 61158-2 总线段的连接

（3）光纤传输技术　PROFIBUS 总线在电磁干扰很大的环境下应用时，可使用光纤导体，以延长高速传输的距离。光纤导体分为两类，一是价格低廉的塑料纤维导体，传输距离小于 50m；另一种是玻璃纤维导体，传输距离大于 1km。许多厂商提供专用总线插头，可将 EIA-485 信号转换成光纤导体信号或将光纤导体信号转换成 EIA-485 信号。

2. PROFIBUS 协议

（1）协议结构　PROFIBUS 协议结构是根据 ISO 7489 国际标准，并以开放式系统互联模型作为参考模型的。如图 6-3 所示，该模型分为 7 层。

PROFIBUS-DP 定义了第 1、2 层和用户接口，第 3~7 层未加描述。该结构确保了数据

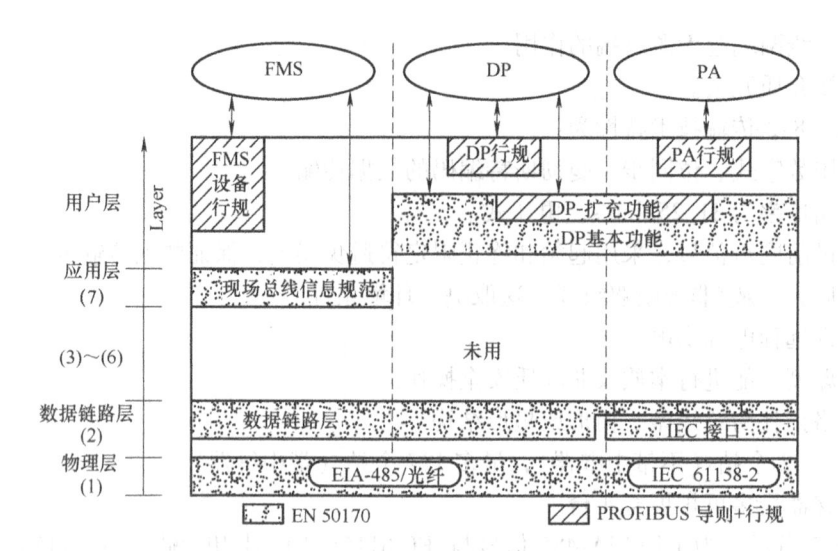

图 6-3   PROFIBUS 协议结构

传输的快速性和有效性，直接数据链路映像程序提供易于进入第 2 层的用户接口，该接口规定了用户以及设备可调用的应用功能，并详细说明了各种不同 PROFIBUS- DP 设备的行为特性。

PROFIBUS-FMS 定义了第 1、2、7 层，应用层包括现场总线信息规范（FMS）和低层接口（Lower Layer Interface，LLI）。现场总线信息规范包括了应用协议并向用户提供了可广泛选用的强有力的通信服务，低层接口协调不同的通信关系并提供不依赖设备的第 2 层访问接口。第 2 层现场总线数据链路层（FDL）可完成总线访问控制和数据的可靠性，它还为 PROFIBUS-FMS 提供了 EIA-485 传输技术或光纤。

PROFIBUS-PA 的数据传输采用扩展的 DP 协议，另外还描述了现场设备行为的 PA 行规。根据 IEC 61158-2 标准，PA 的传输技术可确保其本质安全性，而且可通过总线给现场设备供电。使用分段耦合器可在 PROFIBUS- DP 上扩展 PROFIBUS-PA 网络。

（2）介质访问协议   在 PROFIBUS 总线中，主站之间采用令牌传送方式，主站与从站之间采用主/从方式。令牌传递程序保证每个主站在一个确切规定的时间内得到总线存取权，主站得到总线存取令牌时可与从站通信。每个主站均可向从站发送或读取信息，因此，可能有 3 种系统配置方式：①纯主/从系统；②纯主/主系统；③混合系统。

如图 6-4 所示，PROFIBUS 总线带有 3 个主站和 7 个从站。3 个主站之间构成令牌逻辑

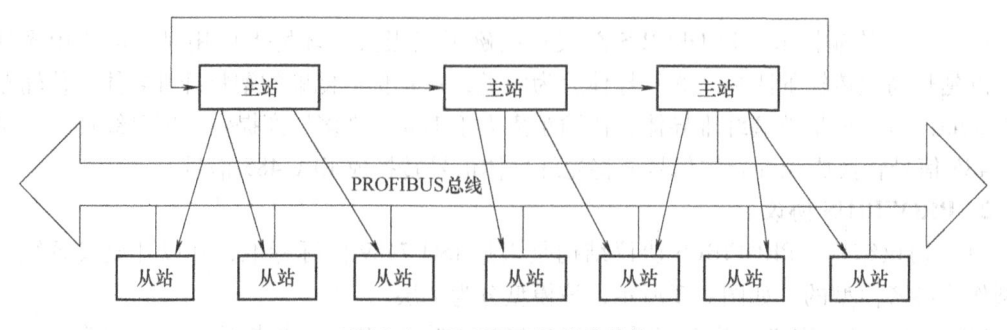

图 6-4   PROFIBUS 总线结构

环。制定总线上的站点分配并建立逻辑环是总线系统初建时主站的任务。在总线运行期间，断电或损坏的主站必须从逻辑环中排除，新上电的主站必须加入逻辑环。当某主站得到令牌报文后，该主站可在一定时间内执行主站工作，在这段时间内，它既可依照主/从通信关系表与所有从站通信，也可依照主/主通信关系表与所有主站通信。

保证数据的完整性是数据链路层的另一重要任务，这是依靠所有报文的海明距离 HD = 4、按照国际标准 IEC 870-5-1 制定的使用特殊起始和结束定界符、无间距的字节同步传输及每个字节的奇偶校验来保证的。

6.3 PROFIBUS-FMS

PROFIBUS-FMS 的设计旨在解决车间监控级通信问题，如图 6-5 所示。在该层控制器（如 PLC、PC 等）之间需要传送比现场层更大量的数据，但通信的实时性要求低于现场层。

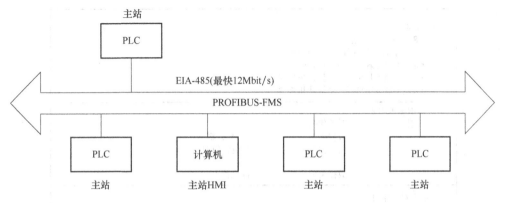

图 6-5 典型的 FMS 系统

PROFIBUS-FMS 的基本特征如下：

1）为连接智能现场设备而设计，如 PLC、PC 和人机界面（Man-Machine Interface，MMI）等。

2）强有力的应用服务提供广泛的功能。

3）面向对象的协议。

4）多主机和主/从通信。

5）点对点、广播和局部广播通信。

6）周期性和非周期性的数据传输。

7）每个设备的用户数据多达 240B。

8）由主要 PLC 制造商支持。

9）产品线丰富，如 PLC、PC、VME（Versa Module Eurocard）、MMI 和智能 I/O 等。

1. PROFIBUS-FMS 应用层

PROFIBUS-FMS 应用层为用户提供了通信服务。这些服务包括访问变量、程序传递和事件控制等。PROFIBUS-FMS 应用层包括下面两部分：

1）FMS：描述了通信对象和应用服务。

2）LLI：用于将 FMS 适配到 OSI 参考模型第 2 层的接口。

2. PROFIBUS-FMS 通信模型

利用通信关系，PROFIBUS-FMS 将分散的过程统一到一个共用的过程中。在该应用过程中，可用来通信的现场设备称为虚拟现场设备（VFD），在实际现场设备与 VFD 之间设立一个通信关系表。通信关系表是 VFD 通信变量的集合，如零件数、故障率和停机时间等。VFD 通信关系表完成对实际设备的通信。

3. 通信对象与对象字典

PROFIBUS-FMS 面向对象通信，确认 5 种静态通信对象：简单变量、数组、记录、域和事件，还确认两种动态通信对象：程序调用和变量表。每个 FMS 设备的所有通信对象都填入对象字典。对简单设备，对象字典可以预定义，对复杂设备，对象字典可以本地或远程通过组态加到设备中去，如图 6-6 所示。静态通信对象进入静态对象字典，动态通信对象进入动态对象字典。每个对象均有一个唯一的索引，为避免非授权存取，每个通信对象可选用存取保护。

```
头部
•ROM/RAM标志
•名字长度，访问保护，OD版本
•静态OD的第一个指针和长度
•数据类型OD的第一个指针和长度
•动态OD部分的第一个指针和长度
```

数据类型字典		
索引	对象代码	含义
1	数据类型	8位整数型
2	数据类型	16位整数型
⋮		
6	数据类型	浮点型

静态对象字典				
指针	对象代码	数据类型	内部地址	符号
20	VAR	1	4711H	件数
21	VAR	2	5000H	停机时间
22	VAR	6	100H	故障率

图 6-6　对象字典

4. PROFIBUS-FMS 服务

PROFIBUS-FMS 服务项目是 ISO 9506 的制造信息规范（MMS）服务项目的子集。这些现场总线在应用中已被优化，而且还加上了通信提出的广泛需求，服务项目的选用取决于特定的应用，具体的应用领域在 PROFIBUS-FMS 行规中规定。

5. 低层接口

第 7 层到第 2 层服务的映射由 LLI 来解决，其主要任务是数据流控制和连接监视。用户通过称为通信关系的逻辑通道与其他应用过程进行通信，PROFIBUS-FMS 设备的全部通信关系都列入通信关系表（CRL），每个通信关系通过通信索引（CREF）来查找，CRL 中包含了 CREF 和第 2 层及 LLI 地址间的关系。

6. 网络管理

PROFIBUS-FMS 提供网络管理功能，由现场总线管理层第 7 层来实现，其主要功能有：上下关系管理、配置管理和故障管理等。

7. PROFIBUS-FMS 行规

PROFIBUS-FMS 提供了范围广泛的功能来保证它的普遍应用。在不同的应用领域中，具体需要的功能范围必须与具体应用要求相适应。设备的功能必须结合应用来定义，这些适应性定义称之为行规，行规提供了设备的可互换性，保证不同厂商生产的设备具有相同的通信功能。PROFIBUS-FMS 行规包括控制器间通信行规、楼宇自动化行规和低压开关设备行规。

6.4 PROFIBUS-DP

PROFIBUS-DP 用于设备级之间的高速数据传送，中央控制器通过高速串行线同分散的现场设备（如 I/O、驱动器和阀门等）进行通信，大多数数据交换都是周期性的，此外，智能化现场设备还需要非周期性通信，以进行配置、诊断和报警处理。

1. 设备类型

如图 6-7 所示，PROFIBUS-DP 由不同类型的设备组成，在同一总线上最多可连接 127 个站点，站点类型有以下 3 种。

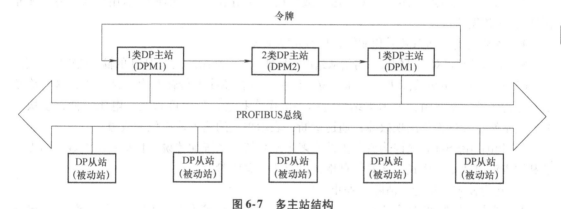

图 6-7　多主站结构

1）1 类 PROFIBUS-DP 主站（DPM1）。1 类 PROFIBUS-DP 主站是中央控制器，在预定的周期内，它与分散的站（如 DP 从站）交换信息。同一类总线上允许有多个 DPM1，典型的 DPM1 如 PLC 或 PC。

2）2 类 PROFIBUS-DP 主站（DPM2）。2 类 PROFIBUS-DP 主站是编程器、组态设备或操作面板，在 PROFIBUS-DP 系统组态操作时使用，完成系统操作和监视目的。一般同一总线上只有 1 个 2 类主站。

3）PROFIBUS-DP 从站。PROFIBUS-DP 从站是进行输入和输出信息采集与发送的外围设备（I/O 设备、驱动器、HMI 和阀门等）。图 6-8 所示为各类型设备的主要功能。

2. 基本功能

PROFIBUS-DP 的主站周期性地读取设备输入信息，并向从站发送输出信息，总线循环时间必须要比中央控制的循环时间短。

PROFIBUS-DP 的基本特性如下：

1）采用 EIA-485 双绞线或光纤，通信速率为 9.6kbit/s～12Mbit/s。在一个有着 32 个站点的分布系统中，DP 对所有站点传送 512 位输入和 512 位输出，在 12Mbit/s 时只需 1ms。

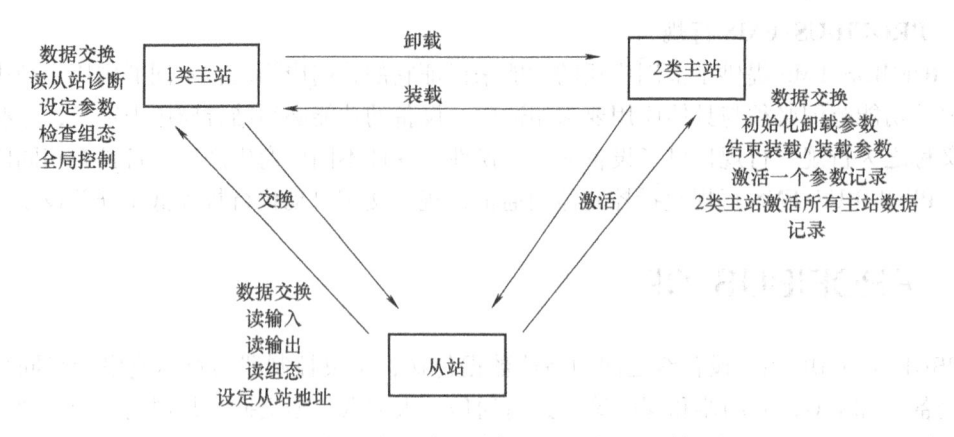

图6-8　各类型设备的主要功能

2）各主站间为令牌传送，主站与从站间为主-从传送，支持单主或多主系统，总线上最多站点（主-从设备）数为127。

3）通信：点对点（用户数据传送）或广播（控制指令）。循环主/从用户数据传送和非循环主/主数据传送。

4）各从站支持动态激活和撤销，检查从站配置。

5）通过总线可对主站配置，可给从站设定地址，每个从站最大为246B的输入或输出空间。

6）诊断功能可对故障进行快速定位，诊断信息在总线上传输并由主站收集，这些诊断信息分为3类：站诊断，表示本站设备的一般操作状态，如温度过高，电压过低；模块诊断，表示站点 I/O 模块出现故障；通道诊断，表示单独的输入输出位的故障。

7）PROFIBUS-DP 允许构成单主站或多主站系统。系统配置说明包括：站点数、站点地址和输入输出数据的格式、诊断信息格式以及所用总体参数。

8）运行模式：运行、清除和停止。

9）同步。控制指令允许输入和输出同步，同步模式为输出同步，锁定模式为输入同步。

10）可靠性和保护机制。所有信息的传输按海明距离 HD = 4 进行，从站带看门狗定时器（Watchdog Timer）对从站的输入/输出进行存取保护，主站上带可变定时器的用户数据传送监视。

3. 扩展功能

PROFIBUS-DP 扩展功能是对其基本功能的补充，与基本功能兼容。扩展功能的实现通常采用软件更新的方法，详细规格参阅 PROFIBUS-DP 技术准则 2.082 号。

1）DPM1 与从站间非循环数据传输。一类主站与从站间的非循环通信功能是通过附加的服务存取点 SAP51 执行的。在服务执行顺序中，DPM1 与从站间建立的连接称为 MSAC-C1，它与 DPM1 与从站间的循环数据传送紧密联系在一起，当连接点成功建立后，通过 MSAC-C1 连接进行非循环数据传送，如图6-9

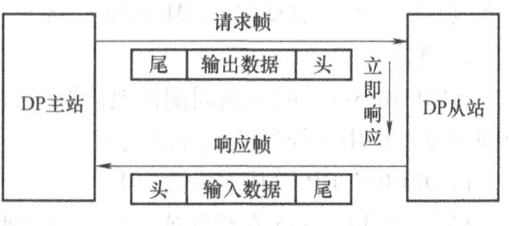

图6-9　读服务器执行过程

所示。

2）报警响应。PROFIBUS-DP 的基本功能允许从站通过诊断信息向主设备自发地传送事件，新的 DDLM_Alarm_Ack 功能提供了流控制，用于显示响应从 DP 从站上收到的报警数据。

3）DPM2 与从站间的扩展数据传送。PROFIBUS-DP 扩展允许一个或几个诊断或操作员设备对从站的任何数据块进行非循环读/写服务，这是以连接为主进行的通信，这种连接称之为 MSAC-C2。

4．GSD 文件

生产厂商必须以电子设备数据库文件（GSD）方式描述不同厂商生产的 PROFIBUS 产品的功能参数（如 I/O 点数、诊断信息、传输速率和时间监视等），目的是为了将不同厂商生产的 PROFIBUS 产品集成在一起，如图 6-10 所示。标准的 GSD 数据将通信扩大到操作员控制级，使用根据 GSD 所做的组态工具可将不同厂商生产的设备集成在同一总线系统中。

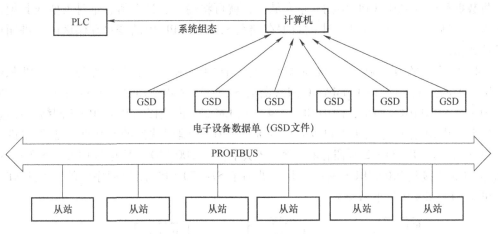

图 6-10　用 GSD 文件进行配置

GSD 文件可分为以下 3 个部分：

1）总规范。包括生产厂商和设备名称、硬件和软件版本、传输速率、监视时间间隔和总线插头指定信号等。

2）与 PROFIBUS-DP 主站有关的规范。包括适用于主站的各项参数，如允许从站个数、上载/下载能力等。

3）与 PROFIBUS-DP 从站有关的规范。包括与从站有关的一切规范，如输入/输出通道数、类型和诊断数据等。

5．行规

PROFIBUS-DP 行规规定了用户数据如何在总线各站之间进行传递，对用户数据的定义做了具体说明，并规定了应用领域，保证了不同厂商所生产设备的互换性。

1）NC/RC 行规（订单号：3.052）。说明了通过 PROFIBUS-DP 对操作和装配机器的控制方法。

2）编码器行规（订单号：3.062）。说明了带单转或多转分辨率的旋转编码器、线性编码器与 PROFIBUS-DP 的连接。

3）传动行规（订单号：3.071）。规定了调速设备如何参数化，以及如何传送设定值和实际值。

4）操作员控制和过程监视（HMI）行规（订单号：3.082）。规定了操作员控制和过程监视设备如何通过网络连接到自动化设备上。

6. S7-200 接入 PROFIBUS-DP 网络

PROFIBUS 网络经过其 DP 通信端口，连接到 EM 277 模块，该端口的通信速率支持9.6kbit/s ~ 12Mbit/s。通过 EM 277 模块，可将 S7-200 接入 PROFIBUS-DP 网络进行通信，EM 277 经过串行 I/O 总线连接到 S7-200 CPU。EM 277 模块在 PROFIBUS 网络中只能作为PROFIBUS 从站。作为 DP 从站，EM 277 模块接收由主站提供多种不同的 I/O 配置，向主站发送和接收不同数据量的数据，这种特性使用户能修改所传输的数据量，以满足实际应用的需要。EM 277 模块不仅能传输 I/O 数据，还能读写 S7-200 CPU 中定义的变量数据块，这是其与许多 DP 从站的不同之处，这种情况下，用户能与主站交换任何类型的数据。通信时，首先将数据移到 S7-200 CPU 中的变量存储区，就可将输入、计数值、定时器值或其他计算值传送到主站。类似地，从主站来的数据存储在 S7-200 CPU 中的变量存储区内，进而可移到其他数据区。

EM 277 模块的 DP 端口可连接到网络上的一个 DP 主站上，但仍能作为一个 MPI 从站与同一网络上的其他主站（如 SIMATIC 编程器或 S7-300/S7-400 CPU 等）进行通信。图 6-11所示为一个 PROFIBUS 网络，图中 CPU 224 通过 EM 277 模块接入 PROFIBUS 网络，在这里，CPU 315-2 是 DP 主站，该主站已通过一个带有 STEP7 编程软件的 SIMATIC 编程器进行组态。CPU 224 是 CPU 315-2 所拥有的一个 DP 从站，ET 200 I/O 模块也是 CPU 315-2 的从站。S7-400 CPU 连接到 PROFIBUS 网络，并且借助于 S7-400 CPU 用户程序中的"X_GET"指令，可从 CPU 224 中读取数据。

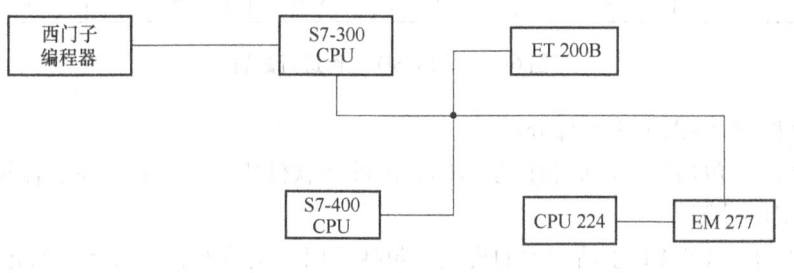

图 6-11　PROFIBUS 网络

6.5　PROFIBUS-PA

PROFIBUS-PA 适用于过程自动化领域，它将自动化系统和过程控制系统与压力、湿度和液位变送器等现场设备连接起来，可用来替代直流 4 ~ 20mA 的模拟信号，二者的对比如图 6-12 所示。

PROFIBUS-PA 具有如下特性：

1）适合过程自动化应用的行规，使不同厂商生产的现场设备具有互换性。

2）添加和移除总线节点，即使在本质安全地区也不会影响到其他节点。

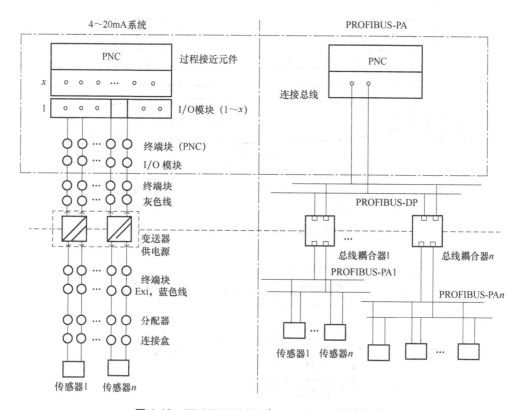

图 6-12　PROFIBUS-PA 与 4~20mA 系统的比较

3）在过程自动化的 PROFIBUS-PA 段与制造业自动化的 PROFIBUS-DP 总线段之间通过耦合器连接，并使之实现两段间的透明通信。

4）使用与 IEC 61158-2 技术相同的双绞线完成远程供电和数据传送。

5）在潜在的爆炸危险区可使用防爆型"本质安全"或"非本质安全"。

1. PROFIBUS-PA 传输协议

PROFIBUS-PA 采用 PROFIBUS-DP 的基本功能来传送测量值和状态，并用扩展的 PRO-FIBUS-DP 功能来制定现场设备的参数和进行设备操作。PROFIBUS-PA 中对应 OSI 参考模型的第 1 层采用 IEC 61158-2 技术，第 2 层和第 1 层之间的接口在 DIN 19245 系列标准的第 4 部分做了规定。

2. PROFIBUS-PA 行规

PROFIBUS-PA 行规保证了不同厂商所生产的现场设备的互换性和互操作性，图 6-13 所示是 PROFIBUS-PA 的一个组成部分。行规的任务是选用各种类型现场设备真正需要的通信功能，并提供这些设备功能和设备行为的一切必要规格，行规包括适用于所有设备类型的一般要求和用于各种设备类型配置信息的数据单。

PROFIBUS-PA 行规使用功能块模型，该模型也符合国际标准化。目前 PROFIBUS-PA 行规已对所有通用的测量变送器和其他选择的一些设备类型做了具体规定，包括压力、液位、温度和流量传感器、数字 I/O、模拟量 I/O、阀门和定位器等。图 6-14 所示为压力变送器的原理示意图。

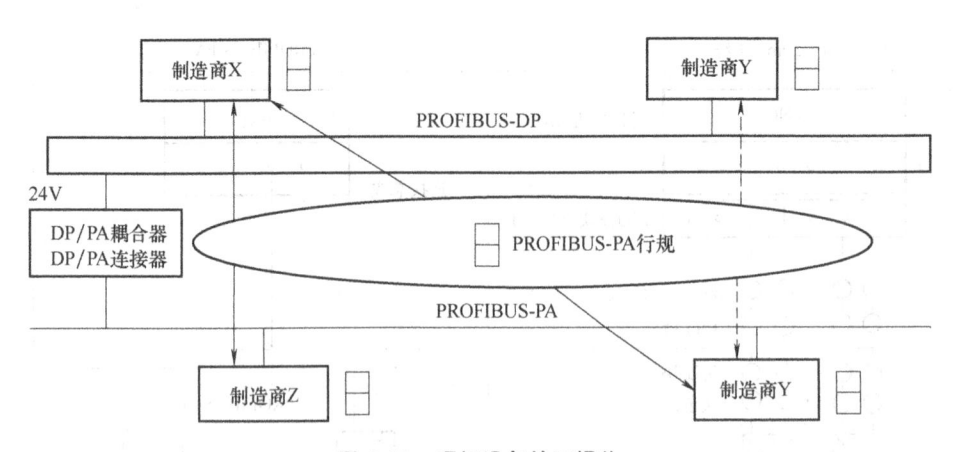

图 6-13 现场设备的互操作

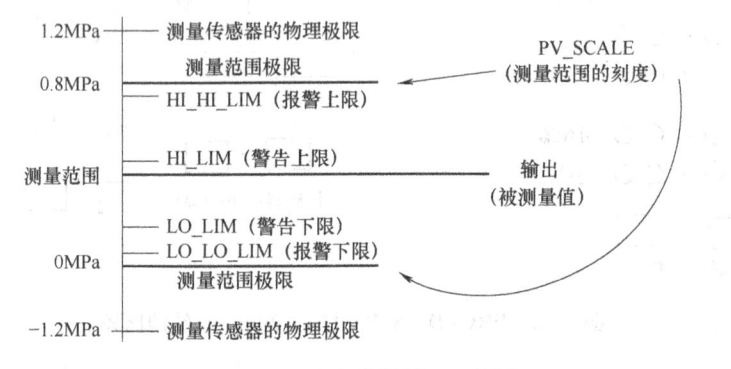

图 6-14 压力变送器原理示意图

每个设备都提供规定的参数，见表 6-2。

表 6-2 模拟量输入功能块参数

参　数	读	写	功　能
OUT	●		过程变量的现在测量值和状态
PV_SCALE	●	●	过程变量范围的上/下限的刻度、单位及小数点后的数字个数
PV_FTIME	●	●	功能块输出启动时间（以秒为单位）
ALARM_HYS	●	●	报警功能的滞后是测量范围的百分之几
HI_HI_LIM	●	●	报警上限：若超过，则报警和状态位设定为 1
HI_LIM	●	●	警告上限：若超过，则警告和状态位设定为 1
LO_LIM	●	●	警告下限：若过低，则警告和状态位设定为 1
LO_LO_LIM	●	●	报警下限：若过低，则报警和状态位设定为 1
HI_HI_ALM	●		带有时间标记的报警上限的状态
HI_ALM	●		带有时间标记的警告上限的状态
LO_ALM	●		带有时间标记的警告下限的状态
LO_LO_ALM	●		带有时间标记的报警下限的状态

3. 现场供电

如图 6-15 所示，PROFIBUS-PA 可对现场设备供电，但是要求总线电流小于 120mA，每个现场设备保证不低于 10mA。因此，对于爆炸危险区，一条总线上的设备数目不能超过 10个，而对于非爆炸危险区则可达到 30 个。

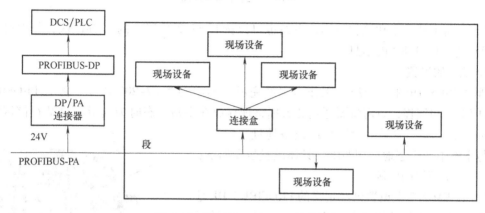

图 6-15　PROFIBUS-PA 现场供电

6.6　PROFIBUS 的应用

6.6.1　S7-200 PLC 与 S7-300 PLC 之间总线通信的实现

1. 控制要求

采用 PROFIBUS-DP 通信方式实现 S7-200 PLC 和 S7-300 PLC 之间的数据通信。S7-200 PLC 不支持 DP 通信协议，自身也不带 PROFIBUS-DP 接口，不能直接为从站，但可以通过添加 EM 277 模块手动设置 DP 地址，将 S7-200 PLC 作为从站连接到 PROFIBUS-DP 网络中。

2. 设备配置

主站选择 S7-300 PLC 的 CPU 314C-2DP。CPU 314C-2DP 控制器配置为 DC24V、数字量24DI/16DO、模拟量 5AI/2AO、Flash EPROM 微存储器卡（MMC）、带有 MPI 接口和 DP 总线接口。电源模块选用 PS307 2A，硬件组态、参数配置及程序的编写在 STEP7 V5.3 软件内完成。

从站选择 S7-200 PLC 的 CPU 226 与 EM 277 模块，将两个模块配合使用，通过 EM 277模块可将 S7-200 PLC 连接到 PROFIBUS-DP 网络上。S7-200 PLC 的通信编程采用 STEP Micro/Win 4.0 SP5 软件完成，在通信中需要使用输入/输出缓冲区，该缓冲区在 S7-200 PLC的变量存储器 V 中。

如图 6-16 所示，EM 277 通过串行 I/O 总线连接到 CPU 226 的扩展口上，CPU 314C-2DP 上的 DP 口通过 PROFIBUS-DP 总线与 EM 277 上的模块相连构成 PROFIBUS 网络，其中CPU 314C-2DP 作为系统的主站，完成组建网络的功能。

EM 277 PROFIBUS-DP 模块是智能模块，其 EIA-485 接口是隔离型的，端口波特率为9.6kbit/s～12Mbit/s，能自适应系统的通信速率。作为 DP 从站，EM 277 接收来自主站的

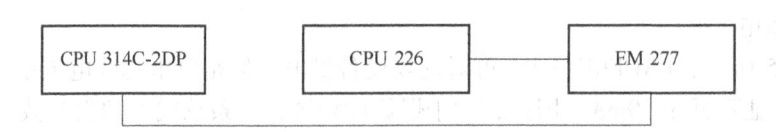

图 6-16   系统外部接线图

I/O 组态，向主站发送和接收数据，主站也可以读写 S7-200 PLC 的 V 存储区，每次可以与 EM 277 交换 1~128B 的信息。

3. 从站的设置

PROFIBUS-DP 的所有组态工作由主站完成，不需要在 S7-200 PLC 一侧对 PROFIBUS-DP 通信组态和编程，只需将要通信的数据整理存放在主站组态时为其指定的 V 存储区地址里就可以了。从站主要是设置从站设备地址，该地址必须与主站中的组态地址相匹配。具体设置步骤如下：

1）关闭模块的电源。

2）在 EM 277 上设置已经定义的 PROFIBUS-DP 地址。假设主站组态时将从站地址设为"3"，则转动图 6-17 中箭头所指的地址开关，使开关指向从站所需的数字"3"。

3）打开模块电源。只有在重新打开电源之后，系统才能识别新设置的 PROFIBUS-DP 从站地址。

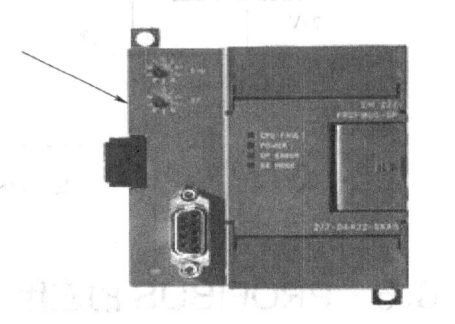

图 6-17   设置从站地址

4. 主站的硬件组态

（1）有关硬件组态   在运行 PROFIBUS 系统之前，需要先对系统及各站点进行硬件配置和相关参数设置，即对系统进行硬件组态。这项工作可以由 STEP7 编程软件来实现，该软件集成了 PROFIBUS 系统中主要设备的所有通信功能。

1）在 STEP7 编程软件中生成一个与实际硬件系统完全相同的系统，包括生成机架和模块、CPU 型号/参数设置、网络参数设置、远程从站硬件配置、模块地址分配、主-从站数据传输时的输入/输出字（或字节）数及通信映像区地址和系统故障模式设定等内容。

2）设置系统诊断。通过设置系统诊断，可以实现在线检测系统并找到故障点，进而读到故障的提示信息，可以通过两种方式显示信息。

① 快速浏览 CPU 的数据和用户编写的程序在运行中显示的故障原因。

② 用图形方式显示硬件配置（如模块的一般信息、模块的状态和模块的故障）以及诊断缓冲区的信息等。

CPU 也可以显示循环周期、已占用和未占用的存储区、通信的容量和利用率以及显示性能数据等众多信息。

3）第三方设备集成及 GSD 文件。当 PROFIBUS 系统中需要使用第三方设备时，应该得到设备厂商提供的 GSD 文件，将 GSD 文件复制到 STEP7 或 COM PROFIBUS 软件指定目录下，使用 STEP7 或 COM PROFIBUS 软件可在用户界面指导下完成第三方产品在系统中的配置及参数设置等工作。

（2）硬件组态的操作过程   此处要完成的任务是对 EM 277 和 S7-300 PLC 构成的系统进行硬件配置、参数设置，然后在主站和从站之间组态数据通信。

1）在 SIMATIC 管理器中创建一个新项目"EXAMPLE"，在新项目中插入一个 S7-300 PLC 站和 PROFIBUS-DP 网络，如图 6-18 所示。

图 6-18　创建一个新项目

2）打开"HW Config"编辑器，然后插入机架、电源和 CPU 314C-2DP，将 CPU 连接到 PROFIBUS 网络，如图 6-19 所示。

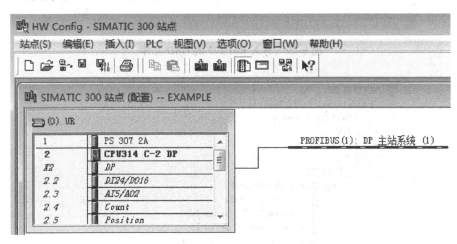

图 6-19　硬件配置

3）导入 GSD 文件，如图 6-20 所示。通过 GSD 文件将 EM 277 集成到 STEP7 的硬件目录中（因为在默认情况下的硬件目录中不包含该硬件）。EM 277 的 GSD 文件名为"SIEM089D. GSD"，可以在 SIMATIC 客户支持网站下载。

4）如图 6-21 所示，如果 GSD 文件安装成功，在右侧的设备选择列表中就可以找到 EM 277 从站，路径为"PROFIBUS DP"→"Additional Field Devices"→"PLC"→"SIMATIC"→"EM 277 PROFIBUS-DP"，根据通信字节数选择通信方式，在这里选择 2 字节输出/2 字节输入的方式。

5）将 EM 277 模块添加到 PROFIBUS-DP 网段，然后设置该从站地址。软件组态的 EM 277 PROFIBUS 站地址要与实际 EM 277 上的拨码开关设定的地址一致，根据 EM 277 上的拨码开关设定从站的地址，组态地址也设为 3，如图 6-22 所示。

6）要完成主站和从站之间的数据通信，需要在通信两端为接收和发送数据定义地址区，在 S7-200 PLC 中，这些区域位于变量存储区 V 中。

在本例组态中，为接收和发送数据定义了 2B 长度的数据，已经选择的接收和发送地址区及数据交换的情况如图 6-23 所示。

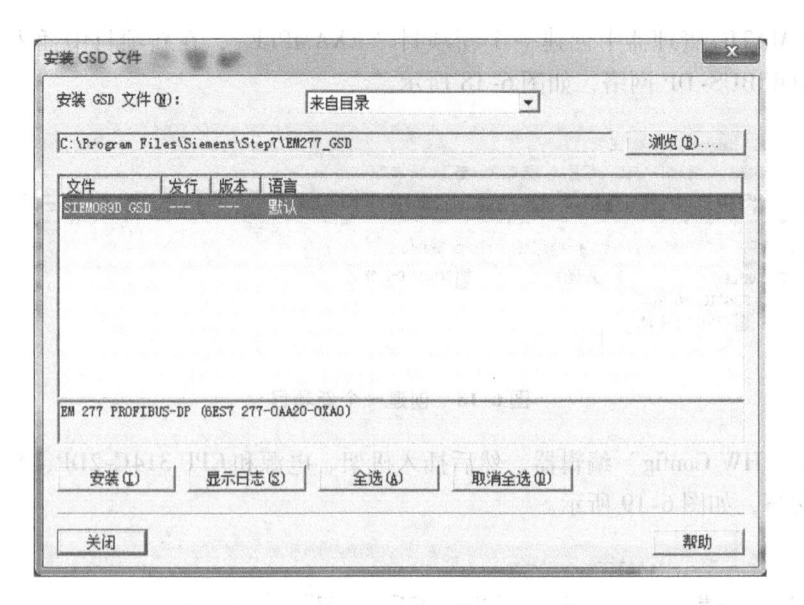

图 6-20 导入 EM 277 的 GSD 文件

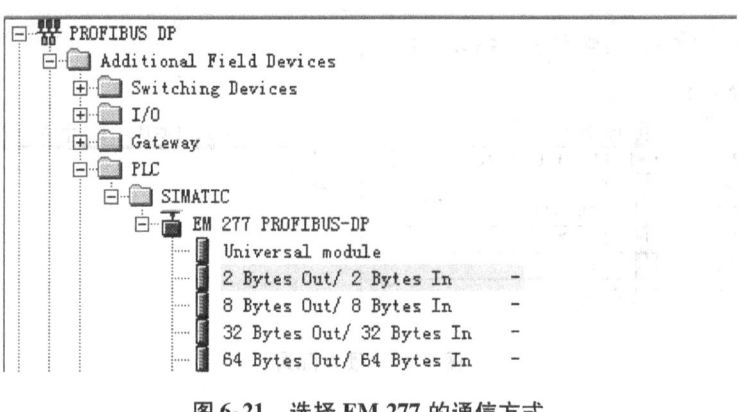

图 6-21 选择 EM 277 的通信方式

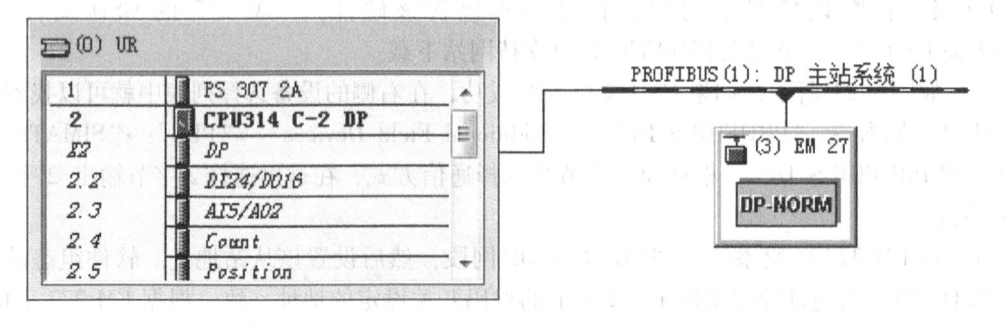

图 6-22 设置 EM 277 的地址

设定 S7-300 PLC 的数据接收区地址为 IB10 和 IB11，发送区地址为 QB10 和 QB11，S7-200 PLC 的数据接收区地址为 VB100 和 VB101，发送区地址为 VB102 和 VB103。

7）修改 S7-300 PLC 的数据接收区和发送区的起始地址。此外，还要根据所选择的输

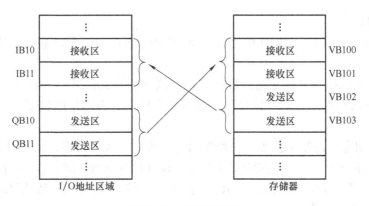

图 6-23　数据的交换

入/输出模块，指定数据通信所使用的数据一致性的类型。

8）打开 EM 277 模块的属性对话框，然后通过参数 V 存储器中的 I/O 偏移指定接收区的起始地址（见图6-24），选择 VB100 作为起始地址。如果没有手动指定，则系统自动在接收区之后附加发送区。

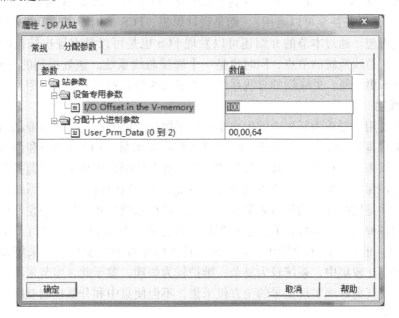

图 6-24　指定接收区的起始地址

9）保存并编译组态文件，然后将组态下载到 S7-300 PLC 中。

5. 运行结果

VB100 和 VB101 是 S7-300 PLC 写到 S7-200 PLC 的数据，其值对应于 S7-300 PLC 的 QB10 ~ QB11；VB102 ~ VB103 是 S7-300 PLC 从 S7-200 PLC 读取的数据，其值对应于S7-300 PLC 的 IB10 ~ IB11。如果要把 S7-200 PLC 的 MB3 的值传送给 S7-300 PLC 的 MB10，则应在 S7-200 PLC 的程序中用 MOVB 指令将 MB3 传送到 VB102 ~ VB103 中的某个字节中。通过通信，VB102 的值传送给 S7-300 PLC 的 IB10，在 S7-300 PLC 的程序中将 IB10 的值再传送给 MB10。

6. 注意事项

1）在运行时，可以用 STEP7 的变量表和 STEP7-Micro/Win 的状态表来监控通信中交换的数据。

2）在数据通信中，主站发送的数据存储在从站的接收区（变量存储区）中。S7-200 PLC 的用户程序必须将此数据"转移"到其他数据区中，否则这些数据将在下一次数据发送时被覆盖。

3）在硬件组态中需要注意数据一致性问题。数据一致性是指在 PROFIBUS-DP 进行数据传输时，数据的各个部分不会割裂开来传输，保证同时更新，即字节一致性保证字节作为整个单元传送，字一致性保证组成字的两个字节一起传送，缓冲区一致性保证数据的整个缓冲区作为一个整体一起传送。

6.6.2 PROFIBUS 在制冷站监控系统中的应用

本节介绍的基于 PROFIBUS 的监控系统是对原工厂制冷站监控系统的技术改造与产品升级，由此可以看出，现场总线控制系统（FCS）不但可以设计复杂的现代控制系统，而且可以用于对传统集散控制系统（DCS）的技术改造。FCS 与 DCS 的区别重点不是硬件设备（在一定程度上其设备甚至可以通用），而是设计思想，FCS 采用不同于 DCS 的彻底分散化、数字化的控制思想。通过本节的介绍还可以发现 FCS 也是可以具有层次结构的，一个单元节点可以是上层总线系统的节点，同时也是一个底层总线系统。该处提到的 AS-i 总线是一种比 PROFIBUS 更简便、更底层的总线系统，本书第 8 章会对其做详细介绍。

1. 系统概述

制冷站主要用于夏季为某企业的生产车间提供保持恒温的冷气，该企业动力车间的制冷站设备包括 4 台蒸汽型吸收式制冷机、6 台 132kW 冷却水泵、3 座冷却塔和两台补水泵。系统自安装运行以来，一直未进行技术改造和升级，现有控制系统特别是其监控系统设备已经严重老化，维护保养困难，故障率不断升高，系统急需升级改造。目前，系统有两种可行的改造方案，一种是按照以往的信号采集和控制方式进行系统更新，另一种是利用总线技术完成信号采集和各种动作的执行，前者是典型的集散控制系统（DCS），而后者是现场总线控制系统（FCS）。前者改造风险较小，但是采用传统的单线方式实现信号采集和传输，信号线路密集，控制比较集中，系统较为复杂，维护较为烦琐。鉴于此，本节采用总线技术对系统进行改造，使其更好地实现信号的全方位采集，不但使集中和分散控制兼顾，而且还可以实现企业信息的集成。

2. 系统网络架构

本系统的核心设备是 4 台大型制冷机，每台设备需要监测的工艺参数有近 60 个。另外，在冷冻水、冷却水和冷却塔等管路上，有温度、压力、水位、流量等检测信号 50 多个，这些信号分布在 300m 左右的范围内，比较分散。考虑到现场实际情况，采用基于 PROFIBUS 现场总线技术的现场总线控制系统（FCS）进行制冷站的技术升级改造。控制系统的网络架构如图 6-25 所示。

4 台制冷机各自作为一个从站，即 4#~7#，制冷机的控制系统为早期研发的产品，不能直接连接到 PROFIBUS-DP 网络，需增加配置原有系统的通信模块，结合德国赫优讯（Hilscher）公司的 NT30 总线桥，通过 Modbus/PROFIBUS 总线转换模块进行数据转换，方

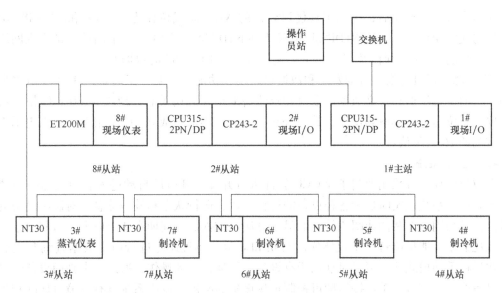

图 6-25　控制系统的网络架构

可将其接入 PROFIBUS 网络。

　　系统原有的压力、温度等传感器信号，并未配置标准信号变送器，本次系统改造将原有传感器更换为德国 E＋H 公司的温度、压力及流量标准信号传感器和变送器，从而实现对制冷站控制系统基础模拟信号的采集。这些信号大多分布在制冷机车间的管路上，依据就近原则，可以将它们集成在现场的 8#从站，进行信号采集。

　　现场蒸汽的温度、压力、瞬时流量和累计流量信号的采集采用原有设备，其二次仪表可动态显示上述数据，本项目在二次仪表上添加通信功能模块，使其接入 PROFIBUS 网络，实现数据读取，该从站为 3#。

　　控制室设有一个主站（1#）和一个从站（2#），主站和从站结构基本相同，所连接设备也相同，从站作为主站的安全备份。二者唯一的区别是主站通过工业以太网（PROFINET）与系统上层连接，操作员站通过网关和整个监控系统相连。1#和 2#站中接入的大部分信号都是控制水泵软起动器、冷却塔、补水泵以及手动控制使用的开关量信号，主站和备份从站都是由一个基于 AS-i 的总线系统构成，该 AS-i 总线网络作为 PROFIBUS 网络的子网络存在。

3. 关键技术

　　制冷站监控系统改造的关键技术集中在 3 个环节，分别是实现冷冻水循环系统的智能控制，通信模块的选用和全面统计循环泵、制冷机、冷却塔、补水泵和控制系统等设备的耗电量并进行分析。本监控系统的控制采用模糊控制，由于智能控制与功耗分析非本节核心，故只对通信模块的选用进行介绍。

　　现场的制冷机采用蒸汽式溴化锂制冷机，选用具有 Modbus 通信协议的通信模块来读取制冷机内部参数。另外，系统中蒸汽的温度、压力、瞬时流量和累计流量信号的采集采用西比克（Ceebic）公司的二次仪表，将仪表增配 EIA-485 接口，采用 EIA-485/PROFIBUS 的转换模块实现网络连接。目前市场上有多款总线桥产品用于实现串口通信设备与总线网络的挂接，但是不同类型及厂商的产品其性能、可靠性及使用便利性等方面存在诸多差异。在分析和试用多个总线桥产品后，选用了赫优讯公司的 NT30 总线桥作为 Modbus 和 EIA-485 串口通信的总线转换设备，使用 NTDPSMBR. N34 和 NTDPSASC. N34 这 2 个固件分别实现网络与三洋制冷机的 Modbus 通信及与 Ceebic 公司二次仪表 EIA-485 的数据通信。

NT30 总线桥具有指令自动发送和数据自动接收功能，需要注意的是，Modbus 有多种通信指令，而设备厂商在定义数据读取时和总线桥的格式有所关联，使用 NT30 总线桥进行通信时要注意位信息的读取和操作，其 ". coil" 位一定不能写成 0，而是用 1～16 来表示 1 个存储空间的 16 个位信息。

4. 上位机系统

上位机监控系统采用西门子 WinCC 软件进行开发，开机后自动进入制冷站监控系统的主监控画面，系统能实时显示各种设备的运行参数、运行状态和故障信息。对制冷设备的历史数据记录采用棒图和曲线图相结合的显示方法，数据保存周期在 2 年以上，对制冷系统的运行能耗数据、能耗趋势，不仅能实时分析和显示，而且还能进行历史数据查询和报表打印。在远程手动模式下，可以对现场所有设备进行远程手动操作，通过单击画面设备图案能弹出设备控制子窗口，单击按钮即可控制现场设备的起停。制冷系统具有故障自诊断和报警功能，报警信息包含机组编号、位置、故障发生日期和时间等。运行系统涵盖了完整详细的帮助系统，以方便操作人员快速熟悉常见和重要操作的详细流程、操作方法以及常见事故的处理方法等。

第 6 章习题

6-1　在 PROFIBUS 总线系统中，以远程从站选取数据为例，使用通信服务 READ，画出相应顺序图，并进行相应说明。

6-2　简述 PROFIBUS 的基本特性。

6-3　采用 80C165 和 ASPC2 芯片进行基于 PROFIBUS 总线的通信系统设计，并进行说明。

6-4　举例说明 PROFINET 的应用，并对各部分的主要功能进行说明。

第7章

CAN 总线技术

控制器局域网（Controller Area Network，CAN）总线技术是德国罗伯特·博世（Robert Bosch）公司（以下简称博世公司）为解决现代汽车内部众多测量控制部件之间的数据交换问题，于1986年开发出的串行数据通信现场总线。与传统硬接线方式相比，CAN总线可以采用较少的信号线来连接汽车上各种电子设备，减少了安装和维护成本，同时增强了数据传输的可靠性。

CAN总线为串行通信协议，能有效地支持具有很高安全等级的分布实时控制。CAN总线的应用范围很广，从高速的网络到低价位的多路配线都可以使用。在汽车电子行业里，使用CAN总线连接发动机控制单元、传感器和防滑系统等，其传输速率可达1Mbit/s。同时，可以将CAN总线安装在汽车本体的电子控制系统里，如车灯组、电气车窗等，用以代替接线配线装置。CAN总线的高性能和可靠性已被认同，并被广泛地应用在工业自动化、船舶、医疗设备、工业设备等方面。

7.1 CAN 总线简介

7.1.1 CAN 总线的发展历程

1. 从理论到第一块芯片

早在20世纪80年代初，博世公司的工程人员就在探讨将现有的串行总线系统运用于轿车的可能性，因为还没有一个网络协议能够完全满足汽车工程的要求。1983年，Uwe Kiencke 开始设计一个新的串行总线系统，新的总线协议受支持，主要是因为增加了新的功能，减少了导线的用量。这仅仅是从产品的角度来看的，但它不是推动CAN发展的动力，梅赛德斯-奔驰（Mercedes-Benz）公司的工程人员早就介入到这个新总线系统的规范制定之中，作为主要的半导体厂商，Intel公司也介入其中。德国布伦瑞克/沃尔芬比特（Braun-schweig/Wolfenbü ttel FH）应用技术大学的教授 Dr. Wolfhard Lawrenz 作为顾问，他给这个新的网络协议起名为"控制器局域网（Controller Area Network）"，Karlsruhe 大学教授 Horst Wettstein 博士提供了理论上的帮助。

1986年2月的机动车工程师学会（SAE）大会上，博世公司提出了CAN总线技术。这个由博世公司设计的新的总线系统，称为"汽车串行控制局域网"（Automotive Serial Controller Area Network），这是一个最成功的网络协议诞生的时刻。如今，几乎每一辆欧洲生产的新轿车至少装配有一个CAN网络系统。CAN也应用在火车、轮船等其他类型的运输工具以及工业控制方面。CAN是最主要的总线协议之一，它有可能引导世界范围的串行总线系统。仅在1999年，就有近6000万个CAN控制器投入使用，2000年销售了1亿多个CAN芯片。

这是个多主网络协议，其基础是非破坏性仲裁机制，没有中心总线主设（Central Bus Master），这使得总线能以最高优先权没有任何延时地访问报文。除上述所提之外，CAN 的创始者还有博世公司的人员 Wolfgang Borst、Wolfgang Botzenhard、Otto Karl、Helmut Schelling 和 Jan Unruh，他们提出了几类错误检测机制，对错误的处理包括自动断开有问题的总线节点使其余节点之间的通信继续进行。同时，用发送器或接收器的内容作为被传送报文的身份标识，而不是用它们的节点地址。标识作为报文的一部分，同时也具有确定报文在这个系统中的优先级的功能。

此后，对于该改进的通信协议出现了许多发表在出版物上的介绍。直到 1987 年，比原预定时间提前两个月，Intel 公司推出了第一片 CAN 控制芯片——Intel 82526，它是 CAN 协议第一个在硬件上的实现。仅仅用了 4 年时间，理论就变成了现实。不久以后，飞利浦半导体公司推出了 PCA 82C200。在考虑验收过滤和报文处理方面，这两种早先的 CAN 控制器芯片完全不同。一方面，Intel 公司的 FullCAN 比飞利浦半导体公司的 BasicCAN 对相连的微控制器方 CPU 的干预较小；另一方面，FullCAN 装置对可接收的报文数目有限制，而 BasicCAN 控制器的硅片较小。如今，在这些新生代的 CAN 控制器中，它们以同样的模式执行着不同概念的验收过滤和报文处理。

2. 标准化和一致性

20 世纪 90 年代初，博世 CAN 规范（2.0 版）提交作为国际标准。经过几次争论，特别是又有了几个法国主要轿车制造厂提出的"交通工具局域网"（Vehicle Area Network，VAN）后，1993 年 11 月，ISO 便公布了 CAN 的 ISO 11898 标准。同时，CAN 协议中定义了物理层的波特率最高为 1Mbit/s。另外，CAN 数据传送中的错误处理方式也在 1995 年的 ISO 11519-2 中标准化，ISO 11898 标准也由于加入了描述 29 位 CAN 的标识符而得到扩充，不足之处是所有公布的 CAN 规范和标准都有错误和不完整的地方。为了避免 CAN 在使用过程中的不兼容问题，博世公司保证所有 CAN 芯片都要遵照博世 CAN 的参考模式。此外，在德国布伦瑞克/沃尔芬比特应用技术大学，由 Lawrenz 教授牵头，几年来一直在进行 CAN 的一致性测试，这些测试方案是根据国际标准化测试规范 ISO 16845 制定的。

如今，CAN 规范的标准化正在修改过程中。ISO 11898-1 描述了"CAN 数据链路层"，ISO 11898-2 定义了"无错误-误差 CAN 物理层"，ISO 11898-3 规定了"错误-误差物理层"。ISO 11992（卡车和拖车的接口）和 ISO 11783（农业和林业机械）定义了以 CAN 为基础的应用条款，其依据是 SAE J1939。

3. CAN 的前景

CAN 协议颁布至今已有几十年，但它仍然在发展完善。2000 年初，ISO 的任务是要求有关的几个公司定义一项用于 CAN 报文的时间-触发传输（Time-triggered Transmission）的协议。Bernd Mueller 博士和 Thomas Fuehrer 以及博世公司的其他人员同来自半导体工业和学院的专家一起定义"CAN 的时间-触发通信"协议（TTCAN），计划将其国际标准化为 ISO 11898-4。这个 CAN 的扩展现在正在硅片上进行，它不仅允许用 CAN 作时间等间距传送报文和封闭控制循环，也允许在 X-by-Wire 中使用 CAN。因为 CAN 的协议没有变，所以可以利用同样的物理总线发送时间触发报文和事件触发报文。

TTCAN 的扩展增强了 CAN 的生命力。考虑到 CAN 还处在全球市场渗透的初期，即使是保守的估计，也表明在今后 10 ~ 15 年里有很大的发展空间。要强调的是，今后几年美国和远东地区汽车制造业中，会在一系列运输工具上使用 CAN。另外，还在进行新的潜在的大量应用（例如娱乐业），这不仅表现在轿车方面，也表现在家电领域。为了正式批准各种不同的安全考虑和安全临界应用，还要解决几个高层协议方面的问题。德国工业安全专业协会（BIA）和德国安全标准机构（TüV）已经确定基于 CAN 的一些现有的安全系统。CANopen 协议是第一个得到 BIA 试验性批准的标准 CAN 解决方案，DeviceNet 紧跟其后。针对海事应用的 CANopen 结构的批准正在进行中，它是由德国劳氏船级社制定的，这个规范定义了从 CANopen 网络到冗余总线系统的自动转换。

7.1.2 CAN 总线的特点

由于 CAN 总线本身的特点，其应用范围目前已不再局限于汽车行业，而是扩展到了机械工业、纺织机械、农用机械、机器人、数控机床、医疗机械、家用电器及传感器等领域。CAN 已经形成国际标准，并已被公认为是几种最有前途的现场总线之一。

由于采用了许多新技术及独特的设计，CAN 总线与一般的通信总线相比，它的数据通信具有突出的可靠性、实时性和灵活性。其特点可概括如下：

1）CAN 是最早成为国际标准的现场总线之一。

2）CAN 为多主方式工作，网络上任一节点均可在任意时刻主动地向网络上其他节点发送信息，而不分主从。

3）在报文标识符上，CAN 上的节点分成不同的优先级，可满足不同的实时要求，优先级高的数据最多可在 $134\mu s$ 内得到传输。

4）CAN 采用非破坏性总线仲裁技术。当多个节点同时向总线发送信息而出现冲突时，优先级较低的节点会主动地退出发送，而最高优先级的节点可不受影响继续传输数据，从而大大节省了总线冲突仲裁时间，尤其是在网络负载很重的情况下，也不会出现网络瘫痪的情况（以太网则可能）。

5）CAN 节点只需通过对报文的标识符滤波即可实现点对点、一点对多点及全局广播等几种方式传送接收数据。

6）CAN 的直接通信距离最远可达 10km（速率在 5kbit/s 以下），通信速率最高可达 1Mbit/s（此时通信距离最长为 40m）。

7）CAN 上的节点数主要取决于总线驱动电路，目前可达 110 个。在标准帧报文标识符有 11 位，而在扩展帧的报文标识符（29 位）的个数几乎不受限制。

8）报文采用短帧结构，传输时间短，受干扰概率低，数据出错率极低。

9）CAN 的每帧信息都有 CRC 及其他检错措施，具有极好的检错效果。

10）CAN 的通信介质可为双绞线、同轴电缆或光纤，选择灵活。

11）CAN 节点在错误严重的情况下具有自动关闭输出功能，以使总线上其他节点的操作不受影响。

7.1.3 CAN 总线的位数值表示与通信距离

CAN 总线上用"显性"（Dominant）和"隐性"（Recessive）两个互补的逻辑值表示"0"和"1"。当在总线上出现同时发送显性和隐性位时，其结果是总线数值为显性（即

"0"与"1"的结果为"0"），如图 7-1 所示，V_{CAN-H} 和 V_{CAN-L} 为 CAN 总线收发器与总线之间的两接口引脚的电压，信号是以两线之间的"差分"电压形式出现的。在隐性状态，V_{CAN-H} 和 V_{CAN-L} 被固定在平均电压电平附近，V_{diff} 近似于 0。在总线空闲或隐性位期间，发送隐性，显性位以大于最小阈值的差分电压表示。

CAN 总线上任意两个节点之间的最大传输距离与其位速率有关，见表 7-1。这里的最大通信距离是指在同一条总线上两个节点之间的距离。

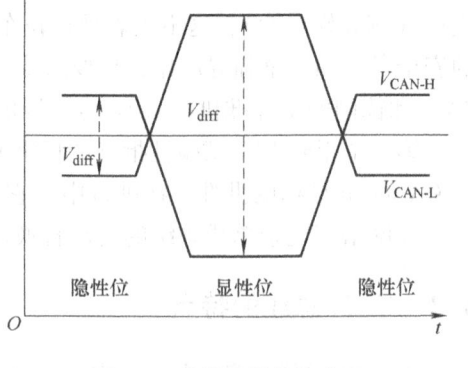

图 7-1 总线位的数值表示

表 7-1 CAN 总线系统任意两节点之间的最大距离

位速率/（kbit/s）	1000	500	250	125	100	50	20	10	5
最大距离/m	40	130	270	530	620	1300	3300	6700	10000

7.2 CAN 技术规范

随着 CAN 的广泛应用，对其技术规范的标准化提出了要求。为此，1991 年 9 月飞利浦半导体公司发布了 CAN 规范 V2.0（CAN Specification Version 2.0）。CAN 规范 V2.0 包括 A 和 B 两部分，CAN 规范 V2.0A 沿用了曾在 CAN 规范 V1.2 中定义的 CAN 报文格式，V2.0B 给出了标准和扩展两种报文格式，CAN 规范 V1.2 中定义的 CAN 报文格式在 V2.0B 中称为报文的标准格式。1993 年 11 月，ISO 正式将 CAN 规范颁布为道路交通运输工具—数字信息交换—高速通信控制器局域网国际标准，即 ISO 11898。除了 CAN 规范本身外，CAN 的一致性测试也被定义为 ISO 16845 标准，用于描述 CAN 芯片的互换性。

制定 CAN 规范的目的是为了在 CAN 总线上的任意两个节点间建立兼容性。CAN 规范主要描述了物理层和数据链路层，CAN 总线上的设备既可与 V2.0A 规范兼容，也可与 V2.0B 规范兼容。

7.2.1 CAN 技术基础

1. CAN 协议

CAN 协议是建立在国际标准化组织的开放系统互联模型基础上的。不过其模型结构只有 3 层，即只取 OSI 底层的物理层、数据链路层和应用层。由于 CAN 的数据结构简单，又是范围较小的局域网，因此不需要其他中间层，应用层数据直接取自数据链路层或直接向链路层写数据，结构层次少，有利于系统中实时控制信号的传送。本技术规范的目的是为了在任意两个 CAN 器件之间建立兼容性。可是，兼容性有不同的方面，比如电气特性和数据转换的解释。为了达到设计的透明度以及实施的灵活性，根据 ISO/OSI 参考模型，CAN 被细分为不同的层次，如图 7-2 所示。

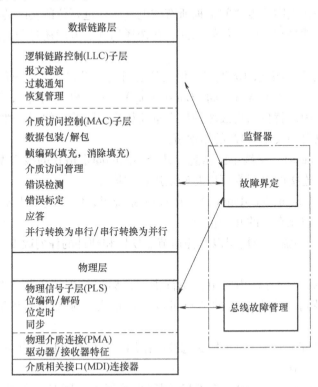

图 7-2　CAN 的 ISO/OSI 参考模型的层结构

（1）数据链路层（DLL）　数据链路层含以下两个子层：

1）逻辑链路控制（LLC）子层。逻辑链路控制子层涉及报文滤波、过载通知和恢复管理。

2）介质访问控制（MAC）子层。介质访问控制子层是 CAN 协议的核心。它把接收到的报文提供给 LLC 子层，并接收来自 LLC 子层的报文。MAC 子层负责报文分帧、仲裁、应答、错误检测和标定，它也受一个名为"故障界定"（Fault Confinement）的管理实体监管。此故障界定为自检机制，以便把永久故障和短时扰动区别开来。

（2）物理层（Physical Layer）　物理层定义信号是如何实际传输的，因此涉及位定时、位编码/解码及同步的解释。本技术规范没有定义物理层的驱动器/接收器特性，以便允许根据它们的应用，对发送媒体和信号电平进行优化。在 CAN V2.0A 规范中，数据链路层的 LLC 子层和 MAC 子层的服务及功能分别被解释为"目标层"和"传输层"。

逻辑链路控制（LLC）子层的作用范围如下：

1）为远程数据请求以及数据传输提供服务。

2）确定 LLC 子层接收的报文中哪些报文实际上被验收。

3）为恢复管理和过载通知提供手段。

介质访问控制（MAC）子层的作用主要是传送规则，也就是控制帧的结构、执行仲裁、错误检测、错误标定（Error Calibration）和故障界定。总线上什么时候开始发送新报文及什么时候开始接收报文，均在 MAC 子层里确定。位定时（Bit Timing）的一般功能也可以看作是 MAC 子层的一部分，显然，对于 MAC 子层是不允许修改的。

物理层的作用是在不同节点之间根据所有的电气属性进行位的实际传输。同一网络的物理层对于所有节点当然是相同的，尽管如此，在选择物理层方面还是很自由。

2. 基本概念

CAN 具有以下特性：报文的优先权；保证延迟时间；设置灵活；时间同步的多点接收；系统内数据的一致性（System Wide Data Consistency）；多主机（对等）；错误检测和错误标定；只要总线处于空闲，就自动将破坏的报文重新传输；将节点的暂时性错误和永久性错误区分开来，并且可以自动关闭 CAN 的错误节点。

（1）报文（Messages） 总线上的信息以几个不同的固定格式的报文发送，但长度受限。当总线空闲时，任何连接的单元都可以开始发送新的报文。

（2）信息路由（Information Routing） 在 CAN 系统里，CAN 的节点不使用任何关于系统结构的信息。以下是与此有关的几个重要概念。

1）系统灵活性。不需要应用层以及任何节点软件和硬件的任何改变，就可以在 CAN 网络中直接添加节点。

2）报文路由。报文的寻址内容由标识符指定，标识符不指出报文的目的地，但是这个数据的特定含义使得网络上所有的节点可以通过报文滤波来判断该数据是否与它们相符合。

3）多点传送（Multicast）。由于报文滤波的作用，任何数目的节点对同一条报文都可以接收并同时对此做出反应。

4）数据一致性（Consistency）。在 CAN 网络里确保报文同时被所有的节点接收，系统的这种数据一致性是靠多点传送和错误处理的功能来实现的。

（3）位速率（Bit Rate） 在一个给定的 CAN 系统里，位速率是唯一且固定的。

（4）优先权（Priorities） 报文中数据帧和远程帧都有标识符段，在访问总线期间，标识符确定了一个静态的（固定的）报文优先权。当多个 CAN 单元同时传输报文发生总线冲突时，标识符码值越小的报文优先级越高。

（5）远程数据请求（Remote Data Request） 通过发送远程帧，需要数据的节点可以请求另一节点发送相应的数据帧。数据帧和相应的远程帧具有相同的标识。

（6）主机（Multimaster） 总线空闲时，任何单元都可以开始传送报文。具有较高优先权报文的单元可以获得总线访问权。

（7）仲裁（Arbitration） 只要总线空闲，任何单元都可以开始发送报文。如果两个或两个以上的单元同时开始传送报文，那么就会有总线访问冲突，通过使用标识符的逐位仲裁可以解决这个冲突。仲裁机制确保了报文和时间均不损失。当具有相同标识符的数据帧和远程帧同时发送时，数据帧优先于远程帧。在仲裁期间，每一个发送器都对发送位的电平与被监控的总线电平进行比较，如果电平相同，则这个单元可以继续发送；如果发送的是一"隐性"电平而监视到的是一"显性"电平，那么这个单元就失去了仲裁，此时必须退出发送状态。

（8）安全性（Safety） 为了获得最安全的数据发送，CAN 的每一个节点均采取了强有力的措施来进行错误检测、错误标定及错误自检。

1）错误检测（Error Detection）。要进行错误检测，必须采取以下措施：

① 监视（发送器对发送位的电平与被监控的总线电平进行比较）。

② 循环冗余检查。

③ 位填充。

④ 报文格式检查。

2）错误检测的执行（Performance of Error Detection）。错误检测机制具有以下属性：

① 检测到所有的全局错误。

② 检测到发送器所有的局部错误。

③ 可以检测到报文里多达 5 个任意分布的错误。

④ 检测到报文里长度低于 15（位）的突发性错误。

⑤ 检测到报文里任一奇数个错误。

（9）错误标定和恢复时间（Error Signalling and Recovery Time） 任何检测到错误的节点会标志出损坏的报文，此报文会失效并将自动重新传送。如果不再出现错误，那么从检测到错误到下一报文的传送开始为止，恢复时间最多为 31 个位的时间。

（10）故障界定（Fault Confinement） CAN 节点能够把永久故障和短暂的干扰区别开来，故障的节点会被关闭。

（11）连接（Connections） CAN 串行通信链路是可以连接许多单元的总线。理论上可连接无数个单元，但实际上由于受延迟时间以及总线线路上电气负载能力的影响，连接单元的数量是有限的。

（12）单一通道（Single Channel） 总线由单一通道组成，它传输位流，从传输的数据中可以获得再同步信息。本技术规范没有规定通道实现通信的方法，例如，可以使用单芯线（加地线）、两条差分线和光缆等。

（13）总线值的表示（Bus Values） 总线上可以有两个互补的逻辑值中的一个："显性"或"隐性"。当显性位和隐性位同时传送时，其结果是总线值为显性。

（14）应答（Acknowledgement） 所有的接收器对接收到的报文进行一致性检查。对于一致的报文，接收器给予应答；对于不一致的报文，接收器加以标志。

（15）休眠模式/唤醒（Sleep Mode/Wake-up） 为了减少系统电源的功率消耗，可以将 CAN 器件设为休眠模式来停止内部活动并断开与总线驱动器的连接。休眠模式可以由于任何总线的运作或系统内部条件改变而结束。唤醒时，在总线驱动器被重新设置为"接通总线"之前，内部运行就已重新开始。然而 MAC 子层要等待系统的振荡器工作稳定后，还要等待到与总线活动同步（通过检查 11 个连续的隐性位）。

（16）振荡器误差（Oscillator Tolerance） 位定时的精度要求允许在传输速率为 125kbit/s 以内的应用中使用陶瓷谐振器，为了满足 CAN 协议的整个总线速度范围，需要使用晶体振荡器。

7.2.2 报文传输

1. 帧格式

CAN 2.0B 中有两种不同的帧格式，不同之处为标识符域的长度：含有 11 位标识符的帧称之为标准帧，含有 29 位标识符的帧称之为扩展帧。

2. 帧类型

报文传输有以下 4 种不同类型的帧：

1）数据帧（Data Frame）：数据帧将数据从发送器传输到接收器。

2）远程帧（Remote Frame）：总线单元发出远程帧，请求发送具有同一标识符的数据帧。

3）错误帧（Error Frame）：任何单元检测到总线错误就发出错误帧。

4）过载帧（Overload Frame）：过载帧用在相邻数据帧或远程帧之间提供附加的延时。

数据帧和远程帧可以使用标准帧及扩展帧两种格式，它们用一个帧间空间与前面的帧分开。

（1）数据帧　数据帧由以下 7 个不同的位域（Bit Field）组成：帧起始（Start of Frame）、仲裁域（Arbitration Field）、控制域（Control Field）、数据域（Data Field）、CRC 域（CRC Field）、应答域（ACK Field）和帧结尾（End of Frame）。数据域的长度可以为 0。报文的数据帧结构如图 7-3 所示。

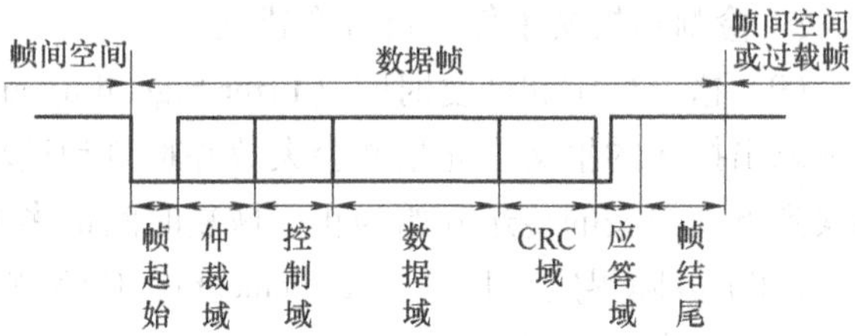

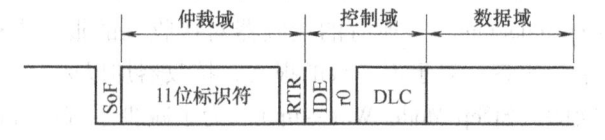

图 7-3　报文的数据帧结构

1）帧起始（标准格式和扩展格式）。帧起始（SoF）标志数据帧和远程帧的起始，仅由一个显性位组成，只在总线空闲时才允许站点开始发送，所有的站必须同步于首先开始发送报文的站的帧起始前沿。

2）仲裁域。标准格式帧与扩展格式帧的仲裁域格式不同。

在标准格式里，仲裁域由 11 位标识符和 RTR 位组成，标识符位由 ID.28 ~ ID.18 组成。数据帧标准格式中的仲裁域如图 7-4 所示。

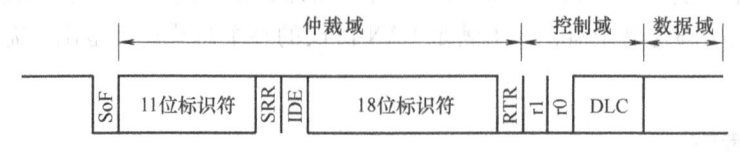

图 7-4　数据帧标准格式中的仲裁域结构

在扩展格式里，仲裁域包括 29 位标识符、SRR 位、IDE 位和 RTR 位，其标识符由 ID.28 ~ ID.0 组成。为了区别标准格式和扩展格式，前版本 CAN 规范（V1.0 ~ V1.2）中的保留位 r1 现在表示为 IDE 位。数据帧扩展格式中的仲裁域如图 7-5 所示。

图 7-5　数据帧扩展格式中的仲裁域结构

① 标识符。

● 标准格式中的标识符：标识符的长度为 11 位，相当于扩展格式的基本 ID（Base

ID)。这些位按 ID. 28 到 ID. 18 的顺序发送，最低位是 ID. 18，7 个最高位（ID. 28 ～ ID. 22）必须不能全为隐性。

- 扩展格式中的标识符：和标准格式对比，扩展格式的标识符由 29 位组成。其结构包含两部分：11 位基本 ID、18 位扩展 ID。

基本 ID：基本 ID 包括 11 位。它按 ID. 28 到 ID. 18 的顺序发送，相当于标准标识符的格式。基本 ID 定义了扩展帧的基本优先权。

扩展 ID：扩展 ID 包括 18 位，按 ID. 17 到 ID. 0 顺序发送。

在标准帧里，标识符后面是 RTR 位。

② RTR 位（在标准格式和扩展格式中）。RTR 位为"远程发送请求位"（Remote Transmission Request Bit），在数据帧里必须为显性，而在远程帧里必须为隐性。在扩展帧里，基本 ID 首先发送，随后是 SRR 位和 IDE 位，扩展 ID 的发送位于 IDE 位之后。

③ SRR 位（属扩展格式）。SRR 位是"替代远程请求位"（Substitute Remote Request Bit）。SRR 位是一隐性位，它在扩展格式的标准帧的 RTR 位的位置被发送，因而替代标准帧的 RTR 位。当标准帧与扩展帧发生冲突，而扩展帧的基本 ID 同标准帧的标识符一样时，标准帧优先于扩展帧。

④ IDE 位（属扩展格式）。IDE 位是"标识符扩展位"（Identifier Extension Bit），它属于扩展格式的仲裁域和标准格式的控制域。标准格式里的 IDE 位为显性，而扩展格式里的 IDE 位为隐性。

3）控制域（标准格式以及扩展格式）。控制域由 6 个位组成，其结构如图 7-6 所示。标准格式的控制域结构和扩展格式的不同，标准格式里的控制域包括数据长度代码、IDE 位及保留位 r0。扩展格式里的控制域包括数据长度代码和两个保留位：r1 和 r0，其保留位必须发送为显性，但是接收器接收的是显性和隐性位的组合。

图 7-6　控制域结构

数据长度代码（标准格式以及扩展格式）DLC，见表 7-2。

表 7-2　数据长度代码 DLC

数据字节的数目	数据长度代码			
	DLC3	DLC2	DLC1	DLC0
0	d	d	d	d
1	d	d	d	r
2	d	d	r	d
3	d	d	r	r
4	d	r	d	d

（续）

数据字节的数目	数据长度代码			
	DLC3	DLC2	DLC1	DLC0
5	d	r	d	r
6	d	r	r	d
7	d	r	r	r
8	r	d	d	d

数据长度代码指示了数据域里的字节数目，为 4 个位，在控制域里发送。数据长度代码中数据字节数的编码为：

缩写：d ——显性（逻辑 0）；r ——隐性（逻辑 1）。

数据帧长度允许的数据字节数：{0，1，…，7，8}，其他数值不允许使用。

4）数据域（标准格式和扩展格式）。数据域由数据帧里的发送数据组成，可以为 0～8B，每字节包含 8 位，首先发送最高有效位（MSB）。

5）循环冗余校验（CRC）域（标准格式和扩展格式）。CRC 域包括 CRC 序列（CRC Sequence），其后是 CRC 界定符（CRC Delimiter），如图 7-7 所示。

① CRC 序列（标准格式和扩展格式）。由循环冗余校验求得的帧检查序列最适用于位数低于 127 位（BCH 码）的帧。为进行 CRC 计算，被除的多项式系数由无填充位流给定。组成这些位流的成分是：帧起始、仲裁域、控制域和数据域（如果存在），而 15 个最低位的系数是 0。将此多项式除以下面的多项式发生器：

$$x^{15} + x^{14} + x^{10} + x^8 + x^7 + x^4 + x^3 + 1$$

这个多项式除法的余数就是发送到总线上的 CRC 序列。为了实现这个功能，可以使用 15 位的移位寄存器——CRC_RG（14:0）。如果用 NXTBIT 标记指示位流的下一位，那么从帧的起始到数据域末尾都由没有填充的位序列给定。在传送/接收数据域的最后一位以后，CRC_RG 包含有 CRC 顺序。

② CRC 界定符（标准格式和扩展格式）。CRC 序列之后是 CRC 界定符，它包含一个单独的隐性位。

6）应答域（ACK Field）（标准格式和扩展格式）。应答域长度为 2 个位，包含应答间隙（ACK Slot）和应答界定符（ACK Delimiter），如图 7-8 所示。在应答域里，发送站发送 2 个隐性位，当接收器正确地接收到有效报文时，接收器就会在应答间隙期间（发送 ACK 信号）向发送器发送一显性位以示应答。

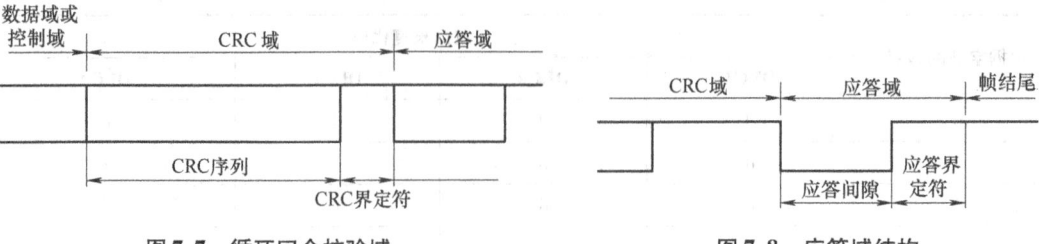

图 7-7　循环冗余校验域　　　　　　图 7-8　应答域结构

① 应答间隙。所有接收到匹配 CRC 序列的站会在应答间隙期间用一显性位写在发送器的隐性位置上来做出回应。

② 应答界定符。应答域的第 2 个位，并且必须是一个隐性位，因此，应答间隙被 2 个隐性位所包围，也就是 CRC 界定符和应答界定符。

7）帧结尾（标准格式和扩展格式）。每一个数据帧和远程帧均由一标志序列界定，这个标志序列由 7 个隐性位组成。

（2）远程帧　作为某数据接收器的站，通过发送远程帧（Remote Frame）可以启动其资源节点传送它们各自的数据。远程帧也有标准格式和扩展格式，而且都由 6 个不同的位域组成：帧起始、仲裁域、控制域、CRC 域、应答域和帧结尾。与数据帧相反，远程帧的 RTR 位是隐性的，它没有数据域，所以数据长度代码的数值没有意义。远程帧结构如图 7-9 所示。RTR 位的极性表示了所发送的帧是一数据帧（RTR 位显性）还是一远程帧（RTR 位隐性）。

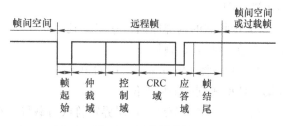

图 7-9　远程帧结构

（3）错误帧　错误帧由两个不同的域组成，如图 7-10 所示。第 1 个域是不同站提供的错误标志（Error Flag）的叠加（Superposition），第 2 个域是错误界定符（Error Delimiter）。为了能正确地中止错误帧，"错误认可"的节点要求总线至少有长度为 3 个位时间的总线空闲，因此，总线的载荷不应为 100%。

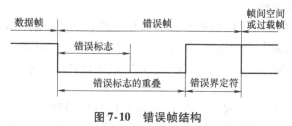

图 7-10　错误帧结构

1）错误标志。有两种形式的错误标志："激活（Active）错误"标志和"认可（Passive）错误"标志。

① "激活错误"标志由 6 个连续的显性位组成。

② "认可错误"标志由 6 个连续的隐性位组成，除非被其他节点的显性位覆盖。

检测到错误条件的"错误激活"的站通过发送"激活错误"标志来指示错误，因为这个错误标志的格式违背了从帧的起始到 CRC 界定符的位填充规则，也破坏了 ACK 域或帧结尾域的固定格式。这样一来，所有其他的站会检测到错误条件并且开始发送错误标志，因此，这个显性位的序列的形成就是各个站发送的不同的错误标志叠加在一起的结果。这个序列的总长度最小为 6 个位，最大为 12 个位，可以在总线上监视到。

检测到错误条件的"错误认可"的站试图通过发送"认可错误"标志来指示错误。"错误认可"的站从"认可错误"标志的开头起，等待 6 个连续的相同极性的位，当这 6 个相同的位被检测到时，"认可错误"标志就完成了。

2）错误界定符。错误界定符包括 8 个隐性位。传送了错误标志以后，每一个站就发送一个隐性位，并一直监视总线直到检测出一个隐性位为止，然后开始发送其余 7 个隐性位。

（4）过载帧　过载帧包括两个位域：过载标志和过载界定符，其结构如图 7-11 所示。

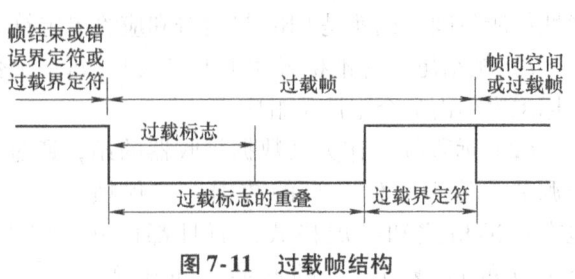

图 7-11　过载帧结构

有 3 种过载的情况会引发过载标志的传送，即

1）接收器的内部原因，它需要延迟下一个数据帧或远程帧。

2）在间歇（Intermission）的第 1 位和第 2 位检测到一个显性位。

3）如果 CAN 节点在错误界定符或过载界定符的第 8 位采样到一个显性位，则节点会发送一个过载帧，该帧不是错误帧，错误计数器不会增加。

由于过载情况 1）而引发的过载帧只允许起始于所期望的间歇的第 1 个位时间，而由于情况 2）和情况 3）引发的过载帧起始于所检测到显性位之后的 1 个位。通常为了延迟下一个数据帧或远程帧，两种过载帧均可产生。

1）过载标志（Overload Flag）。过载标志由 6 个显性位组成，它的所有形式和"激活错误"标志都一样。由于过载标志的格式破坏了间歇域的固定格式，因此，所有其他的站都检测到过载条件，并与此同时发出过载标志。如果在间歇的第 3 个位期间检测到显性位，则这个位将被解释为帧的起始。

2）过载界定符（Overload Delimiter）。过载界定符包括 8 个隐性位，它的形式和错误界定符的形式一样。过载标志被传送后，站就一直监视总线，直到检测到一个从显性位到隐性位的跳变为止。在这一时刻，总线上的每一个站完成了各自过载标志的发送，并开始同时发送其余 7 个隐性位。

（5）帧间空间　数据帧（或远程帧）与它前面帧的分隔是通过帧间空间（Interframe Space）来实现的，无论前面的帧是何种类型。不同的是，过载帧与错误帧之前没有帧间空间，多个过载帧之间也不是由帧间空间隔离的。帧间空间包括"间歇""总线空闲（Bus Idle）"的位域，如果是发送前一报文的"错误认可"站，则还包括称作"挂起传送"（暂停发送）（Suspend Transmission）的位域。

对于不是"错误认可"的站，或作为前一报文的接收器的站，其帧间空间结构如图 7-12 所示。

对于已作为前一报文发送器的"错误认可"的站，其帧间空间结构如图 7-13 所示。

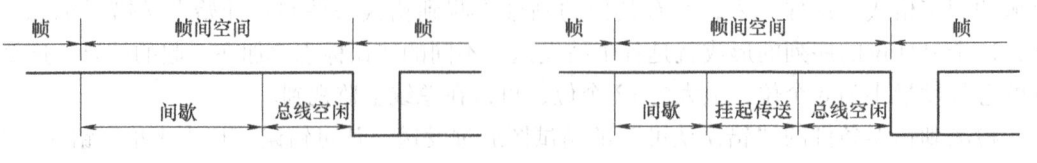

图 7-12　帧间空间结构（1）　　　　　图 7-13　帧间空间结构（2）

1）间歇。间歇由 3 个隐性位组成，在间歇期间，所有的站均不允许传送数据帧或远程帧，唯一可做的是标识一个过载条件。

2）总线空闲的时间是任意的。只要总线被认定为空闲，任何等待发送报文的站就会访问总线。在发送其他报文期间，一个等待发送的报文，其传送开始于间歇之后的第 1 个位。总线上检测到的显性位可被解释为帧的起始。

3）挂起传送。挂起传送指"错误认可"的站发送报文后，在下一报文开始传送之前或确认总线空闲之前发出 8 个隐性位跟随在间歇的后面。如果与此同时一个报文由另一站开始发送，则此站就成为这个报文的接收器。

3. 关于帧格式的一致性

在 CAN 规范 V1.2 中，标准格式等效于数据/远程帧格式，然而，扩展格式是 CAN 协议的新特性。

为了可以设计相对简单的控制器，扩展格式的执行不要求它完整地扩展，但是必须支持标准格式而没有限制。如果新的控制器至少具备在 2.0A 和 2.0B 版本中定义的下列有关帧格式的属性，它们就被认为与这个 CAN 规范一致：

1）每一个新的控制器均支持标准格式。

2）每一个新的控制器均能够接收扩展格式的报文。这要求扩展帧不会因为它们的格式而受破坏，虽然不要求新控制器必须支持扩展帧。

4. 发送器和接收器的定义

（1）发送器　产生报文的单元称作这个报文的发送器。当总线空闲或该单元失去仲裁时，这个单元就不是发送器。

（2）接收器　如果一个单元不是发送器，同时总线也不空闲，则这个单元就称作接收器。

7.2.3　报文滤波与报文校验

1. 报文滤波（Message Filtering）

报文滤波取决于整个标识符。为了报文滤波，允许把屏蔽寄存器中任何标识符位设置为"不考虑"或"无关"，可以用这种寄存器选择多组标识符，使之与相关的接收缓冲器对应。在使用屏蔽寄存器时，它的每一个位都是可编程的，也就是说，对于报文滤波，可将它们设置为允许或禁止。屏蔽寄存器的长度可以包含整个标识符，也可以是部分标识符。

2. 报文校验

校验报文有效的时间点，对于发送器与接收器来说各不相同。

发送器：如果直到帧的末尾位仍没有错误，则此报文对于发送器有效。如果报文出错，则报文会根据优先权自动重发。为了能够和其他报文竞争总线，必须当总线一空闲时就开始重新传输报文。

接收器：如果直到最后的位（除了帧末尾位）仍没有错误，则报文对于接收器有效。帧末尾最后的位被置于"不考虑"状态，即使是一个显性电平也不会引起格式错误。

7.2.4 编码与错误处理

1. 编码

编码即位流编码（Bit Stream Coding）。帧的如下部分：帧起始、仲裁域、控制域、数据域以及 CRC 序列，均通过位填充的方法编码。无论何时，发送器只要检测到位流里有 5 个连续相同值的位，便自动在位流里插入一个相反值的补充位。数据帧或远程帧的其余位域（CRC 界定符、应答域和帧结尾）格式固定，没有填充。错误帧和过载帧的格式也固定，它们不用位填充的方法编码。报文的位流根据"不归零"（NRZ）方法来编码，这就是说，在整个位时间里，位的电平或者为显性，或者为隐性。

2. 错误处理

（1）错误检测　有以下 5 种不同的错误类型：

1）位错误（Bit Error）。单元在发送位的同时也对总线进行监视。如果所发送的位值与所监视的位值不相符，则在此位时间里检测到一个位错误。但是在仲裁域的填充位流期间或应答间隙发送一隐性位的情况是例外的，此时，当监视到一显性位时，不会发出位错误。当发送器发送一个"认可错误"标志但检测到显性位时，也不视为位错误。

2）填充错误（Stuff Error）。在应当使用位填充法进行编码的报文域中，出现了第 6 个连续相同的位电平时，将检测到一个填充错误。

3）CRC 错误（CRC Error）。CRC 序列包括了发送器计算的 CRC 结果。接收器计算 CRC 的方法与发送器相同，如果计算结果与接收到 CRC 序列的结果不相符，则检测到一个 CRC 错误。

4）格式错误（Form Error）。如果一个固定格式的位域含有 1 个或多个非法位，则检测到一个格式错误。

5）应答错误（Acknowledgement Error）。只要在应答间隙期间所监视的位不为显性，发送器就会检测到一个应答错误。

（2）出错时发出的信号　检测到错误条件的站通过发送"错误标志"（Error Flag）来表示错误。对于"错误激活"的节点，它是"激活错误"标志；对于"错误认可"的节点，它是"认可错误"标志。无论是位错误、填充错误、格式错误还是应答错误，只要被任何站检测到，这个站就会在下一位时开始发出"错误标志"。只要检测到错误的条件是 CRC 错误，那么"错误标志"的发送就开始于 ACK 界定符之后的位。

7.2.5 故障界定与振荡器容差

1. 故障界定

有关故障界定，一个单元的状态可能为以下 3 种之一："错误激活"（Error Active）、"错误认可"（Error Passive）和"总线关闭"（Bus Off）。

"错误激活"的单元可以正常地参与总线通信，并在检测到错误时发出"激活错误"标志。

"错误认可"的单元不允许发送"激活错误"标志。"错误认可"的单元参与总线通信，在检测到错误时只发出"认可错误"标志，并且发送以后，"错误认可"单元将在启动下一个发送之前处于等待状态。

"总线关闭"的单元不允许对总线有任何影响。

在每一总线单元中使用两种计数来进行故障界定：发送错误计数和接收错误计数。这些计数按以下规则改变：

1）当接收器检测到一个错误时，接收错误计数器值就加1。在发送"激活错误"标志或过载标志期间所检测到的错误为位错误时，接收错误计数器值不加1。

2）在错误标志发送以后，接收器检测到的第一个位为显性时，接收错误计数器值加8。

3）在发送器发送一错误标志时，发送错误计数器值加8。

① 例外情况1：如果发送器为"错误认可"，并检测到应答错误，其原因是检测不到显性ACK，以及当发送它的"认可错误"标志时检测不到显性位。

② 例外情况2：如果发送器因为在仲裁期间发生填充错误而发送错误标志，以及应当是隐性并且已作为隐性发送，但是却被监视为显性。

当例外情况1和例外情况2发生时，发送错误计数器值不改变。

4）当发送器发送"激活错误"标志或过载标志时，如果发送器检测到位错误，则发送错误计数器值加8。

5）当接收器发送"激活错误"标志或过载标志时，如果接收器检测到位错误，则接收错误计数器值加8。

6）在发送"激活错误"标志、"认可错误"标志或过载标志以后，任何节点最多允许7个连续的显性位。当检测到第14个连续的显性位后，或在检测到第8个连续的显性位跟随在"认可错误"标志后，以及在每一个附加的8个连续显性位序列后，每一个发送器的发送错误计数器值加8，每一个接收器的接收错误计数值也加8。

7）报文成功地传送后，发送错误计数器值减1，除非计数值已经是0。

8）成功地接收到报文后，如果接收错误计数器值为1～127，则接收错误计数器值减1；如果接收错误计数器值是0，则它保持0；如果大于127，则它会设置一个119～127的值。

9）当发送错误计数器值等于或大于128，或当接收错误计数器值等于或大于128时，节点为"错误认可"状态，使节点成为"错误认可"的错误条件将导致该节点发出"激活错误"标志。

10）当发送错误计数器值大于或等于256时，该节点处于"总线关闭"状态。

11）当发送错误计数器值和接收错误计数器值都小于或等于127时，"错误认可"节点重新变为"错误激活"节点。

12）在总线上监视到128次出现11个连续隐性位之后，"总线关闭"的节点可以变成"错误激活"节点，它的两个错误计数器值也被设置为0。

在运行中，上述3类故障状态之间的相互转变过程如图7-14所示。

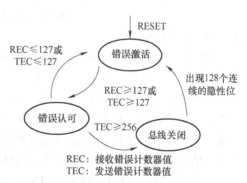

REC：接收错误计数器值
TEC：发送错误计数器值

图7-14　故障状态图解

2. 振荡器容差

由于给定的最大振荡器容差为±1.58%，因此，一般在传输速率低于125kbit/s的应用中可使用陶瓷谐振器。为了满足CAN协议的整个总线速度范围，需要使用石英晶振。在一个系统中，具有最高振荡精确度要求的芯片，决定了其他节点的振荡精度。对于使用 2.0B 版本及以前版本 CAN 规范的控制器，当它们运行在一个网络中时，都必须配备石英晶振。

7.2.6 位定时要求

1. 标称位速率（Nominal Bit Rate）

标称位速率为一理想的发送器在没有重新同步的情况下每秒发送的位数量。

2. 标称位时间（Nominal Bit Time）

标称位时间 = 1/标称位速率

可以把标称位时间划分为几个不重叠时间的片段，它们是同步段、传播段、相位缓冲段 1 和相位缓冲段 2，如图 7-15 所示。

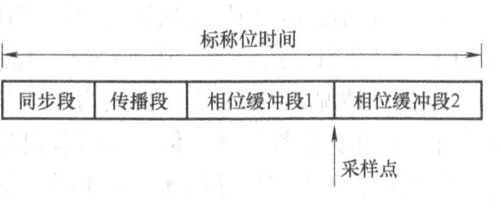

图 7-15　标称位时间的划分

1）同步段（SYNC_SEG）。位时间的同步段用于同步总线上不同的节点，这一段内要有一个跳变沿。

2）传播段（PROP_SEG）。传播段用于补偿网络内的物理延时时间，它是信号在总线传播的时间、输入比较器延时和输出驱动器延时总和的两倍。

3）相位缓冲段 1、相位缓冲段 2（PHASE_SEG1、PHASE_SEG2）。相位缓冲段用于补偿边沿阶段的误差，这两个段可以通过重新同步来加长或缩短。

4）采样点（Sample Point）。采样点是读取总线电平并转换为对应位值的一个时间点，采样点位于相位缓冲段 1 的结尾。

3. 信息处理时间（Information Processing Time）

信息处理时间是一个以采样点作为起始的时间段，它被保留用于计算后续位的位电平。

4. 时间份额 TQ（Time Quantum）

时间份额是从振荡器周期派生而来的一个固定时间单位，这里存在一个可编程的预比例因子，其数值范围为 1～32 之间的整数。以最小时间份额为起点，时间份额的长度为

时间份额 = m × 最小时间份额

式中，m 为预比例因子。

5. 时间段的长度（Length of Time Segments）

1）同步段为 1 个时间份额（TQ）。

2）传播段的长度可设置为 1、2、…、8 个时间份额（TQ）。

3）相位缓冲段 1 的长度可设置为 1、2、…、8 个时间份额（TQ）。

4）相位缓冲段 2 的长度为相位缓冲段 1 和信息处理时间的最大值。

5）信息处理时间小于或等于 2 个时间份额（TQ）。

1 个位时间总的时间份额值可以编程为 3～25 的范围。

1）硬同步（Hard Synchronization）。一个硬同步后，内部的位时间从同步段重新开始，因此，硬同步迫使引起硬同步的跳变沿位于重新开始的位时间同步段之内。

2）重新同步跳转宽度（Resynchronization Jump Width）。重新同步的结果使相位缓冲段 1 增长，或使相位缓冲段 2 缩短。相位缓冲段加长或缩短的数量有一个上限，此上限由重新同步跳转宽度给定。重新同步跳转宽度应设置于 1 和最小值之间（此最小值为 4 和 PHASE_

SEG1 之间的最小值）。

可以从一位值到另一位值的转变中提取时钟信息。只有一个固定的最大数量的连续位具有相同的值，这个属性使总线单元在帧内重新同步于位流成为可能，可用于重新同步的两个跳变之间的最大长度为 29 个位时间。

3）边沿的相位误差（Phase Error of an Edge）。一个边沿的相位误差由相对于同步段边沿的位置给出，以时间份额度量。相位误差 e 定义如下：

① $e=0$，如果边沿处于同步段中（SYNC_SEG）。

② $e>0$，如果边沿位于采样点（Sample Point）之前。

③ $e<0$，如果边沿处于前一个位的采样点之后。

4）重新同步（Resynchronization）。当引起重新同步的边沿相位误差的值小于或等于重新同步跳转宽度的编程值时，重新同步和硬同步的作用相同。当相位误差的值大于重新同步跳转宽度时，如果相位误差为正，则相位缓冲段 1 就增长一个重新同步跳转宽度的值；如果相位误差为负，则相位缓冲段 2 就缩短一个重新同步跳转宽度的值。

5）同步的规则（Synchronization Rules）。硬同步和重新同步是同步的两种形式，应遵循以下同步的规则：

① 在一个位时间里只允许一个同步。

② 仅当采样点之前探测到的值与紧跟边沿之后的总线值不相符合时，才把边沿用于同步。

③ 在总线空闲期间，无论何时有一由隐性转变到显性的边沿，就会执行硬同步。

④ 符合规则①和规则②的所有其他从隐性转变为显性的边沿都可用于重新同步。例外情况是，如果只有隐性到显性的边沿用于重新同步时，则一个发送显性位的节点将不会执行如同具有正相位误差的由隐性转变为显性的边沿所引起的那种重新同步。

7.3　CAN 器件及节点设计

7.3.1　独立 CAN 控制器

目前，一些知名的半导体厂商都生产 CAN 控制器芯片，其类型一种是独立的，一种是和微处理器集成在一起的。如独立的 CAN 通信控制器有 SJA1000、PCA82C200、Intel82526/82527 等；带 CAN 通信控制器的 CPU 有西门子的 SAB-C505C、TI 的 TMS320LF2407、NXP 的 P87C591 等。P87C591 是一个单片 8 位高性能微控制器，具有片内 CAN 控制器，采用了强大的 80C51 指令集并成功地包含了 SJA1000 CAN 控制器强大的 PeliCAN 功能。独立的 CAN 通信控制器使用上比较灵活，可以与多种类型的单片机、微型计算机的各类标准总线进行接口组合，带 CAN 通信控制器的 CPU 在许多特定情况下，使电路设计简化和紧凑，效率提高。

1. SJA1000 芯片概述

SJA1000 是一种独立的 CAN 控制器，主要用于移动目标和一般工业环境中的区域网络控制。它是飞利浦半导体公司 PCA82C200 CAN 控制器（BasicCAN）的替代产品，而且还增加了一种新的操作模式——PeliCAN，这种模式支持具有很多新特性的 CAN V2.0B 协议。

SJA1000 的基本特性如下：

1）引脚与 PCA82C200 独立 CAN 控制器兼容。

2）电气参数与 PCA82C200 独立 CAN 控制器兼容。

3）具有 PCA82C200 模式（即默认的 BasicCAN 模式）。

4）有扩展的接收缓冲器 64B，先进先出（FIFO）。

5）支持 CAN V2.0A 和 CAN V2.0B 协议。

6）支持 11 位和 29 位标识码。

7）通信位速率可达 1Mbit/s。

8）PeliCAN 模式的扩展功能有：

① 可读/写访问的错误计数寄存器。

② 可编程的错误报警限额寄存器。

③ 最近一次错误代码寄存器。

④ 对每一个 CAN 总线错误的中断。

⑤ 有具体位控制的仲裁丢失中断。

⑥ 单次发送（无重发）。

⑦ 只听模式（无确认、无激活的错误标志）。

⑧ 支持热插拔（软件进行位速率检测）。

⑨ 验收滤波器的扩展（4B 的验收代码，4B 的屏蔽）。

⑩ 接收自身报文（自接收请求）。

9）24MHz 时钟频率。

10）支持与不同微处理器的接口。

11）可编程的 CAN 输出驱动器配置。

12）温度适应范围大（-40 ~ +125℃）。

2. SJA1000 在系统中的位置

SJA1000 在系统中的位置如图 7-16 和图 7-17 所示，可以初步了解 CAN 控制器在现场总线系统中的位置和所起的作用。

3. SJA1000 的几个控制模块

（1）接口管理逻辑（IML） 接口管理逻辑用于解释来自 CPU 的命令，控制 CAN 寄存器的寻址，向主控制器（CPU）提供中断信息和状态信息。

（2）发送缓冲器（TXB） 发送缓冲器是 CPU 和 BSP（位流处理器）之间的接口，它能够存储要通过 CAN 网络发送的一条完整报文。缓冲器长 13B，由 CPU 写入、BSP 读出。

（3）接收缓冲器（RXB、RXFIFO） 接收缓冲器是验收滤波器和 CPU 之间的接口，用来存储从 CAN 总线上接收并被确认的信息。接收

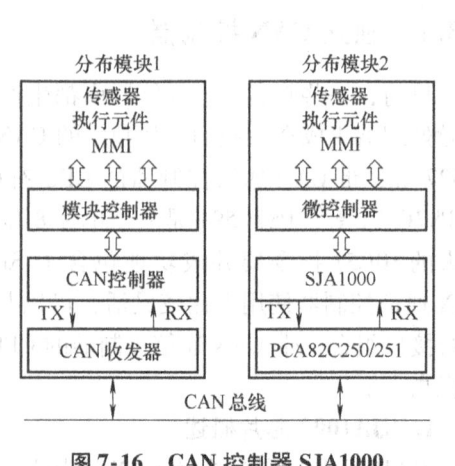

图 7-16 CAN 控制器 SJA1000
在系统中的位置

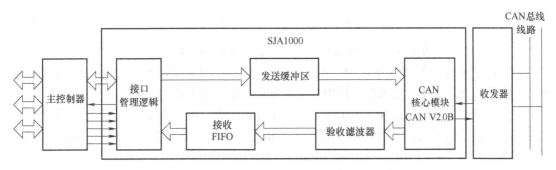

图 7-17　CAN 控制器 SJA1000 的模块结构

缓冲器（RXB，13B）作为接收 FIFO（RXFIFO，64B）的一个窗口，可被 CPU 访问。CPU 在此 FIFO 的支持下，可以在处理一条报文的同时接收其他报文。

（4）验收滤波器（ACF）　验收滤波器把它的内容与接收到的标识码相比较，以决定是否接收这条报文。在验收测试通过后，这条完整的报文就被保存在 RXFIFO 中。

（5）位流处理器（BSP）　位流处理器是一个在发送缓冲器、RXFIFO 和 CAN 总线之间控制数据流的队列（序列）发生器，它还执行 CAN 总线上错误检测、仲裁、填充和错误处理。

（6）位时序逻辑（BTL）　位时序逻辑监视串口的 CAN 总线和处理与总线有关的位时序。它是在一条报文开头，总线传输出现从隐性到显性时同步于 CAN 总线上的位流（硬同步），并且在其后接收一条报文的传输过程中再同步（软同步）。BTL 还提供了可编程的时间段来补偿传播延时、相位偏移（例如，由于振荡器漂移）及定义采样点和每一位的采样次数。

（7）错误管理逻辑（EML）　错误管理逻辑负责限制传输层模块的错误。它接收来自 BSP 的出错报告，然后把有关错误统计告诉 BSP 和 IML。

4. SJA1000 位周期参数的确定

编程配置总线时序寄存器 0/1 时要考虑：一个位周期包含有同步段（SYNC_SEG）、时间段 1（TSEG1）和时间段 2（TSEG2）；涉及同步跳转宽度（SJW）和采样点的位置；组成它们的最小单元是 CAN 系统时钟周期 t_{SCL}，即 TQ。这些参数都是可编程的，为此，即使在同样晶振频率条件下设置一个波特率，上述参数的组合也可以是多样的。文中所涉及的几个参数数学表达式和取值范围如下：

1）时间份额：$TQ = t_{SCL}$。

2）同步段：$SYNC\_SEG = t_{SYNC\_SEG}/t_{SCL} = 1$，取值为 1。

3）同步跳转宽度：$SJW = t_{SJW}/t_{SCL}$，取值范围为 1~4。

4）时间段 1：$TSEG1 = t_{TSEG1}/t_{SCL}$，取值范围为 1~16。

5）时间段 2：$TSEG2 = t_{TSEG2}/t_{SCL}$，取值范围为 1~8。

6）标准定位时间 NBT：取值范围为 3~25，计算式为

$$NBT = t_{bit}/t_{SCL} = SYNC\_SEG + TSEG1 + TSEG2 \qquad (7-1)$$

式中，t_{bit} 为额定位周期；t_{SCL} 为系统时钟周期。

7）振荡器频率相对误差：

179

$$\Delta f = \left| \frac{f_{\text{CLK. max/min}} - f_{\text{CLK. nom}}}{f_{\text{CLK. nom}}} \right| \tag{7-2}$$

式中，$f_{\text{CLK. max/min}}$ 为振荡器最大/最小频率；$f_{\text{CLK. nom}}$ 为振荡器基准频率。

（1）传播延时　在 CAN 系统中，传播延时的意义来源于 CAN 允许节点间为了访问网络进行非破坏性仲裁竞争，也因为在帧中有应答设置。仲裁发生在标识符段，意味着多个节点同时把它们的标识位送到总线。由于各节点在位边沿同步，所以传播延时过长会在系统中引起无效的仲裁，结果是，一个 CAN 系统中不同的延时限制了在某给定位速率时网络总线的最大长度。

把节点 A 和 B 之间的延时定义为 $t_{\text{prop(A,B)}}$，一种情况如图 7-18 所示。该延时是信号的路径上所有器件延时的总和，包括收发器、CAN 控制器和总线介质。通常，一个有效的最大环路延时 $t_{\text{loop. eff}}$ 在控制器和收发器的资料手册中有相关规定。

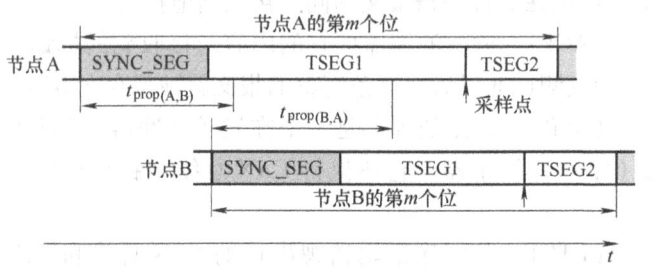

图 7-18　节点之间的传播延时

一个收发器的有效回路延时计算为

$$t_{\text{loop. eff. trc}} = t_{\text{TX}} + t_{\text{RX}} \tag{7-3}$$

式中，$t_{\text{loop. eff. trc}}$ 为收发器有效回路延时；t_{TX} 为引脚 TXD 发送数据输入有效循环延时；t_{RX} 为引脚 RXD 接收数据输出有效循环延时。

节点要能相互接收波动信号，而且在仲裁期间要能同步于它们并且可以将其发送回去。在该系统中，总的传播延时是两个节点延时的总和。假设一个已知的网络中每一个节点都有类似的延时，则总的回路延时定义为 t_{prop}，表达式为

$$t_{\text{prop}} = t_{\text{prop(A,B)}} + t_{\text{prop(B,A)}} = 2 \left(t_{\text{bus}} + t_{\text{loop. eff. trc}} + t_{\text{loop. eff. oth}} \right) \tag{7-4}$$

式中，t_{bus} 为总线延时，$t_{\text{loop. eff. oth}}$ 为传输通路上其他元件的有效循环延时。

这里 t_{prop} 是所有器件有效环路延时的总和，计算位定时时该总的回路延时是重要的因数。在应用实例中，它必须由特定的系统条件决定。这里位定时的计算，要求规范化的传播延时定义为

$$\text{PROP} = \frac{t_{\text{prop}}}{t_{\text{SCL}}} \tag{7-5}$$

当该规范化的传播延时等于一个可编程序控制器的时间间隔时，它必须是一个整数值。

（2）同步　CAN 总线规范中所描述的同步是为了保证报文可以完整地解码，该技术可以清除节点之间相位误差的积累。由于振荡器的漂移，分布于网络空间的节点间传播延时以及噪声干扰都会产生相位误差。该规范定义了两类同步：硬同步和重新同步。

硬同步只出现在报文帧开始时，在一个空闲周期后，网络上的每一个 CAN 控制器在接

收到的 SYNC_SEG 第一个隐性到显性位的边沿开始它当前的位周期定时。重新同步是执行在后续每次接收到隐性到显性位的边沿，它贯穿在报文的剩余部分。如果该边沿是在 TSEG1 期间接收到，即在接收器的 SYNC_SEG 之后而在采样点之前，则接收器认为它是一个较慢发送器发送的滞后边沿，因此这个接收器的 TSEG1 段就会延长，目的是较好地匹配那个发送器的时序。相反，如果接收到这个边沿是在接收器的采样点之后而在 SYNC_SEG 之前，也就是在 TSEG2 期间，则接收器认为这个边沿是一个较快的发送器发送的下一个位周期的提前边沿。在这种情况下，该接收器就缩短 TSEG2 间隔，目的是更好地匹配那个较快的发送器时序。在重新同步期间由 SJW 的编程值决定延长或缩短的最大 TQ 数目。由于在 CAN 的位周期中所有各段都被量化，即包含了整数个 TQ，所以重新同步只出现在相位的绝对误差大于 1 个 TQ 时。因此，即使在网络中两个节点之间有严格的相同振荡器参考频率，同步中也会存在 TQ 的不确定性，如图 7-19 所示。

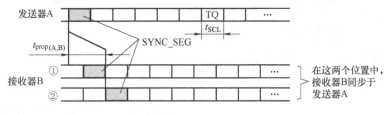

图 7-19　异步节点之间的时钟脉冲相位差

（3）位定时条件的说明　对一个 CAN 系统的最低要求是：第一，若在指定的频率误差中两个节点有各自相反的振荡器标准，而又在各自网络的两端，则它们之间具有最大的传播延时；第二，能够正确地接收和解码网络中发送的每一个报文。在没有噪声干扰的情况下，位填充的原则保证了在重新同步边沿之间不会多于 10 个位周期（即 5 个显性位后跟 5 个隐性位），这是在正常通信期间由于累积的相位误差引起的最坏情况。该相位误差由编程的同步跳转宽度（SJW）来补偿，同时也定义了 SJW 使用最小值的条件。

实际系统一般都运行在噪声存在的环境中。噪声干扰会引起 CAN 的错误模式，会导致在两次重新同步边沿之间有 10 多个位周期。这种情况下，由于在同步边沿之间的时间更长了，因此要求更严格地对所有位进行恰当的采样，否则就会出现 CAN 协议中定义的错误检测和错误限制状况出现，这样就限定了在位时序中 TSEG2 段可供选择的值。

（4）计算规则　位定时的计算公式汇集见表 7-3（1 次采样模式）和表 7-4（3 次采样模式），位定时的参数 SJW 和 TSEG2 的计算应当依据系统的标称位时间（NBT）和传播延时（PROP）。当计算 SJW 最小值时，一般会出现两个不同的值。

表 7-3　一次采样模式中的 SJW 和 TSEG2 的最小值和最大值

	最小值[①]	最大值[②]
SJW	$\max\begin{cases}\dfrac{20\mathrm{NBT}\times\Delta f}{1-\Delta f} & (7\text{-}6)\\[3mm] \dfrac{20\mathrm{NBT}\times\Delta f+1-\Delta f-\mathrm{PROP_{min}}}{1+\Delta f} & (7\text{-}7)\end{cases}$	4

（续）

	最小值①	最大值②
TSEG2	$\max\{2,\ SJW\}$　　(7-8)	$\min\left\{8,\ \dfrac{NBT(1-25\times\Delta f)-PROP_{max}}{1-\Delta f},\right.$　(7-9) $\left.\dfrac{NBT(1-25\times\Delta f)-PROP_{max}-(1-\Delta f)+\dfrac{PROP_{min}}{2}}{1-\Delta f}\right\}$　(7-10)

① 必须向上四舍五入到一个整数。

② 必须向下四舍五入到一个整数。

表 7-4　3 次采样模式中的 SJW 和 TSEG2 的最小值和最大值

	最小值①	最大值②
SJW	$\max\left\{\dfrac{20NBT\times\Delta f}{1-\Delta f},\right.$　(7-11) $\left.\dfrac{20NBT\times\Delta f+1-\Delta f-PROP_{min}}{1+\Delta f}\right\}$　(7-12)	4
TSEG2	$\max\{3,\ SJW\}$　　(7-13)	$\min\left\{8,\ \dfrac{NBT(1-25\times\Delta f)-PROP_{max}-2(1-\Delta f)}{1-\Delta f},\right.$　(7-14) $\left.\dfrac{NBT(1-25\times\Delta f)-PROP_{max}-3(1-\Delta f)+\dfrac{PROP_{min}}{2}}{1-\Delta f}\right\}$　(7-15)

① 必须向上四舍五入到一个整数。

② 必须向下四舍五入到一个整数。

（5）计算规则的图解表示方式　设计一个 CAN 的基本系统时，关键是要明确地指定：

1）位速率，决定了在一定时间内数据发送的量。

2）传播延时，决定了系统中任意两个节点之间总线的最大长度。

另一个重要的决定是在位周期中采样点放在什么地方。若选择采样点靠近后面，将使得传播延时的变化范围比较大，也就是会有较长的总线长度；相反，若选择采样点在前面，就会有较大的振荡器容差。

系统参数是否满足特定的 CAN 总线运行的要求，如图 7-20 和图 7-21 所示，此图解也可用作确定位定时参数。

1）说明和限制。该图解在下列条件下有效：

① 用 1 次采样模式。

② $PROP_{min}\geqslant 2$。

③ $TSEG2_{min}=SJW_{min}$。

如果这些假设不满足，则要使用表 7-3 和表 7-4 中的公式来计算。

2）最大位速率的确定。很明显，较高的位速率只有在系统传播延时较小的情况下才能实现。系统的最大位速率是由 NBT 最小的持续时间决定的。最大位速率由（7-16）计算：

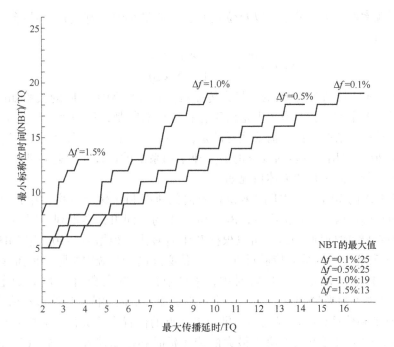

图 7-20 一次采样模式中确定最小 NBT（最大位速率）

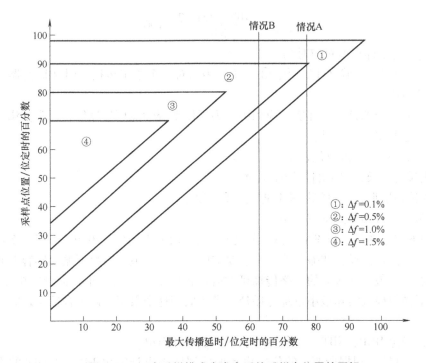

图 7-21 一次采样模式中求合适的采样点位置的图解

$$\text{BiteRate}_{max} = \frac{1}{t_{SCL.\,min} \times \text{NBT}_{min}} = \frac{f_{CLK.\,max}}{2 \times \text{BRP}_{min} \times \text{NBT}_{min}} \tag{7-16}$$

为了得到最大位速率，在 NBT 表达式中列举的波特率预设寄存器 BRP 的最小值、CAN

控制器振荡器频率的最大值 $f_{\text{CLK.max}}$ 以及位定时各段的最小值等都要恰当选择。最小 NBT 可以用（7-17）确定：

$$\text{NBT} \geq \frac{\text{PROP}_{\text{max}} + \text{TSEG2} \times (1 - \Delta f)}{1 - 25 \times \Delta f} \tag{7-17}$$

当 $\text{PROP}_{\text{min}} \geq 2$ 时，它是有效的。最大传播延时和最小 NBT 之间的关系如图 7-20 所示。振荡器容差是该图中的主要参数，但是由于存在特定的限制，每一个规格化位定时段的 TQ 数目都限制在某整数值范围内。需要注意的是，NBT 是一个整数值，而 PROP_{max} 不一定为整数，因此图 7-20 可以用来确定所要求的最大速率和系统的传播延时是否匹配，即这样一个系统设置是否可行。此过程的大体情况如下：

首先，所要求的 BRP 和 NBT 的乘积要根据位速率和振荡器频率，用式（7-16）计算出，这个乘积是整数值。一般情况下，BRP 和 NBT 的不同组合会得到不同的 TQ 时间长度。一个 TQ 的物理持续时间即为 t_{SCL}，可以根据 BRP 计算出。根据图 7-20，用 NBT 的值来确定 PROP_{max}（系统所能允许的最大传播延时，这个值必须高于系统中实际的传播延时）。

3）合适采样点的确定。在位定时中，采样点的位置完全由 TSEG2 确定。表 7-3 和表 7-4 给出的计算规则为 TSEG2 定义了一个最小值和一个最大值，这个最小值或最大值取决于该系统的 NBT 和传输延时。因此，如果把采样点的位置表达成位定时的百分数，就可以建立一个图表，这里采样点只取决于最大的传播延时和振荡器容差。式（7-18）用于定义这个组建的关系：

$$T_{\text{sample\_point}} = \frac{\text{NBT} - \text{TSEG2}}{\text{NBT}} \times 100\% \tag{7-18}$$

式中，$T_{\text{sample\_point}}$ 为采样点所对应时刻。

图 7-21 中的四个区域（①、②、③、④）表示对一个给定传播延时和振荡器容差的采样点所允许的范围。

（6）位定时参数的计算　在实际应用中，为了使系统性能更加良好，通常要满足一些相矛盾的要求。这些要求可能是：

1）高数据流量，即涉及位速率。

2）总线长度要长，即影响到传播延时。

3）系统价格要低，它可能影响到振荡器的容差。

以下说明位定时参数的求取方法。

1）用图解法选择位定时参数。这里描述的是，如何利用图 7-20 和图 7-21 逐步得到最合适的位定时参数。假设已知振荡器频率、要求的位速率、最差情况下振荡器容差和系统中任意两个节点之间最小和最大的回路传播延时等。该图解表示法最小传播延时限制在 2TQ，在任何情况下必须检查实际最小系统传播延时是否低于这个限制。确定合适位定时参数的过程如下：

第一步：确定 BRP、NBT、一个 TQ 的长度 t_{SCL} 和 PROP。

利用式（7-16），根据所要求的位速率和振荡器频率可计算出 BRP 和 NBT 的乘积。计算结果是一个整数值，可能会出现 BRP 和 NBT 几个不同的组合，所有组合要写在一个列表中。对应的 TQ 时间长度用式（7-19）确定，并添加到列表中。

$$t_{\text{SCL}} = \text{BRP} \times 2t_{\text{CLK}} = \frac{2\text{BRP}}{f_{\text{CLK}}} \tag{7-19}$$

　　此外，最大和最小的往返延时可用式（7-4）确定，传播延时由部件的有效循环延迟和系统中总线线路最远端之间的线路延时组成。用已知的持续时间和式（7-5）可以计算出 PROP 的额定值，每个 t_{SCL} 都要执行这个计算。

　　第二步：选择合适的 NBT、PROP 和 BRP 的组合。

　　把得出的 NBT 和 PROP 的各组合值与图 7-20 给出的 NBT 的最小值和最大值进行比较，所有组合要标明是有效的还是无效的。

　　第三步：确定位速率和传播延时之间的折中方案。

　　在进行下一步之前要选择 BRP、NBT、PROP 和振荡器容差的一个组合。如果选择的 NBT 或 PROP 为系统以后的改善留下空间，如更高的位速率或较大的传播延时，则要决定优化哪个参数。

　　第四步：选择合适的采样点位置并计算定时参数。

　　在确定一个合适的 BRP 和 NBT 后，可以用图 7-21 来确定位定时参数。根据已知的最大传播延时和位定时周期值，从这个图解可以获得一个合适的采样点位置范围，一旦确定了这个范围，位定时段 TSEG2 段的最小值和最大值就可以用式（7-18）计算出，计算结果必须向上或向下四舍五入到一个整数值。

　　第五步：检查 $PROP_{min}$ 的限制。

　　获得完整的一组位定时参数后，要检查这个系统的最小传播延时是否如假设的那样大于 2TQ。如果不满足这个限制，那么位定时参数就要用表 7-3 的公式重新计算。这样做的目的是核实所选择的位定时。

　　2）计算位定时参数。

　　第一步：确定 TQ 和 NBT。

　　为了取得期望的位速率，NBT 选择的时间份额 TQ 的量必须是一个整数。当然，这也确定了一个时间份额 TQ 的持续时间 t_{SCL}，如果时间份额的持续时间 TQ（t_{SCL}）越小，即 NBT 越大，则采样点在位周期中的位置以及 SJW 的大小都有更好的解决方法。但由于 CAN 协议的最大 SJW 时间间隔是 4TQ，选择太小的 TQ 时间间隔就不可能提供足够大的同步跳转宽度（SJW）。单凭经验，如果系统要优化成有较大的振荡器容差，则 NBT 要选择 8～16 之间的值，而 NBT 允许的传播延时和总线长度也更大。

　　第二步：确定最小要求的 SJW。

　　表 7-3、表 7-4 中给出的式子定义了最小 SJW 间隔是振荡器容差、NBT 和最小传播延时的函数。当已知系统中任意两点之间的最小传播延时难以确定时，就可以选择为 0，这是第一个保守的估计。由方程计算出的两个值中，较大的一个要保证满足两个方程，SJW 间隔是整数个 TQ，所以选择的值要四舍五入到下一个整数。如果计算出的 SJW 值大于 4，则最初固定的 TQ 时间间隔要增大（NBT 减小），或使用精度更高的振荡器类型。

　　第三步：确定 TSEG2 的最小值。

　　根据 CAN 控制器正确重同步的要求以及 SJW 时间间隔来确定 TSEG2 允许的最小时间间隔。要正确地重同步，TSEG2 间隔至少是 2TQ，在接收到一个提早的边沿并确保有最小信息处理时间的情况下，允许缩短 TSEG2。此外，TSEG2 段必须和上述第二步确定的 SJW 时间间隔一样大，因此，最小的 TSEG2 间隔至少要和这两个限制条件中的较大值一样大。

　　第四步：确定 TSEG2 的最大值。

由于 CAN 网络中传播延时的允许范围更大，因此允许采样点位于位周期的后面。最大系统传播延时限制了允许的最大 TSEG2 时间间隔，假设已知最大的系统传播延时，则 TSEG2 的上限可由表 7-3、表 7-4 中给出的式子计算出。至于最小系统传播延时，如果系统中任意两个节点之间的实际最小传播延时未知，最保守的估计是假设它为 0。方程计算出的较小值要保证满足这些方程，由于 TSEG2 是整数个 TQ，因此较小的这个值要四舍五入到下一个整数。

第五步：选择正确的位定时参数。

根据第三步和第四步的结果，为了求得 TSEG2 间隔的最大值和最小值并转换为整数个 TQ，此时就得出了 TSEG2 值的可能范围。选择所有满足要求的最大值可以使在有噪声环境下采样点的选择有更大的容限，相反，选择一个尽可能小的 SJW 值可以限制由于毛刺引起的错误重同步对系统的影响。确定了 TSEG2 的值后，TSEG1 的值就可以用表达式（7-1）计算出。然后，要检查所有结果是否在允许的可编程范围内。

7.3.2 CAN 总线收发器——PCA82C250

CAN 总线收发器 PCA82C250 提供了 CAN 控制器与物理总线之间的接口，是影响网络系统安全性、可靠性和电磁兼容性的主要因素。

1. 概述

PCA82C250 是 CAN 控制器与物理总线之间的接口，它最初是为汽车中的高速应用（达 1Mit/s）而设计的，该器件可以提供对总线的差动发送和接收功能。

PCA82C250 的主要特性如下：

1）与 ISO 11898 标准完全兼容。

2）高速率（最高可达 1Mbit/s）。

3）具有抗汽车环境下的瞬间干扰及保护总线能力。

4）采用斜率控制（Slope Control），降低射频干扰（RFI）。

5）过热保护。

6）总线与电源及地之间的短路保护。

7）低电流待机模式。

8）未上电节点不会干扰总线，总线至少可连接 110 个节点。

2. PCA82C250 功能框图

PCA82C250 的基本性能参数和引脚功能见表 7-5 和表 7-6，其功能框图如图 7-22 所示。

表 7-5 PCA82C250 基本性能参数

符　号	参　数	条　件	最小值	典型值	最大值	单　位
V_{CC}	电源电压		4.5	—	5.5	V
I_{CC}	电源电流	显性位，$V=1V$	—	—	70	mA
		隐性位，$V=4V$	—	—	14	mA
		待机模式	—	100	170	μA
V_{CAN}	CANH，CANL 脚直流电压	$0V < V_{CC} < 5.5V$	−8	—	+18	V
ΔV	差动总线电压	$V=1V$	1.5	—	3.0	V

（续）

符　　号	参　　数	条　　件	最小值	典型值	最大值	单　位
$V_{diff(r)}$	差动输入电压（隐性位）	非待机模式	-1.0	—	+0.4	V
$V_{diff(d)}$	差动输入电压（显性位）	非待机模式	1.0	—	5.0	V
γ_d	传播延迟	高速模式	—	—	50	ns
T_{amb}	工作环境温度		-40		+125	℃

表 7-6　PCA82C250 引脚功能

标　记	引　脚	功　能　描　述
TXD	1	发送数据输入
GND	2	接地
V_{CC}	3	电源
RXD	4	接收数据输出
V_{REF}	5	参考电压输出
CANL	6	低电平 CAN 电压输入/输出
CANH	7	高电平 CAN 电压输入/输出
Rs	8	斜率电阻输入

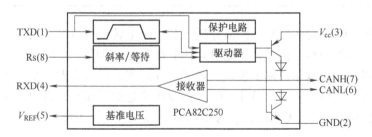

图 7-22　PCA82C250 功能框图

3. PCA82C250 功能描述

PCA82C250 驱动电路内部具有限流电路，可防止发送输出级对电源、地或负载短路。虽然短路出现时功耗增加，但不至于使输出级损坏。若结温超过 160℃，则两个发送器输出端极限电流将减小。由于发送器是功耗的主要部分，因而限制了芯片的温升，器件的所有其他部分将继续工作。PCA82C250 采用双线差分驱动，有助于抑制汽车等恶劣电气环境下的瞬变干扰。

引脚 8（Rs）用于选定 PCA82C250 的工作模式，有 3 种不同的工作模式可供选择：高速、斜率控制和待机，见表 7-7。

表 7-7　引脚 Rs 用法

Rs 提供条件	工　作　模　式	Rs 上的电压或电流
$V_{Rs} > 0.75 V_{CC}$	待机模式	$\lvert I_{Rs} \rvert < 10 \mu A$
$-10 \mu A < I_{Rs} < -200 \mu A$	斜率控制	$0.4 V_{CC} < V_{Rs} < 0.6 V_{CC}$
$V_{Rs} < 0.3 V_{CC}$	高速模式	$I_{Rs} < -500 \mu A$

对于高速工作模式，发送器输出级晶体管被尽可能快地启动和关闭。在这种模式下，不采取任何措施限制上升和下降的斜率。此时，建议采用屏蔽电缆，以避免射频干扰问题的出现，通过把引脚8接地可选择高速工作模式。

对于较低速度或较短的总线长度，可使用非屏蔽双绞线或平行线作总线。为降低射频干扰，应限制上升和下降的斜率。上升和下降的斜率可以通过由引脚8至地连接的电阻进行控制，斜率正比于引脚8上的电流输出。

如果引脚8接高电平，则电路进入低电平待机模式。在这种模式下，发送器被关闭，接收器转至低电流，如果检测到显性位，则RXD将转至低电平。微控制器应通过引脚8将驱动器变为正常工作状态来对这个条件做出响应，由于在待机模式下接收器是慢速的，因此将丢失第一个报文。PCA82C250真值表见表7-8。

表7-8　CAN驱动器真值表

电　　源	TXD	CANH	CANL	总线状况	RXD
4.5~5.5V	0	高	低	显性	0
4.5~5.5V	1或悬空	悬空	悬空	隐性	1
<2V（未上电）	任意值	悬空	悬空	隐性	任意值
$2V < V_{CC} < 4.5V$	$>0.75V_{CC}$	悬空	悬空	隐性	任意值
$2V < V_{CC} < 4.5V$	任意值	若$V_{Rs} > 0.75V_{CC}$，悬空	若$V_{Rs} > 0.75V_{CC}$，悬空	隐性	任意值

双绞线并不是CAN总线的唯一传输介质。利用光电转换接口器件及星形光纤耦合器可建立光纤介质的CAN总线通信系统，此时光纤中有光表示显性位，无光表示隐性位。

利用CAN控制器的双相位输出模式，通过设计适当的接口电路，也不难实现人们希望的电源线与CAN通信线的复用。另外，CAN协议中卓越的错误检出及自动重发功能，为建立高效的基于电力线载波或无线电介质的CAN通信系统提供了方便。

7.3.3　I/O器件——P82C150及节点开发

1. P82C150

P82C150是一种数字和模拟的I/O器件，它具有CAN总线接口。使用P82C150可以提高微控制器I/O能力，降低线路的数量和复杂性，是一种高效又廉价的方法，在自动化仪表及通用工业中的传感器、执行器接口和机电领域都有广泛的应用。

P82C150的功能主要有三个方面，分别介绍如下：

（1）I/O功能

1）16条可配置的模拟及数字I/O口线。

2）每一条I/O口线都可以通过CAN总线单独配置，这些配置包括口工作模式、I/O方向和输入跳变的检测功能等。

3）P82C150用作数字输入时，可将其设置为由输入端变化而引起CAN报文自动发送。

4）具有6路模拟输入通道的10位A-D转换器。

5）具有两个分辨率为10位的准模拟量输出，该准模拟量分配脉冲调制PDM。

6）具有两个通用比较器。

（2）CAN 接口功能

1）具有严格的位定时，且符合 CAN 技术规范 V2.0A 和 V2.0B。

2）具有全集成的内部时钟振荡器，不需要晶振，其位速率为 20kbit/s ~ 125kbit/s。

3）具有自动检测和校正位速率的功能。

4）支持总线故障自动恢复。

5）含有 4 个可编程标识符位，一个 CAN 总线系统上最多可连接 16 个 P82C150。

6）带有 CAN 总线差分输入比较器和输出驱动器。

7）具有通过 CAN 总线唤醒功能的睡眠方式。

（3）工作特性

1）工作温度为 -40 ~ +125℃。

2）电源电压为 5 （1 ±4%）V，典型电源电流为 20mA。

3）采用 28 脚小型表面封装。

P82C150 共有 9 个 16 位的 I/O 寄存器：数据输入寄存器（地址 0，只读）、正沿寄存器（地址 1，只写）、负沿寄存器（地址 2，只写）、数据输出寄存器（地址 3，只写）、输出允许寄存器（地址 4，只写）、模拟配置寄存器（地址 5，读/写）、DPM1 寄存器（地址 6，只写）、DPM 2 寄存器（地址 7，只写）和 A-D 寄存器（地址 8，只读）。P82C150 在收到数据以后，会自动发送相应的 I/O 寄存器更新后的数据帧作为应答，接收和发送的数据帧格式相同。

2. 节点开发

图 7-23 所示为 CAN 节点设计电路。作为 CAN 总线节点的 P82C150，与模拟量输入和开关量输入直接相连，P82C150 把所采集到的信号通过 PCA82C250 送至总线，接着进一步送往总线上其他带有中央处理器 CPU 的节点进行处理。与此同时，P82C150 也把总线上接收到的控制输出信号送至驱动电路，从而对电动机、指示灯等设备进行控制。

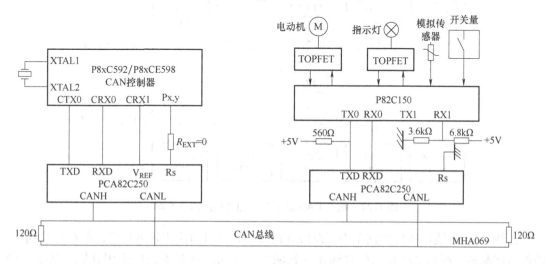

图 7-23 CAN 节点设计电路

7.4 CAN 总线控制系统的应用

CAN 总线控制系统是由不同控制节点构成的分布式控制网络，CAN 总线控制系统的设计核心是节点功能划分和 CAN 通信接口的软硬件设计。

7.4.1 汽车内部 CAN 总线解决方案

CAN 总线采用了许多新技术及独特的设计，与其他总线技术相比具有突出的可靠性、实时性和灵活性。

CAN 总线已成为欧洲汽车制造业的主体行业标准，已成为汽车内部电子控制的主流总线。现代汽车内部装置采用电子控制，例如发动机的定时注油控制，加速、制动控制及防抱死制动系统（ABS）等，这些设备的测量与控制需交换数据，而采用硬接信号线的方式不仅烦琐、昂贵，而且故障率高。因此，世界上一些著名的汽车制造厂商，例如奔驰（Benz）、宝马（BMW）、保时捷（Porsche）、美洲豹（Jaguar）和通用汽车（GM）等都已采用 CAN 总线实现汽车内部控制系统与检测和执行机构间的数据通信。

汽车内部总线可分为动力、照明、操作、显示、安全和娱乐等多个子系统，每个连接到总线上的节点称为电子控制装置（ECU）。基于 CAN 的汽车内部总线的解决方案之一如图 7-24 所示。根据各节点的实时性要求，设计了高、中、低速的 3 种速率不同的 CAN 通信网段，并通过网关集成。

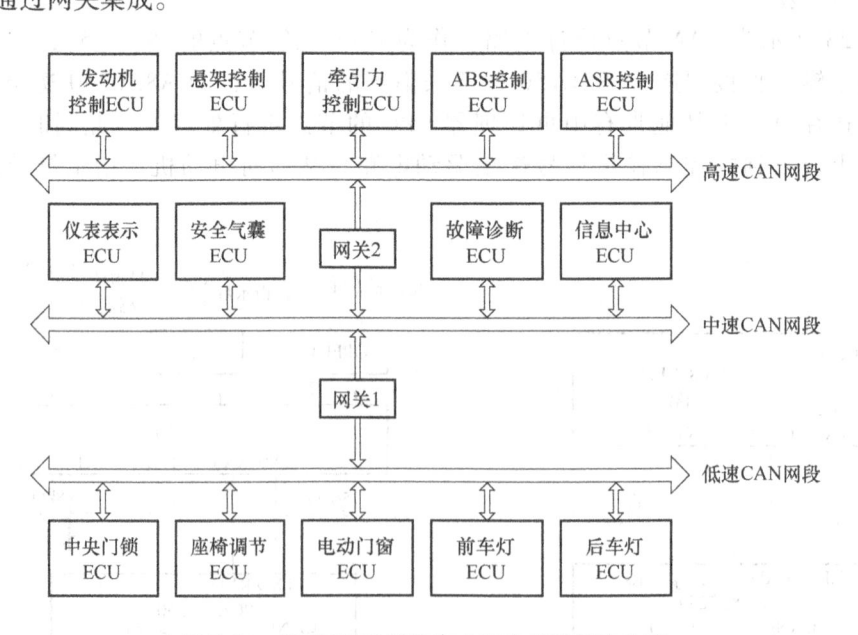

图 7-24 基于 CAN 的汽车内部总线的解决方案

虽然 CAN 总线最初是为汽车内部总线而设计的，但目前应用领域很广，如在电梯制造、纺织机械制造、医药系统和工厂自动化等领域均有应用。针对不同的应用领域，基于 CAN 规范开发出多种应用层协议，如 CANKingdom、DeviceNet、SDS、CAL 和 CANOpen 等。

7.4.2　CAN 总线立体车库控制系统

1. 立体车库控制系统的构成

立体车库控制系统应用于一种新型液压驱动升降横移式立体车库，该车库主要由 1 套升降机构、7 套横移机构以及 1 个液压泵站等组成，其中，升降机构为液压驱动，横移机构及泵站为电动机驱动，系统还有大量接近开关等传感器。该车库具有输入传感器多、输出执行器多、布线距离远等特点。由于传统 DCS 的控制模块和 I/O 模块集中于控制柜，如果将其应用于本例的车库控制，需要将每个装置的每个信号都分别连接到控制器，存在布线工作量大、调试困难、物料成本高、有潜在故障隐患和维护困难等问题，故不适宜工程要求。而FCS 以其彻底的开放性、全数字化信号系统和高性能的通信系统，可以使车库控制系统节省硬件数量与投资、节省安装费用与维护费用。

立体车库控制系统的核心设备是一台基于电液比例控制的液压缸，该液压缸与比例节流阀、位移传感器及控制器等构成闭环控制系统。此外，系统还有多部交流异步电动机和大量位移传感器以及液位传感器、温度传感器等。这些设备与传感器分布在车库的各个位置，比较分散，考虑到现场实际，适宜选用基于 CAN 总线的 FCS。液压缸的闭环控制系统设置在升降运动控制节点内，每台横移电动机及其配套传感器组由一个横移运动控制节点驱动，泵站电动机及其配套传感器组构成环境控制节点，车库的自动存取车和手动存取车分别由上位机节点和车位呼叫节点完成。控制系统结构框图如图 7-25 所示。

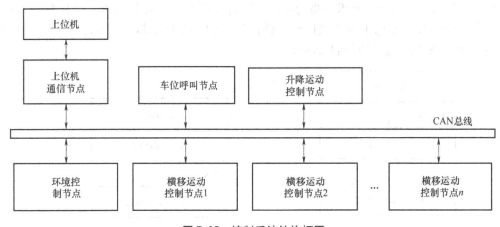

图 7-25　控制系统结构框图

2. 基于 CAN 总线的车库控制系统特点

由于 CAN 总线控制系统相较于传统 DCS 在结构上的根本改变，使其在车库控制系统的设计上以及在系统的安装、调试和维护等方面都显示出巨大的优越性。具体特点如下：

（1）极大地提高了车库运行过程的信息化水平　CAN 总线技术强大的信息集成及传输能力，使得车库运行过程中大量的信号集成成为可能。这些信号除了传感器和驱动机构的实时值外，还有各种辅助信号、故障信号和管理信息等。

（2）减少硬件数量与投资　CAN 总线系统中的智能节点能直接执行传感、控制、报警和计算等功能，因此可以减少变送器的数量，不再需要单独的调节器和计算单元等，也不需要传统控制系统中的信号调理、转换、隔离等功能单元及其复杂接线。另外，最明显的特点是信号电缆的大量减少，从而可以节省大笔电缆购置费用。

（3）节省安装费用　由于节省大量电缆，车库现场接线变得十分简单。据有关资料介绍，仅安装费用一项就节省60%以上。

（4）节省维护费用　CAN总线控制系统结构简单，信号电缆极少，从而大大减少系统维护工作量。

（5）提高系统的控制精度和可靠性　由于CAN总线节点的智能化和数字化，与模拟信号相比，它从根本上减少了传输误差，提高了检测与控制精度。

7.4.3　CAN通信的接口设计与报文设计

1. CAN通信的接口设计

CAN通信接口的硬件设计主要包括通信控制方案的选择和现场环境的适应性与可靠性设计。通信控制方案有两种：独立CAN控制器方案和内嵌CAN控制器方案。前者采用独立的CAN控制器芯片驱动CAN总线接口，后者采用内嵌CAN控制模块微处理器芯片。前者CAN驱动电路相对独立便于模块化设计，节点的微处理器选型容易，适用性强，但是相较后者电路设计较复杂，印制电路板（PCB）面积大，可靠性降低；后者CAN驱动电路相对简单，集成度更高，设计紧凑，但是节点的微处理器选型受限，且成本偏高。这两种控制方案的结构框图如图7-26所示。独立CAN控制器方案适合成本限制较大，批量较小，节点功能差异性较大以及在设计初期节点功能不明确的项目，而内嵌CAN控制器方案适合设计要求明确，批量较大，可靠性要求较高的项目。综合分析本车库设计需求，选择独立CAN控制器方案。CAN控制器选用应用最广泛、性能稳定的SJA1000芯片，该芯片为飞利浦半导体公司专为CAN总线设计的控制器芯片。

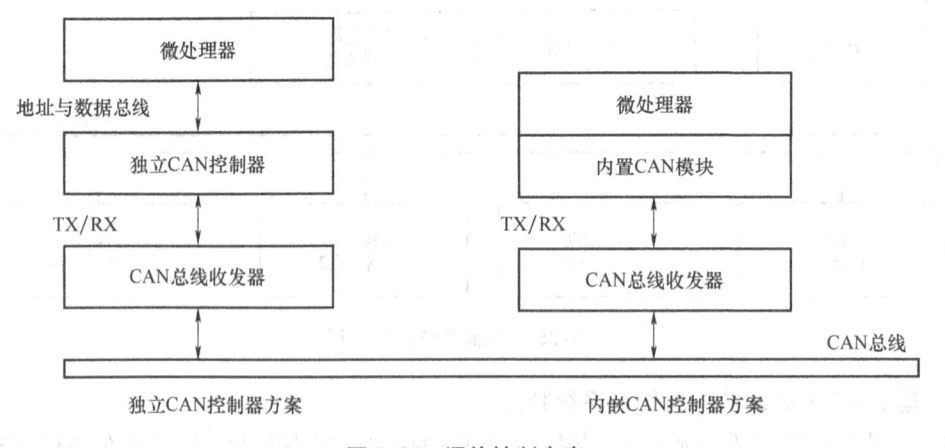

图 7-26　通信控制方案

由于车库现场环境存在较多的电磁干扰，使用条件恶劣，因此针对使用环境进行适应性与可靠性设计十分必要。该方面的设计主要在以下三方面进行：第一，电源设计；第二，信号隔离；第三，软件滤波。

第一，由于车库现场环境的供电条件受电网波动、大功率设备起停、高频电磁干扰等影响较大，需要为整个节点控制器设计良好、稳定的电源。设计中，对系统的电源一致采用DC +5V电压，光耦合器部分电路所采用的两个电源必须完全隔离。电源电路图如

图 7-27 所示。

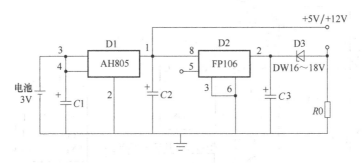

图 7-27　电源电路图

该电路由 AH805 升压模块及 FP106 升压模块组成。AH805 是一种输入为 1.2 ~ 3V，输出为 5V 的升压模块，在 3V 电池供电时可输出 100mA 电流。FP106 是贴片式升压模块，输入为 4 ~ 6V，输出固定电压为（29 ± 1）V，输出电流可达 40mA，AH805 及 FP106 都有一个电平控制的关闭电源控制端。两节 1.5V 碱性电池输出的 3V 电压输入 AH805，AH805 输出 +5V 电压，其一路作为 5V 输出，另一路输入 FP106 使其产生 28 ~ 30V 电压，经稳压管稳压后输出 +12V 电压。从图中可以看出，只要改变稳压管的稳压值，即可获得不同的输出电压，使用灵活方便。FP106 的第 5 脚为控制电源关闭端，在关闭电源时，耗电几乎为 0，当第 5 脚加高电平大于 2.5V 时，电源导通；当第 5 脚加低电平小于 0.4V 时，电源关闭。可以用电路来控制或手动控制，若不需要控制时，第 5 脚与第 8 脚连接。

第二，CAN 总线信号隔离设计部分。由于总线上连接了众多设备，且布线时不可避免靠近一些强电磁辐射设备，如交流异步电动机、液压电磁阀等，必然引入各类干扰信号。虽然 CAN 总线电缆在设计之初就考虑尽量减少干扰的影响，但要求其电缆完全没有干扰信号也不现实。所以对车库现场环境下的通信接口电路采取光电隔离设计十分必要。需要特别指出的是，如前电源设计时提到的，对信号进行光电隔离设计时，必须同时对电源进行隔离，不然隔离措施将失效。设计的 CAN 通信接口电路图如图 7-28 所示。

第三，同时应用软件滤波技术和硬件抗干扰技术，可以达到较好的抗干扰效果。

2. CAN 报文设计

在 CAN 报文设计中可以应用已有的标准化 CAN 总线应用层协议，如 CANOpen、DeviceNet 和 SDS 等。这些协议基于一种通用性、标准化的定义，从长远看，采用标准应用层协议对于工业控制的通信标准化和系统的兼容性是有益的。但是，由于车库的控制较简单，通信内容并不复杂，如果采用标准 CAN 总线协议，将造成通信协议过于复杂，通信效率降低。因此，控制系统采用自定义应用层协议。结合新型液压驱动升降横移式立体车库的结构和运行特点，本文设计了一种适合车库控制、结构紧凑的报文格式。具体的报文格式见表 7-9。

CAN V2.0B 规范有标准帧和扩展帧两种帧格式，前者为 11 位标识符，后者为 29 位标识符。在立体车库控制系统中 11 位标识符足够包含所有信息，且可以提高通信效率，故采用标准帧格式。其包含以下四部分：类型码、目标节点地址、通信模式和应答模式。以下为其含义说明：

1）类别码：占 2 位，区别报文的类型，设定其优先级。共包含四种类型：故障报警信息、控制信息、状态信息和网络管理信息，分别以 00、01、10、11 表示，优先级依次降低。

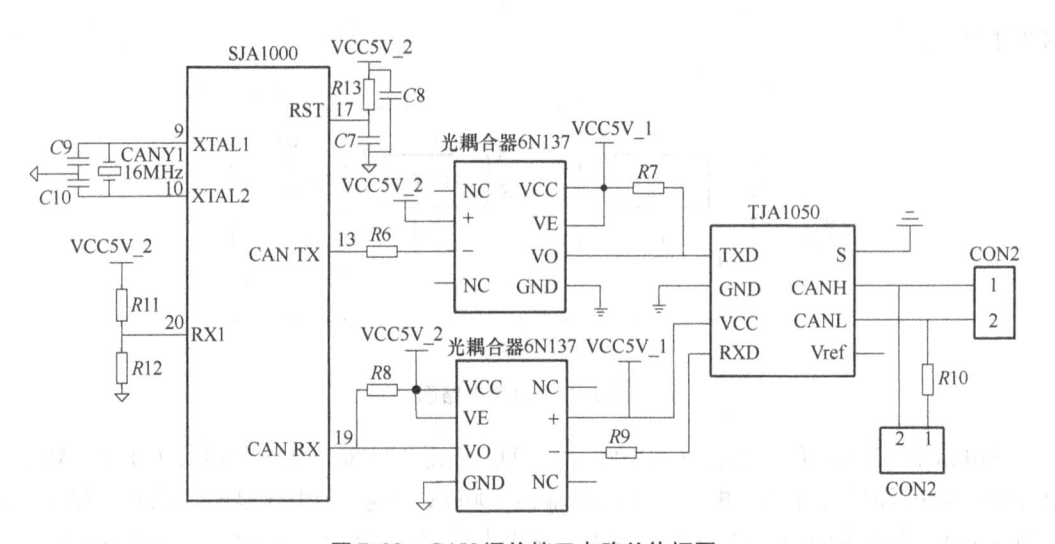

图 7-28　CAN 通信接口电路总体框图

表 7-9　自定义报文格式

位　域	描　述	内　容								
仲裁域	标识符	ID. 28	ID. 27	ID. 26	ID. 25	ID. 24	ID. 23	ID. 22	ID. 21	ID. 20
		类别码		目标节点地址						
		ID. 19		ID. 18						
		通信模式		应答模式						
	远程请求位	RTR								
数据域	数据 1	源节点地址								
	数据 2	指令类型描述								
	数据 3~8	控制指令或数据								

2）目标节点地址：占 7 位，指定接收报文的节点。前 2 位表示节点类型：00 表示主控节点，01 表示上位机，10 表示环境控制，11 表示运动控制；后 5 位表示节点编号：编号 0 空余，用于广播通信，剩余编号允许 31 个节点存在，可以满足一般车库的要求。

3）通信模式：占 1 位，指定报文由单个节点或多个节点接收，单点接收该位置 1，多点接收该位置 0；配合报文过滤机制实现广播功能。

4）应答模式：占 1 位，指定报文接收方是否需要应答，需要应答该位置 1，无须应答该位置 0，与通信模式位配合实现多种通信方式。

报文数据域由 0~8B 构成，由三部分组成：源节点地址、指令类型描述和控制指令或数据。数据 1 即源节点地址，该字节指出报文的发送节点，其编码格式与仲裁域中的目标节点地址编码格式相同，源节点地址的最高位补 0。数据 2 即指令类型描述，该字节用于界定数据 3~8 包含的信息类别，当前车库指令主要包括以下 5 类：运动控制指令、运动反馈指令、报警信息指令、状态信息指令和错误信息指令。数据 3~8 即控制指令或数据，主要指报文传送的具体指令或数据。例如，通常由上位机节点或呼叫控制节点发出的运动控制指令的数据主要是待存取车的位置信息。而相应的运动控制节点收到指令并执行后,会发送一条运动反馈指令,该指令的数据包含该节点当前的位置信息。

对于传递数据量较小而传递频率较高的立体车库来说,8B 的数据域能够保证每帧传递足够的信息,而且可以提高传递速度,因此不需要定义帧的分段协议。

第7章习题

7-1　试说明 CAN 的技术特点及其在实际应用中的优缺点。

7-2　试用 SJA1000 设计一个列车温度控制系统电路。

7-3　对常见的带有 CAN 通信控制器的 CPU 进行功能性介绍。

7-4　简述 CAN 总线收发器 PCA82C250 的主要特性。

7-5　举例说明车辆内部多网段 CAN 网络系统中,各网段之间是如何进行网络互联的。

第 8 章

AS-i 总线技术

执行器-传感器-接口（Actuator-Sensor-Interface，AS-i）总线是一种控制总线系统，用来在控制器（主站）和传感器/执行器（从站）之间进行双向信息交换，它属于工业控制系统底层（传感器级）的监控网络。一个 AS-i 总线系统既可以组成主从方式的监控网络，也可以通过主站中的网关和其他多种现场总线（如 DeviceNet、PROFIBUS、Modbus、CC-link 等）相连接，构成更大的监控系统，这时 AS-i 主站可作为上层现场总线的一个节点服务器（从站），在它下面又可以挂接一批 AS-i 从站。主机电路和具有强大功能的微处理器共同构成了 AS-i 主站。AS-i 主站内含网关，也可带有可编程序控制器（PLC）。AS-i 从站可以是传感器和执行器，这种传感器和执行器要具有开关量特征。传感器可以是各种工作原理的位置接近开关以及温度、压力、流量、液位开关等。执行器则是各种开关阀门、声光报警器，也可以是继电器、接触器等低压电器。除开关量设备外，AS-i 总线也可以连接模拟量设备，例如各种参数的变送器和连续动作的调节阀和电动执行器等，只是模拟信号的传输要占据多个传输周期。在连接主站和从站的两芯电缆上除传输信号外，同时还可为主、从站和传感器提供工作电源。当从站的输出信号需要较大的功率电流时，则需要外接辅助电源。

AS-i 总线与其他现场总线技术没有竞争的态势，因为 AS-i 总线从研制开始就明确定位它是处于各种现场总线网络的下层来连接各种传感器和执行器的。简单、高速、可靠、灵活的网络拓扑结构，信号传输和电源供给合二为一的传输系统，这些功能完全满足了控制系统底层的各种需求。因此，AS-i 总线在市场上具有很强的竞争力。

8.1 AS-i 总线概述

8.1.1 AS-i 总线技术特点

1. 系统完整

在分析了传统的 I/O 并行方式和树形结构的优缺点以及开关量的技术特点的基础上，AS-i 总线才发展起来，它省去了各类 I/O 卡、分配器、控制柜和大量的连接电缆。使用两芯扁平电缆和特殊的穿刺安装技术是 AS-i 总线的亮点，正因为如此，传感器/执行器可以很方便地连接到 AS-i 网络上。对于控制点较少的小系统来说，总线可以组成主、从站的独立系统来使用。对于大系统而言，可以由网关或连接器将 AS-i 和其他现场总线连接使用，如此 AS-i 总线便成了任何一个高级现场总线的子系统或附加总线，在世界各地的现场总线应用案例中，这种情况占了近 1/3 的比例，因此，可以说 AS-i 总线并不是现有的其他总线的竞争对手，而是一个附件，该附件是技术上需要、经济上可行的。

2. 应用简单

AS-i总线是一个主从系统，它的主站和所有从站信息的交换都是双向的，主站可以和上层现场总线进行通信，其数据结构简单，用户只需进行一些必要的参数设置和系统连接就可以使主站运行，主站的一项主要工作就是分配从站的地址。如果地址分配已经完成，系统中的某一从站损坏了，则可以去掉已损坏的从站，重新安装一个新从站，对该新从站的要求是地址为0、型号与旧从站相同，之后系统就会执行"自动地址设定"操作，自动把丢失的那个从站地址下载给新从站，自动恢复相关功能。因为AS-i是机电一体化设计，所以它所有的模块都具有"即插即用"功能，即可进行"热插拔"操作。

3. 传输快捷

AS-i总线系统的主站和从站之间采用串行双向数字通信方式。由于其报文较短，在有1个主站、31个从站或1个主站、62个从站的系统中，AS-i总线的通信周期大约为5ms或10ms。换句话说，主站在5ms或10ms内就可以对31个或62个从站轮流访问一遍，而且所有从站的输入输出操作也完成一遍。

4. 功能可靠

AS-i总线在许多方面都采取了相应的措施来抵抗外界的干扰。主、从站的制造采用集成电路，比用分立元件更加可靠；AS-i网络是对称结构设计，可以将电磁干扰降到最低；传输信号是正弦二次方尖脉冲设计，可以有效提高抗干扰能力；通信报文纠正错误信息是通过循环冗余校验（CRC）的方式来进行的；主站可连续监测网络传输功能，从站有自我监控功能，可向主站控制器报告错误。根据欧洲标准 EN 60870-5-1 的规定，数据完整性的定义有三个等级，AS-i总线处于 2~3 级，是较高的级别。假设一个 AS-i 网络系统连续工作 168h（7 天，每天 24h），数据通信数位错误概率是 10^{-3}，剩余错误概率是 10^{-12}，这意味着平均每 5 年会出现一个意外错误。

5. 节省资金

与传统的 I/O 并行方式的树形结构控制系统相比，AS-i总线系统能够节省大量的连接电缆、安装费用和大约 1/4 的工程费用。此外，如果由于生产流程改变，用户需要扩展系统、改变控制动作或运行中出现故障时，快速安装、故障诊断、自动测试、预防性维护和程序参数化等 AS-i总线所具有的功能可以大大缩短由于系统重新配置和排除故障所浪费的时间，既可以提高效率，又可以节省资金。

6. 系统的开放性

在研发 AS-i总线系统之初，就已经确定了它必须是一个开放的系统。在 AS-i 规范和 AS-i 行规中，对 AS-i 不同部件的定义和技术要求都有详细的描述，主站和从站之间的通信协议以及整个系统与主站和周围设备的连接方式都有特别的描述。任何 AS-i 部件的生产商都必须遵守诸如两芯电缆、机电一体化（EMS）接口、功能模块以及它上面的 I/O 标准接口等这些规范。为了保证各类 AS-i 产品的兼容性和互操作性，所有厂商生产的产品都必须经过 AS-i 协会指定机构的标准化测试和程序认证。

8.1.2 AS-i总线体系结构

AS-i总线的结构为主从式，整个系统的中心是 AS-i 主机，AS-i 主机可以安装在控制器中，如工业 PC（IPC）、可编程序控制器（PLC）以及数字调节器（DC）的内部，例如可把它做成专门的插卡插入 PC 的总线槽内，这样就把 AS-i 主机电路和工业 PC 的 CPU 连接起来。像这样将各种具有以高性能微处理器为核心的设备和 AS-i 主机组合在一起，称为系统的主站（Master）。从站（Slave）可以为两种：一种是智能传感器/执行器，该智能传感器/执行器带有 AS-i 通信接口，在其内部装有 AS-i 从机专用芯片，外加一些外围元件和存储器，这样就构成了一体化的从站，每个一体化的从站占有一个地址码；另外一种是分离型结构，该分离型结构由普通的传感器/执行器和专门的 AS-i I/O 接口模块构成，I/O 接口模块中带有从机专用电路，分离型从站就是由 I/O 接口模块和普通的传感器/执行器组合在一起形成的，每个分离型从站占有一个地址码。除了带有 I/O 接口外，从机电路还带有通信接口，将通信接口用非屏蔽、非绞接的两芯电缆把主站和多个从站连接起来便形成 AS-i 控制总线网络系统。

图 8-1 所示是一个 AS-i 总线网络的立体结构图。a 和 b 称为"连接模块"，可以用来方便地构建 AS-i 总线网络系统。a 模块是为接线方便而专门设计的，b 模块可以和智能型传感器/执行器连接，还可以和用户模块连接。该总线网络使用专门的扁平电缆作为通信电缆，"连接模块"带有 PG 标准防护接线盒。图 8-1 点画线框中 a 所示为一个未加盖的"连接模块"的局部放大图，可以清楚地观察到两芯电缆的相互连接方式。c、d、e 为"I/O 接口模块"，每个模块可以带有一个或多个 I/O 接口，可以连接在普通传感器/执行器上，例如 c 模块可外接 4 个电感式传感器，d 模块可外接一个光栅式传感器，e 模块可外接 2 个输入量、1 个输出量。f 模块本身就是智能型光电传感器，它带有从机专用芯片，可直接和"连接模块"b 背靠背相连。h 模块是一个带有大功率执行器的"I/O 接口模块"，使用时必须外接辅助功率电源，以便向执行器提供较大电流。

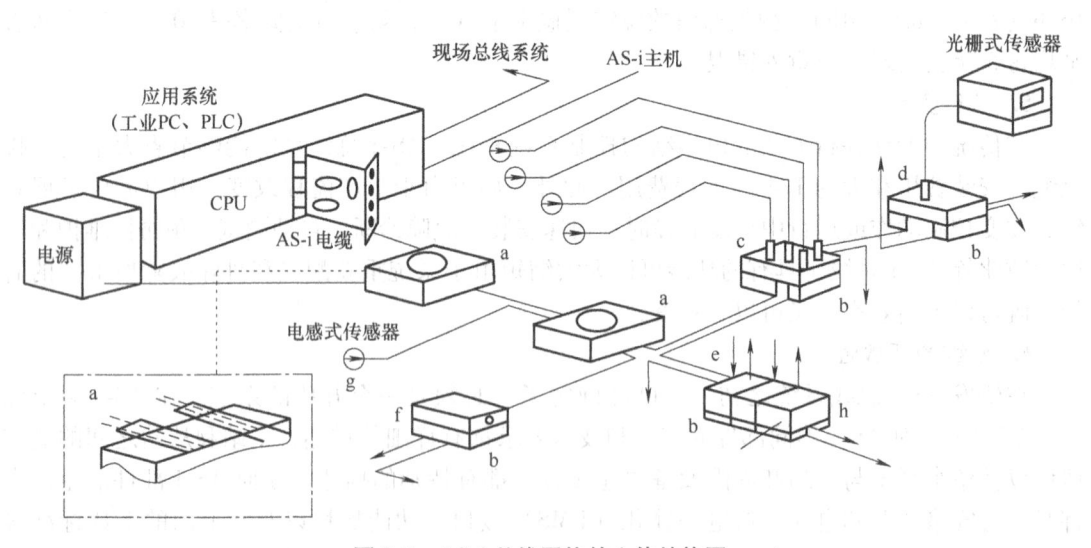

图 8-1　AS-i 总线网络的立体结构图

如果用螺钉把"连接模块"b 和"功能模块"f 拧在一起，就形成了 AS-i 标准接口，即 AS-i 机电一体化（AS-i EMS）结构。g 是一个智能型电感式传感器，内置从机专用电路，因此直接和 a 连接。整个系统的主站是一个带有 CPU 和存储器的控制器（工业 PC、PLC），用户应用程序写在存储器中。

8.1.3　AS-i 总线传输系统

1. 传输电缆和专用电源

在选择 AS-i 总线电缆时必须注意两个方面的技术指标：通信频谱特性和直流阻抗特性。因为 AS-i 总线电缆既要传输信号又要提供电源。在干扰较强的情况下，需要使用屏蔽电缆，如型号为（N）YMHCY-02×1.5 的电缆，它也要满足规定的频谱和阻抗特性要求。AS-i 总线电缆的等效电路模型如图 8-2 所示。

在图 8-2 中，传输电缆分为两种模型：两芯电缆和带屏蔽层两芯电缆。图中电阻（R'）、电容（C'）、电感（L'）和电导（G'）的值为 AS-i 电缆的等效参数。两芯电缆在传输速率为 167kbit/s 时，总的极限参数为：$R' = 20 \sim 50\text{m}\Omega/\text{m}$，$L' = 200 \sim 600\text{nH}/\text{m}$，$C' = 35 \sim 70\text{pF}/\text{m}$，$G' = 1 \sim 3\mu\text{S}/\text{m}$。带屏蔽层的两芯电缆在同样的传输频率时，与屏蔽层有关的极限参数为：$R'_s = 10\text{m}\Omega/\text{m}$，$L'_s = 800\text{nH}/\text{m}$，$C'_s = 300\text{pF}/\text{m}$，$G'_s = 15\mu\text{S}/\text{m}$。

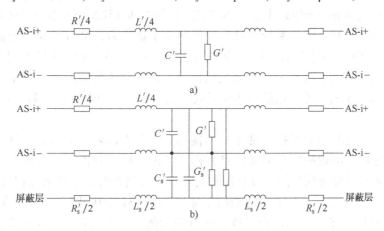

图 8-2　AS-i 总线电缆等效电路模型

a）两芯电缆　b）带屏蔽层的两芯电缆

AS-i 电源的电压为 DC29.5～31.6V，每个从站向传感器/执行器提供的电源电压为 DC 24V（误差为 -15%～10%）。在一个 AS-i 总线系统中，31 个从站 AS-i 电源可提供的最大电流为 2A，62 个从站 AS-i 电源可提供的最大电流为 4A，因此每个从站平均消耗的电流为 65mA，该电流只能供给从机电路和传感器、执行器中的工作电路使用。在整个系统中，AS-i 电缆上允许的最大压降为 3V，也就是说要保证网络中每个从站都能得到规定的电压值，电缆的横截面积最小为 1.5mm^2。

2. 传输信号调制

AS-i 信号在进行传输之前要进行调制，采用什么样的调制方法要考虑诸多因素，例如：①附加在电源电压上的传输信号必须是交变的；②主站和从站之间的双向通信要求双方都能够产生简单有效而且节省时间的窄带传输脉冲；③使用非屏蔽电缆时不应有太多的干扰等。AS-i 信号的调制采用交变脉冲调制（Alternating Pulse Modulation，APM）方式，APM 是一种串行通信方式，在基频上进行调制，主站发出的请求信号位序列首先转换为曼彻斯特 Ⅱ（Manchester Ⅱ）编码，即能执行相位变换的位序列，这样就产生了相应的传输电流。当传输电缆上的电流在通过电源中解耦电路里的电感元件的情况下会产生电压突变，就会在电缆上产生请求信号电压，每一个增加的电流会产生一个负电压脉冲，每一个减少的电流又会产生一个正电压脉冲，从站通过这种方式很容易从电缆上得到请求信号。由于信号是叠加在电源上的，所以信号电压的幅值有时会大于 AS-i 的电源电压。

因为从站内并不需要电感元件，所以带有从站专用芯片的智能型传感器/执行器一体化从站的电路更小、更简便、更经济，在从站中把电缆上的请求信号电压接收下来再转化为初始的位序列，这样就完成了一次主站向从站请求信号的转换过程。信号传输的电压脉冲的设计是正弦二次方脉冲方式，这是因为考虑到了低频干扰的影响，通过选择这种合适的传输波形可提高可靠性。在规定的拓扑结构中经过这种调制后的信号每两位脉冲信号的间隔只有 6μs。

3. 传输故障与抗干扰

电磁兼容性（EMC）问题在非屏蔽电缆上进行高速的 AS-i 信号传输过程中显得非常重要，发射干扰和现场的场强辐射干扰都不能超过欧洲标准 EN 55081 给出的极限值，即使在恶劣的电磁环境中，AS-i 传输系统也具有较强的抗干扰能力，AS-i 系统的电磁兼容性抗干扰能力符合 IEC 801 文件中各种有关标准的规定。经过对 AS-i 系统大量的测试，数据表明 AS-i 系统的发射干扰能保持在 IEC 的规定值以下，这是因为传输信号采用了正弦二次方脉冲的原因。AS-i 系统对于外部电磁高速瞬间放电的干扰，在 26MHz～1GHz 频率范围内的抵抗能力可达到 3 级。

AS-i 传输系统不但具有抵抗外部干扰的能力，还具有故障诊断和自动恢复能力。在最坏的情况下，通信会出现故障，但系统具有检测功能，可以对报文进行重发，因为是短信息，所以重发不会增加周期时间，只有在报文发生严重错误时，才会增加报文的周期长度，当位传输错误率在 70bit/s 时，系统周期仍保持为 5ms（31 个从站）。如果错误率再高一点，周期时间变化不大，AS-i 系统仍能保持它所有的功能，只有当传输错误率在 5000bit/s 时，正常的数据传输才难以维持。当 AS-i 电缆被切断时（如错误短接或故障断开），主站就不能访问位于断点另一侧的从站了，而位于主站一侧的从站仍可以被主站呼叫。主站通过运行管理服务程序能够诊断和发出故障信号，但这一点的前提是具有数据解耦电路的 AS-i 电源应与主站在同一侧，否则系统就会完全瘫痪。如果 AS-i 系统中使用了中继器，当 AS-i 电源发生故障时的影响就会减小，系统会维持部分功能，因中继器也可以向网络供电。

在连接网络系统中主站、从站、电源和传感器/执行器的过程中，AS-i 总线的传输系统起了通路和桥梁的作用。在传输系统中，报文信号要经过多次的变换和恢复，并要抵抗各种外界的干扰，保证准确、快捷、可靠的信息交换。报文信号是 AS-i 总线系统中重要的组成部分。

8.2 AS-i 总线的从机与主机

8.2.1 AS-i 从机

1. 从机的组成

AS-i 从机的逻辑功能结构图如图 8-3 所示，与传感器/执行器的连接用接口 1，与 AS-i

通信电缆的连接用接口 2。AS-i 电缆的两根导线分别对应着 AS-i + 和 AS-i –，"+""–"表示电源的极性。图中 $D_0 \sim D_3$ 为数据输入/输出口，另有数据选通口，参数输出口为 $P_0 \sim P_3$，还有参数选通口、复位口，U_{out} 为供给传感器/执行器的电源。

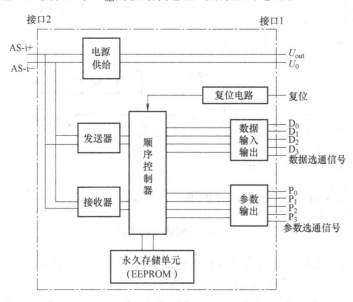

图 8-3 从机的逻辑功能结构图

标准的 AS-i 从机有 7 个逻辑功能块，分别是"电源供给""发送器""接收器""顺序控制器""数据输入输出""参数输出"和"复位电路"，从机专用芯片中一般也会集成"永久存储单元（EEPROM）"，少数情况下为一个外接的存储芯片。

AS-i 从机的中央处理单元是"顺序控制器"，从机的一切逻辑功能都由它来完成，通过"接收器"接收来自主机的请求命令，并进行解码，检查它们是否正确，如果正确就开始执行主机的命令，除此之外，它还要通过"数据输入输出"单元和"参数输出"单元把参数和数据传递给传感器/执行器，如果需要的话，还要向主机发送一个已正确接收的响应信息，此步骤通过"发送器"单元来实现。"顺序控制器"可以把来自主机的地址分配存储在"永久存储单元"中，即使在断电的情况下也可以保留来自主机的地址。在"接收器"中，经过滤波和数字化处理从 AS-i 电缆上侦察到的信息电压脉冲后，把该脉冲写进从机存储器的"接收寄存器"中，同时将接收到的信息进行合理的测试，保证没有干扰和破坏主机发过来的数据。

2. 从机的工作流程

从机在数据交换时所经历的各个工作状态以及不同的工作流程如图 8-4 所示，此工作流程适用于参数和数据的传递。需要注意的是在主机向从机发送数据之前，要先向从机发送"写参数"命令，复位"数据交换禁止位"，进行数据通信。可由"复位（RESET）"信号启动从机回答，另外在上电、内部短路、外部过载和电压持续低于正常工作电压的情况下，都会引发"复位（RESET）"信号。

1）在"复位（RESET）"信号到来时，AS-i 从机进入"开始启动（INIT）"状态，执行如下操作：

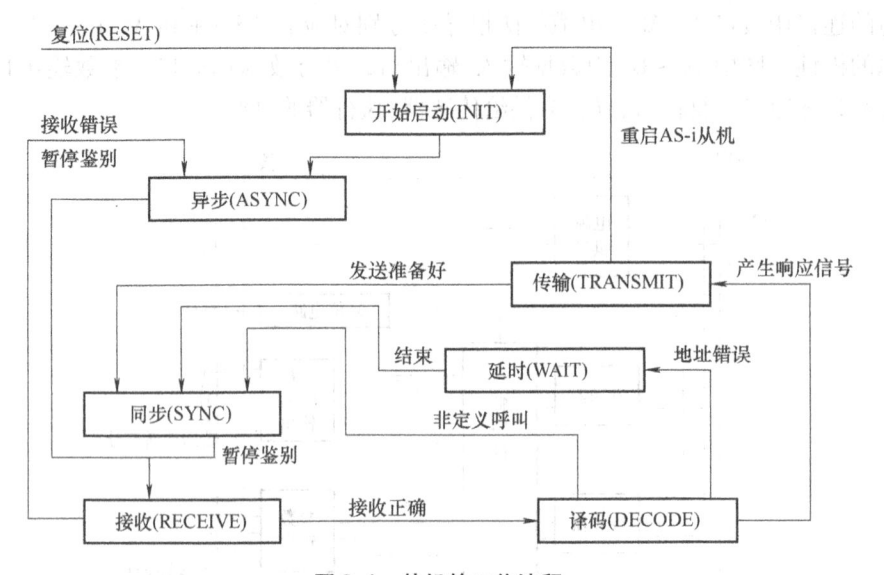

图 8-4　从机的工作流程

① 复位输出口内部的所有缓存器和标志位。置位"数据交换禁止位",以禁止此时 AS-i 电缆上的无用信号的干扰并等待主机的请求呼叫;

② 在第一次正确接收到主机的"写参数"报文时,复位"数据交换禁止位"。从永久存储单元中读出从机地址到地址缓冲器中,读出 I/O 和 ID 号到 I/O 配置和 ID 编码缓存器中。考虑到安全方面的因素,在存储单元中把地址、I/O 和 ID 都存储了两次,"开始启动(INIT)"成功以后则进行下一步操作。

2)进入"异步(ASYNC)"状态。从机接收 AS-i 线上的数据,将其保存到"接收缓存器"中,然后作下一步操作。

3)进入"接收(RECEIVE)"状态。从主机报文的起始位开始读信息,执行检测程序。可以检测出以下错误:起始位错误、交换错误、信息错误、校验位错误、结束位错误和信息长度错误。只要测出其中有一条错误,将会视所传输的信息为错误信息。这种检验是由几个逻辑链接执行的,而且处理过程只占用"顺序控制器"一小部分时间。如果产生错误,从机就会产生应答信息,主机会等待并通过监控自己的暂停周期来发现被呼叫的从机是否有响应,如果需要,主机会重新发出这条请求呼叫。

"顺序控制器"会把从主机报文读到的信息和本身存储的内容进行比对,如果发现有不同,就会置位状态缓存器的 S_3(存储单元读取地址出错, S_3 是从机配置的状态寄存器的一个标志位,在从永久存储单元读取地址出错时被置位)。如果出现分配地址时断电以及没有正确完成向"永久存储单元"的存储的情况,也会置位 S_3。

如果出现错误,从机会重新回到"异步(ASYNC)"状态,等待下一个轮询周期,主机在得不到应答的情况下就会呼叫下一个从站。如果没有出现错误,而且从机正确接收了呼叫命令,则会进入下一个状态。

4)从机进入"译码(DECODE)"状态。在此状态下,首先要看状态缓存器的 S_3 是否被置位,即存储单元地址是否出错,如果出错,就会回到"同步(SYNC)"状态,然后再次进入"接收(RECEIVE)"状态;如果发生"地址错误",经过"延时(WAIT)"和"同步（SYNC）"处理后也会再次进入"接收（RECEIVE）"状态。这个过程从机不会产生响应。

5）若呼叫和地址都正确，经过"传输（TRANSMIT）"状态后进入"同步（SYNC）"状态，并向总线发出应答信号，然后再次进入"接收（RECEIVE）"状态，等待主站的下一次呼叫。

6）若传输过程发生故障，则会重启 AS-i 从机并返回"开始启动（INIT）"状态。

8.2.2 AS-i 主机

1. 主机工作模式

按照 AS-i 的通信协议，主机可以与周边从机设备进行数据交换。在 AS-i 的通信协议中，由执行控制层来完成主机和从机之间的数据交换，为了达到不同的要求，主机在正常的工作周期中有两种工作模式：

（1）配置模式 在此模式下，无须与主机内存中的参考配置进行核对，所有连接在电路中的从机都被激活，并参加数据交换。在与主机永久性配置数据不一致的情况下，允许对系统进行操作，由于不进行参考配置核对，不能实现自动地址设定功能，这种模式在系统配置组态时使用。

（2）运行保护模式 在此模式下主机将只与"激活从机列表（LAS）"中的从机进行通信，并自动测试 AS-i 总线的配置。从机只有位于"可测从机列表（LDS）"中，且其实际配置与参考配置相一致时才能被激活，此时，可以进行的操作有数据交换和自动地址设定，这种模式在系统实际工作时使用，如果发现错误，将向主机接口层报告错误信息。

2. 主机的工作流程

主机在工作过程中，从离线状态到进入执行控制状态要经历几个阶段，如图 8-5 所示。首先在离线阶段上电（或在操作过程中主机进行重启），要先进行"初始化"，然后开始执行"启动操作"，所有物理连接的从机都在监测阶段进行记录，随后在激活阶段被激活，最后进入"周期性的正常操作"之中，开始数据交换、管理和系统扩展。"执行控制层"在正常的工作周期中执行着两个平行的过程：

传输功能：控制数据在主机和从机之间进行交换；

管理功能：执行应用层命令，并实现自动地址设定功能。

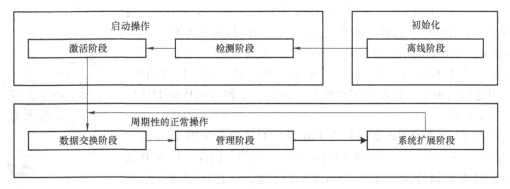

图 8-5 执行控制阶段原理图

（1）初始化　主机在离线阶段完成"初始化"操作，然后在配置模式下完成主机基本配置信息的设置。此时，所有从机的输入都置0，输出都置1（AS-i从机在上电或重启后的特征输出值）。

通过设定离线标志位，可以从其他任何状态下将"执行控制层"置回离线状态，在发送报文的传输线路电压过低时，也会自动回到离线状态。实际上，离线标志位的功能和PLC中的命令"Halt"一样，通过对它的设置也可以重新启动主机。

（2）启动操作　"执行控制层"在"启动操作"中检测并激活所有功能正常的从机，启动操作分为检测和激活两个阶段。

（3）周期性的正常操作　启动成功之后，主机将进入周期性的正常操作运行期，在此期间主机与从机间进行数据交换。数据交换、管理和系统扩展三个阶段组成了一个完整的AS-i周期。

数据交换阶段结束后，将进入管理阶段。在管理阶段，由于报文每周期只发送一次，因此要通过多个周期才能完成一些需要多次呼叫的功能。管理阶段可以完成的功能有：①设定从机参数值；②读取从机状态；③读取某一个从机的I/O配置和ID编码；④将某从机的操作地址置0；⑤为地址为0的从机设定新的操作地址；⑥对某从机进行重启等。

在没有指令提交和报文传输时，将进入系统扩展阶段。在每个AS-i周期结束时，可以寻到新引入的从机。

8.3　AS-i技术应用

8.3.1　AS-i总线系统工业模块和元器件

1. 网关

网关既是AS-i的"心脏"，也是AS-i总线系统的主站。将下层的I/O信号传送给上层的PLC控制系统就是网关的主要任务，客户可以将网关看作是一个大量I/O信号的采集卡，不管上层总线如何变化，都不会影响到下层的I/O模块。当正确连接传感器和执行器后，便可十分方便地进行PLC方面的编程。

（1）K20网关　VBG-CCL-K20-D-BV是一种带CC-Link接口的K20网关，如图8-6所示，它既是AS-i的主站，也是CC-Link的从站，占用3个站号，可通过液晶面板和按钮来设置地址和波特率，同时不需要经过上层的CC-Link总线就可以调试和诊断AS-i系统。面板菜单支持中文，可以方便客户选择操作。网关外壳选用不锈钢材质，防护等级为IP20，适合用在控制箱内。它可以连接普通I/O模块和安全模块，在同一个网络里传输I/O信号和安全信号。

VBG-PN-K20-DMD是一种带PROFINET接口的K20系列双网关，如图8-7所示。它可同时连接两个AS-i网络，同样采用K20系列网关的不锈钢外壳，符合AS-i V3.0规范，可连接更高一层的PROFINET控制器；VBG-PN-K20-DMD带有EIA-232诊断接口，加上相应的配套软件AS-i Control Tool就可以直接从网关中读出数据和

图8-6　带CC-Link
接口的K20网关

网络状态。其面板上有 7 个 LED 灯，可用于诊断 AS-i 网络的状态，4 个面板按钮可操作液晶面板上显示的菜单。

（2）K30 网关　如图 8-8 所示，VBG-PBS-K30-DMD 是一种带 PROFIBUS-DP 接口的 K30 网关。它是 AS-i 的主站，也是 PROFIBUS 的子站，经过循环和非循环数据交换，AS-i 的功能都可以通过 PROFIBUS-DP V1 来实现。该网关可同时连接两个 AS-i 网络，符合最新的 AS-i V3.0 规范，并遵守 PROFIsafe 协议，可进行更高层次的操作。网关带有 4 个输入和 4 个输出，4 个输入可用作外部设备监视（EDM）信号输入，4 个输出包含了 2 路继电器输出和 2 路半导体电子输出。网关外壳采用不锈钢材质，防护等级为 IP20。网关上带有液晶显示屏和按钮，方便用户操作和诊断，不需要通过 PROFIBUS 专门的组态程序就可以给子站分配地址、改变 PROFIBUS 地址和波特率、监视输入和输出信号、快速组态网络。

图 8-7　带 PROFINET 接口的 K20 系列双网关

图 8-8　带 PROFIBUS-DP 接口的 K30 网关

如图 8-9 所示，网关前面板上集成了一个圆形 6 针的 EIA-232 串行诊断接口，可用于连接调试软件 AS-i Control Tools 和安全组态软件 ASiMON G2。还有一个芯片卡插口，如图 8-10 所示，芯片卡的作用是：①存储系统和安全组态数据；②在替换损坏的网关时可非常方便地保留组态信息。

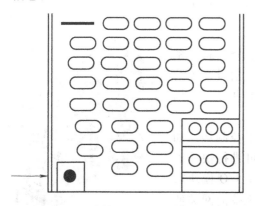

图 8-9　网关前面板的 EIA-232 接口

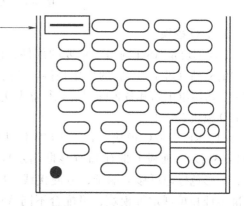

图 8-10　网关前面板的芯片卡插口

2. 电源

AS-i 电源是 AS-i 网络中不可缺少的一部分，不同于一般的直流电源，它除了给 AS-i 回路提供 DC 30V 的电源外，还负责数据去耦功能，如图 8-11 所示。数据信号和直流电源能在同一根电缆上传输。

VAN-115/230AC-K27 是一个标准的 AS-i 电源, 如图 8-12 所示。可输入 AC 115V 或 AC 230V, 在面板上有开关可供选择, 输出为 DC 30V/4A。电源带有接地监测功能（Earth Fault Detect, EFD）, 若发生接地错误, 电源会输出一个继电器信号（常闭触点）, 通过上层控制程序关断电源, 还可以通过 "RESET" 键使电源重启复位。

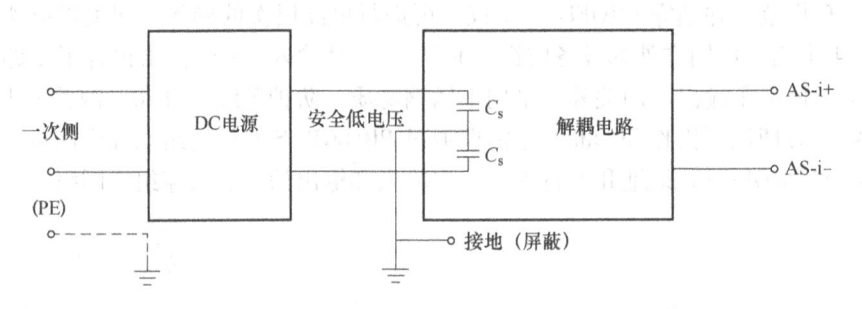

图 8-11　带有数据去耦功能的 AS-i 专用电源示意图

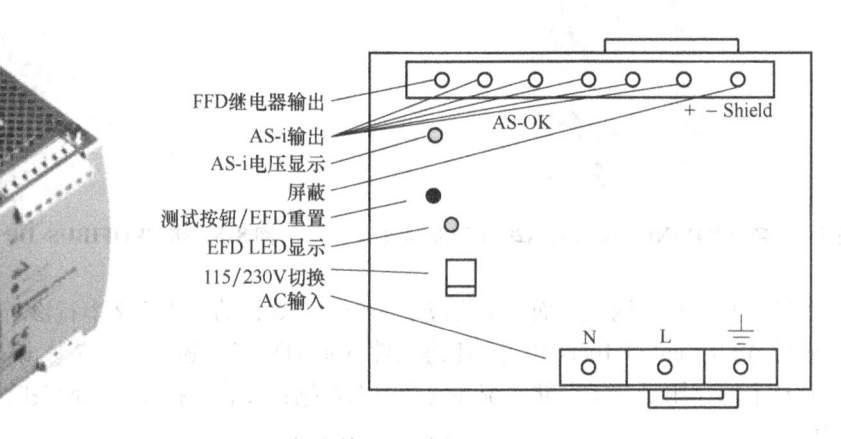

图 8-12　标准的 AS-i 电源

3. I/O 模块

I/O 模块是 AS-i 网络中重要的部件, 也是 AS-i 总线系统中的从站（Slave）, 它的作用是接收传感器的信号并传给网关, 再给继电器和各种阀门等执行器发送 PLC 指令。现场型 I/O 模块有以下几种:

（1）KE 型 I/O 模块　KE 型 I/O 模块用于控制箱, 如图 8-13 所示。面板上带有 LED 诊断指示灯, 可进行快速诊断, 用彩色标记可移动端子, 方便接线。KE 型 I/O 模块有标准地址和扩展地址模块, 可配合不同 AS-i 规范的网关使用。输入可连接 2 线、3 线或 4 线制传感器, 可输出电子开关（PNP 型）信号和继电器信号, 防护等级为 IP20, 适合用在控制箱内。

图 8-13　用于控制箱的 KE 型 I/O 模块

（2）G12 扁平 I/O 模块　G12 扁平 I/O 模块如图 8-14 所示。①它带有不锈钢卡扣, 合上就能将电缆压接好，无须多余工具；②带有电缆槽底座，可反转方向，便于电缆安装；③浇注式外壳（PBT），防护等级高达 IP67/IP68/IP69K；④带有 SPEEDCON 技术的 M12 不锈钢连接头，方便信号的快速连接；⑤LED 灯能指示输入输出信号的各种状态，便于现场快速诊断。

（3）G11 圆形 I/O 模块　G11 圆形 I/O 模块如图 8-15 所示。①采用全浇注外壳，坚固耐用、抗冲击、耐水压冲洗；②LED 灯能指示输入输出信号的各种状态，节省现场诊断时间；③圆形设计便于扁平电缆从任何方向布线，可通过扁平电缆或 M12 接头来与 AS-i 网络连接，适合用户不同的需求；④完美的密封设计，抗老化材料（PBT）的采用，使得防护等级高达 IP68/IP69K；⑤兼容最新的 AS-i POWER24 标准，使得网关更小，无须专用的 AS-i 电源。

图 8-14　G12 扁平 I/O 模块

图 8-15　G11 圆形 I/O 模块

（4）G10 紧凑 I/O 模块　G10 紧凑 I/O 模块如图 8-16 所示。①带有超紧凑的外壳，可以安装在非常狭窄的电缆槽或电缆桥架内，适用于分散的只有少量 I/O 点的场合；②带电缆的 M12 接头可直接连接传感器，无须另外接线；③LED 灯能指示输入输出信号的各种状态，节省现场诊断时间；④连体式外壳只需嵌入扁平电缆，将面板旋转盖置于顶部，拧紧中心螺钉即可，满足现场快速安装的要求。

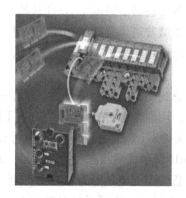

图 8-16　G10 紧凑 I/O 模块

（5）CB 印制电路板型 I/O 模块　CB 印制电路板型 I/O 模块，如图 8-17 所示。它的尺寸很小，连端子一起才 29mm 高，可安装在小型控制盒或按钮盒中，适用于连接小型的光电传感器和 LED 灯。I/O 端口最多可连接 4 输入和 4 输出，通过可移动端子或预制接线连接。

（6）安全 I/O 模块　VAA-2E2A-G12-SAJ/EA2L 是安全 I/O 模块，如图 8-18 所示。它是集成了 G12 模块优越性能的安全 I/O 模块，有两个安全输入和两个标准电子输出（PNP），安全输入可连接机械触点（如急停开关），也可监视交叉回路，通过 AS-i 网络供电。可通过 PLC 来置位输出信号，通过辅助电源供电以及对内部参数（P_1 位）的设置，

图 8-17　CB 印制电路板型 I/O 模块

可设置输入与输出之间的逻辑关系，即输入有信号可直接使输出响应置位，对于现场应用来说非常实用。

（7）紧凑性安全模块　VAA-2E1A-G10-SAJ/EA2J-2X1M 是紧凑性安全模块，如图 8-19 所示。它是具有 G10 超紧凑性能的安全模块，有 2 个安全输入和 1 个非安全输出，无须辅助电源，直接通过 AS-i 网络供电。

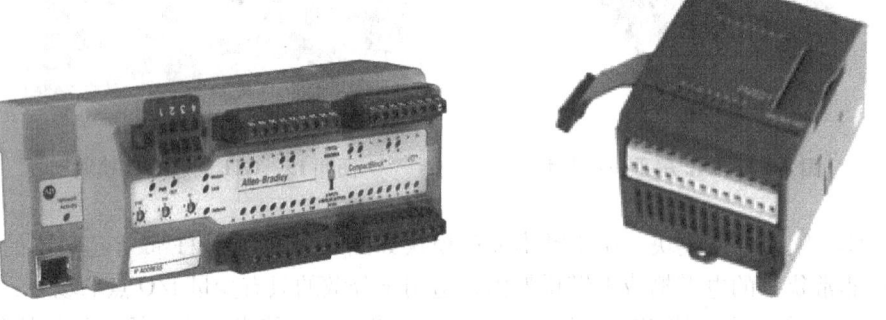

图 8-18　安全 I/O 模块　　　　　图 8-19　紧凑性安全模块

4. 总线型传感器

总线型传感器是集成了 AS-i 从站专用芯片的传感器，本身即带有 AS-i 从站接口，它除了具有同类型普通传感器的功能外，还是 AS-i 系统上的一个从站 I/O 模块。传感器的输入和输出状态可用模块上的数据位（D_0，…，D_3）来表示，参数位（P_0，…，P_3）可用作诊断功能。

（1）总线型阀门回讯传感器　这是一种双电感式传感器，用于检测和控制阀门位置，能驱动线圈，用两个螺钉直接安装在阀门上，检测旋转开度，无须调整。通过 M12X1 快速连接器连接到 AS-i 系统上，D_1 数据位可监视线圈的短路和断路。黄色 LED 显示开关电流状态，双 LED 显示线圈状态和故障指示。总线型阀门回讯传感器如图 8-20 所示。

（2）总线型光电传感器　它有亮通（Light On）和暗通（Dark On）两个功能，可通过参数位 P_1 来设定，还可通过参数位 P_2 来设置定时功能，D_0 数据位表示传感器信号的输出状态，D_1 数据位用来表示弱信号输出的警报，D_2 数据位作测试功能。总线型光电传感器如

图 8-21 所示。

图 8-20　总线型阀门回讯传感器　　　　图 8-21　总线型光电传感器

（3）总线型旋转编码器　旋转编码器是一种转角传感器，它有单圈 13 位的分辨率，也有多圈 16 位的分辨率，因为精度要求高达 16 位，所以又不同于其他 AS-i 传感器的通信方式。这种传感器一般带有 4 个 AS-i 芯片，在编址时也占用 4 个地址，对应的每个循环就可以传送 16 位数据，相当于 4 个子站依次传输 4 位数据，再组合成 16 位数据。总线型旋转编码器如图 8-22 所示。

（4）总线型电感传感器　由于它采用了耐用的 PBT 材料，因此具有抗磨损和良好的机械特性，可防化学物质、油脂和水的侵蚀。在常开或常闭触点功能上有不同的设计，这在参数位 P_1 上可进行选择，P_0 用作输入过滤器的信息，数据位 D_2 用于错误报警、线圈破损、振荡器损坏等指示，输出信号一般用数据位 D_0 来表示。总线型电感传感器如图 8-23 所示。

图 8-22　总线型旋转编码器　　　　图 8-23　总线型电感传感器

5. 系统附件

网关与各种类型的 I/O 模块连接需要不同类型的安装附件，它们是 AS-i 网络不可缺少的元器件。多种类型的 G10 分线器如图 8-24 所示，它采用 PBT 材料，表面进行了光滑设计，耐清洗剂清洗，具有更高的 IP68/IP69K 防护等级。有三种类型，分别是：①扁平电缆转圆形电缆，带 M12 螺母接头，可用于直接连接带 M12 公接头的 I/O 模块；②扁平电缆转出线端子，可用于连接控制箱型 I/O 模块；③扁平电缆分接器，其中两个电缆槽并联，可用于扁平电缆分接转向等。

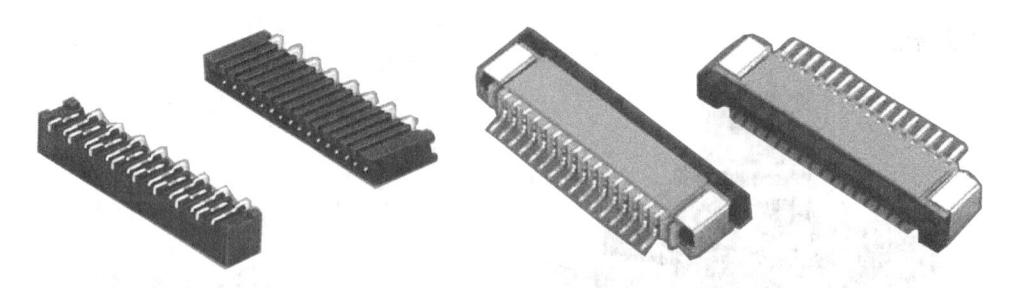

图 8-24 G10 分线器

8.3.2 AS-i 总线在制冷站辅助控制系统中的应用

1. 系统概述

本控制系统是某企业动力车间制冷站的辅助控制系统，该制冷站控制系统为基于 PROFI-BUS 总线的现场总线控制系统（FCS）。该控制系统是基于 AS-i 总线的更底层与更简单的 FCS，是其子系统，主要管理制冷站中的非核心设备和零散分布的手动控制开关及信号灯等。

本应用所介绍的制冷站的辅助控制系统主要管理 6 台大功率冷却水泵、3 座冷却塔、2 台补水泵以及手动按钮和信号灯等。大功率冷却水泵的电动机需要实现软起动功能，其他设备的电动机只实现起停功能即可，由此可见本系统的控制对象基本是简单的开关量元器件，而且相对零散地分布在整个车间内，这种情况最适宜发挥 AS-i 总线的优势。如果将以上设备纳入基于 PROFIBUS 总线的 FCS，不分设为制冷站控制系统的子系统，不但会使控制系统结构复杂，而且采购成本也会变高。

此外，AS-i 总线的主站除了需要管理 AS-i 总线中的全部从站外，该站还是上层 PROFI-BUS 总线的主站，负责与 PROFIBUS 总线从站通信，并需要将整个制冷站控制系统的信息与企业的工业以太网相联。该主站不但是制冷站辅助控制系统的核心，而且是整个制冷站控制系统的核心，系统要求其必须具有高可靠性与高性能。

2. 系统网络架构

本控制系统的主要控制对象是多台不同功率的电动机，控制这些电动机起停的传感器已经连入基于 PROFIBUS 总线的制冷站控制系统中，由该系统向本 AS-i 总线系统发送控制指令，本系统只有最基本的手动控制功能。这些电动机和控制按钮等分布在 90m 的范围内，相对比较分散。整个系统的网络架构如图 8-25 所示。

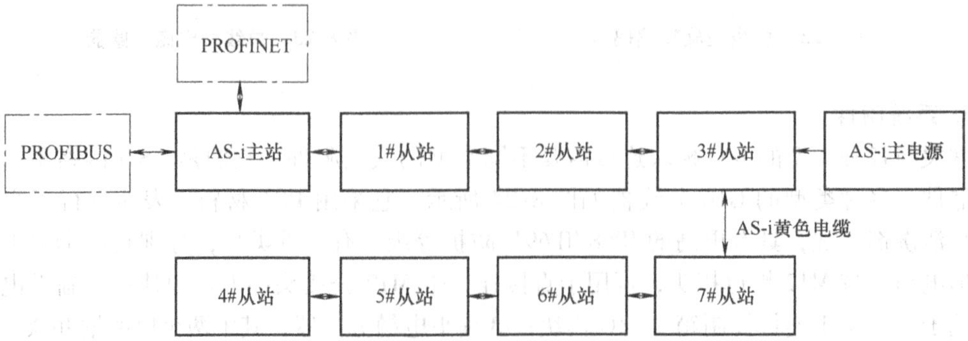

图 8-25 系统网络架构

AS-i 的主站担负着系统的管理职能和与上层通信的职能,因此选用具有较强通信能力的西门子公司的 S7-300 系列 CPU315-2PN/DP 作为 AS-i 总线的主站,它有 2 个 PROFINET 接口,1 个 PROFIBUS-DP 接口。由于该 PLC 不是专为 AS-i 总线设计的,需要为其连接一个 CP243-2 型 AS-i 主站模块才能连入 AS-i 总线。采用 PLC 加 AS-i 主站模块的方式构成 AS-i 主站,这样做有一定的优势,比如减少设备投资,主站 PLC 利用剩余的 I/O 接口可以驱动一些就近的设备;另外可以作为与其他网络连接的网关,本系统就是充分利用了 PLC 本身的网络接口,不但连接了 PROFIBUS-DP 总线,也实现了与上层工业以太网 PROFINET 的连接,而且可以利用已有的 PLC 软件资源。但是,由于 S7-300 系列 PLC 不是专为 AS-i 设计的控制器,所以在 AS-i 系统中使用时,就没有其他厂商专为 AS-i 设计的控制器方便。综合分析利弊,在本设计中采用该方案是较为合理的。

AS-i 的 1#~3# 从站用于控制 6 台大功率冷却水泵电动机的软起动,将 6 台电动机分为 3 组,每个从站控制 2 台电动机。由于大功率电动机的软起动需要 2 台接触器,共需要 4 路输出,所以从站模块选择 S8.0 型 P+F 公司生产的 4 输出 VAA-4A-K3-R 从站模块。

AS-i 的 4# 和 5# 从站用于控制信号灯和手动按钮,选择 S7.0 型 Lumberg 公司生产的 4 输入/输出 IBA 4E/4A 从站模块。

AS-i 的 6# 从站用于控制 3 台冷却塔风扇的电动机,该电动机功率较小,可以直接控制起停,所以从站模块选择 S8.0 型 P+F 公司生产的 4 输出 VAA-4A-K3-R 从站模块。

AS-i 的 7# 从站用于控制 2 台补水泵的电动机,该电动机功率较小,可以直接控制起停,所以从站模块选择 S3.0 型 BRADHARRISON 公司生产的 2 输入/输出 TAS-422-CD4-00 从站模块。

AS-i 的主电源是 AS-i 系统的一个重要组成部分,该电源的供电线与 AS-i 总线的信号线共用一根特制的黄色 AS-i 电缆,主电源负责电源供应、平衡网络、数据解耦和安全隔离等。选用 IFM 公司的 AC1216 型电源,该电源的主要参数为 INPUT:AC 85~220V/2.0~0.9A; OUTPUT:DC 24V/2.8A。

AS-i 的辅助电源是在 AS-i 主电源供电不足时的补充,不是每个 AS-i 系统必备的,本应用介绍的系统耗电量较小,不需要辅助电源。AS-i 的辅助电源与 AS-i 的主电源不同之处在于,其采用一根不同于 AS-i 黄色电缆的黑色辅助供电电缆,在实际应用中要注意这点。

3. 系统设计要点与 AS-i 使用注意事项

本控制系统的设计要点是 AS-i 主站,该站不但是 AS-i 的管理核心,也是上层 PROFI-BUS 总线甚至更高层 PROFINET 网络的重要通信节点。在设计时一定注意选用高可靠性与高性能设备。

AS-i 总线在设计时应注意:第一,其网络拓扑结构较自由,可以是线形,可以有分支,可以是树形,但是不可以是环形;第二,环境依存度小,AS-i 电缆不需终端电阻,可以不用屏蔽电缆;第三,便于处理开关量信号,AS-i 可以处理模拟量信号,但是其优势在于低成本、简便可靠地连接开关型设备,因此 AS-i 总线连接的大部分传感器与执行器应为开关量信号。

第8章习题

8-1　AS-i总线的技术特点有哪些?

8-2　简述 AS-i 总线系统结构原理。

8-3　详细说明 AS-i 从站有哪几种类型，并列举应用案例，说明其工作模式。

8-4　写出 AS-i 从机与主机的工作流程。

第9章

工业以太网技术

为了促进以太网在工业领域的应用，国际上成立了工业以太网协会（Industrial Ethernet Association，IEA）、工业自动化开放网络联盟（Industrial Automation Open Network Alliance，IAONA）等组织，其目标是在世界范围内推进工业以太网技术的发展、教育和标准化管理，在工业应用领域的各个层次运用以太网。美国电气电子工程师协会也正着手制定现场装置与以太网通信的标准，这些组织还致力于促进以太网进入工业自动化的现场级，推动以太网技术在工业自动化领域和嵌入式系统中的应用。

9.1 工业以太网技术概述

所谓工业以太网是指技术上与商用以太网（IEEE 802.3 标准）兼容，但在产品设计时，在材质的选用、产品的强度、实用性以及实时性等方面能满足工业现场的需要。简言之，工业以太网就是在工业控制系统中使用的以太网。

工业以太网与 OSI 参考模型的分层对照关系如图 9-1 所示。

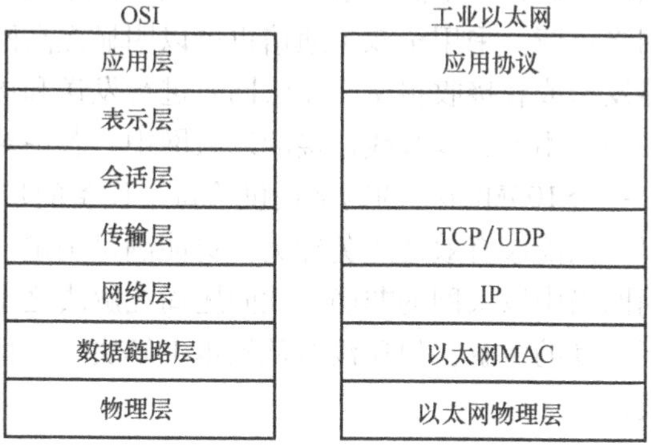

OSI	工业以太网
应用层	应用协议
表示层	
会话层	
传输层	TCP/UDP
网络层	IP
数据链路层	以太网MAC
物理层	以太网物理层

图 9-1 工业以太网与 OSI 参考模型的分层对照

从图 9-1 可以看到，工业以太网的物理层与数据链路层采用 IEEE 802.3 规范，网络层与传输层采用 TCP/IP 组，应用层的一部分可以沿用上面提到的互联网应用协议。这些沿用的部分便发挥了以太网的优势和核心技术。工业以太网如果改变了这些已有的优势部分，就会削弱甚至丧失它在控制领域中的生命力，因此工业以太网标准化的工作主要集中在 ISO/OSI 参考模型的应用层，需要在应用层添加与自动控制相关的应用协议。目前工业以太网技术的发展体现在以下几个方面。

1. 通信确定性与实时性

工业控制网络必须满足控制作用对通信实时性的要求，即信号传输要足够快且满足信号的确定性，这是工业控制网络不同于普通数据网络的最大特点。实时控制往往要求对某些变量的数据准确性定时刷新。由于以太网采用的是 CSMA/CD 的介质访问控制方式，在网络负荷较大时，网络传输的不确定性不能满足工业控制的实时要求，因此传统以太网技术难以满足控制系统要求准确定时通信的实时性要求，一直被视为非确定性的网络。

快速以太网与交换式以太网技术的发展，给解决以太网的非确定性问题带来了新的契机，具体内容体现在以下几个方面：

（1）提高通信速率 目前以太网的通信速率从 10Mbit/s、100Mbit/s 增大到如今的 1000Mbit/s、10Gbit/s 甚至更高。相对于一般的控制网络传输通信速率的几十千位每秒、几百千位每秒、1Mbit/s 和 5Mbit/s 而言，通信速率的提高非常明显，而且对减少碰撞冲突也是有效的。在相同通信量的条件下，提高通信速率可以减少通信信号占用传输介质的时间，在为减少信号的碰撞冲突、解决以太网通信的非确定性方面提供了有效途径。

（2）控制网络负荷 减少信号的碰撞冲突，提高网络通信的确定性的另一个角度是减轻网络负荷。控制网络的通信量不大，随机性、突发性通信的机会也不多，其网络通信大都可以事先预计并对其做出相应的通信调度安排。如果在网络设计的过程中能够正确地选择网络的拓扑结构、控制各网段的负荷量、合理分布各现场设备的节点位置等，就可以在很大程度上避免冲突的发生。研究结果表明，以太网基本可以满足对控制系统通信确定性的要求的条件是：网络负荷低于满负荷的 30%。

（3）采用以太网的全双工交换技术 采用星形网络拓扑结构，交换机将网络划分为若干个网段。交换机具有数据存储和转发的功能，使各端口之间输入和输出的数据帧能够得到缓冲而不再发生冲突；同时，交换机还可对网络上传输的数据进行过滤，使每个网段内节点间数据的传输只限在本地网段内进行，不需经过主干网，也不占用其他网段的带宽，从而降低了所有网段和主干网的网络负荷。采用全双工通信也可以明显提高网络通信的确定性。半双工通信时，一条网线只能发送或者接收报文，无法同时进行发送和接收；而全双工设备可以同时发送和接收数据。在一个用 5 类双绞线连接的以太网中，若一对线用来发送数据，另外一对线用来接收数据，则一个 100Mbit/s 的网络提供给每个设备的带宽有 200Mbit/s。换句话说，采用全双工交换式以太网能够有效地避免冲突，更能满足确定性网络的要求。

应该指出的是，控制网络中以太网的非确定性问题尚在解决之中，采取上述措施可以使其非确定性问题得到相当程度的缓解，但还没有从根本上解决，包括我国在内的许多国家都在积极开发工业以太网技术。

2. 稳定性与可靠性

以太网所使用的接插件、集线器、交换机和电缆等均是为商用领域而设计的，未考虑较恶劣的工业现场环境（冗余直流电源输入、高温、低温和防尘等），因此商用网络产品不能应用在有较高可靠性要求的恶劣工业现场环境中。

上述问题随着网络技术的发展正在迅速得到解决。为了解决在不间断的工业应用领域、极端条件下网络也能够稳定工作的问题，美国 Synergetic 微系统公司和德国赫斯曼（Hirschmann）、Jetter AG 等公司专门开发和生产了导轨式集线器和交换机产品，安装在标准 DIN 导轨上，并由冗余电源供电，接插件采用牢固的 DB9 结构。台湾四零四科技股份有限公司在 2002 年 6 月推出工业以太网产品——工业以太网设备服务器，特别设计用于连接工业应用中具有以太网络接口的工业设备（如 PLC、HMI 和 DCS 系统等）。对以太网的总线供电规范也在 IEEE 802.3af 标准中进行了定义。除此之外，实际应用中主干网可采用光纤传输，现场设备的连接则可采用屏蔽双绞线，对于重要的网段还可采用冗余网络技术来提高网络的抗干扰能力和可靠性。

3. 工业以太网协议

工业自动化网络控制系统不仅能够完成数据传输，而且还是一个自控系统，能够借助网络完成控制功能。它除了完成数据传输之外，还需要依靠所传输的数据和指令来执行某些控制计算与操作功能，由多个网络节点协调完成自控任务。因而它需要在应用、用户等高层协议与规范上满足开放系统的要求，满足互操作条件。

对应于 ISO/OSI 七层通信模式，以太网技术规范只映射为其中的物理层和数据链路层，而在其之上的网络层和传输层协议，目前以 TCP/IP 为主（已成为以太网之上传输层和网络层"事实上的"标准），而对较高的层次，如会话层、表示层和应用层等没有作为技术规范。目前商用计算机设备之间是通过文件传输协议（FTP）、远程登录协议（Telnet）、简单邮件传输协议（SMTP）、WWW 协议（HTTP）和简单网络管理协议（SNMP）等应用层协议进行信息的透明访问，这些协议如今在互联网上发挥了不可替代的作用，但不足之处是其所定义的数据结构等特性不适合应用于工业过程控制领域现场设备之间的实时通信。

9.2　工业以太网协议

为了满足工业现场控制系统的应用要求，必须在以太网和 TCP/IP 之上建立完整有效的通信服务模型，制定有效的实时通信服务机制，协调好工业现场控制系统中实时和非实时信息的传输服务，形成为广大工控生产厂商和用户所接受的应用层、用户层协议，进而形成开放的标准。为此，各现场总线组织纷纷将以太网引入其现场总线体系中的高速部分，利用以太网和 TCP/IP 技术以及原有的低速现场总线应用层协议，构成工业以太网协议，如 HSE、PROFINET 和 Ethernet/IP 等。

1. HSE

现场总线基金会在摒弃了原有高速总线 H2 之后，形成了高速以太网（HSE）这一新作。现场总线基金会明确将 HSE 定位成实现控制网络与互联网的集成，由 HSE 链接设备将 H1 网段信息传送到以太网的主干上并进一步送到企业的 ERP 和管理系统。操作人员在主控室可以直接使用网络浏览器查看现场设备运行情况，现场设备同样也可以从网络上获得控制信息。

HSE 与 OSI 参考模型的比较如图 9-2 所示。物理层与数据链路层采用以太网规范，这里指的是 100Mbit/s 的以太网，网络层采用 IP，传输层采用 TCP/UDP，而应用层是具有 HSE 特色的现场设备访问（Field Device Access，FDA）。像 H1 那样，在标准的七层模型之上增加了用户层，并按 H1 的惯例，HSE 把从数据链路层到应用层的相关软件功能集成为通信栈，称为 HSE Stack。用户层包括块功能、设备描述和网络与系统管理等功能。通过连接设备（Linking Device），FF HSE 将 FF H1 网络连接到 HSE 网段上。

如图 9-3 所示，HSE 连接设备同时也具有网桥和网关的功能，网桥功能用来连接多个 H1 总线网段，使不同 H1 网段上的 H1 设备之间能够进行对等通信，而无需主机系统的干预。HSE 主机可以与所有的连接设备和连接设备上挂接的 H1 设备进行通信，使操作数据能

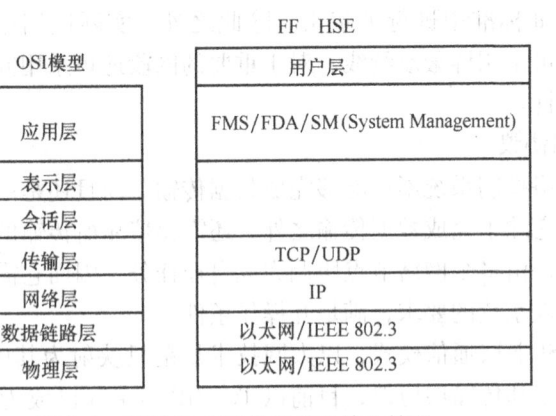

图 9-2 HSE 与 OSI 参考模型的比较图

传送到远程的现场设备，并接收来自现场设备的数据信息，实现监控和报表功能。监控和控制参数可直接映射到标准功能块或者"柔性功能块（FFB）"中。

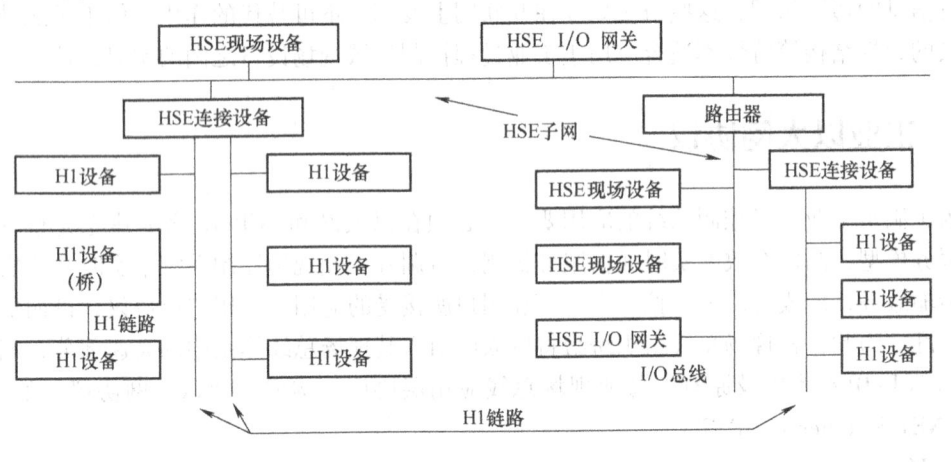

图 9-3 FF HSE 工业以太网系统结构

2. PROFINET

PROFIBUS 国际组织针对工业控制要求和 PROFIBUS 技术特点，提出了基于以太网的 PROFINET。PROFINET 主要包含三方面的技术：

1）基于通用对象模型（COM）的分布式自动化系统。

2）规定了 PROFIBUS 和标准以太网之间的开放、透明通信。

3）提供了一个包括设备层和系统层、独立于制造商的系统模型。

PROFINET 网络通信模型如图 9-4 所示，以标准 TCP/IP 与以太网作为连接介质，采用标准 TCP/IP 加上应用层的远程过程调用协议/分布式组件对象模型（RPC/DCOM）来完成节点之间的通信和网络寻址，可以同时挂接传统

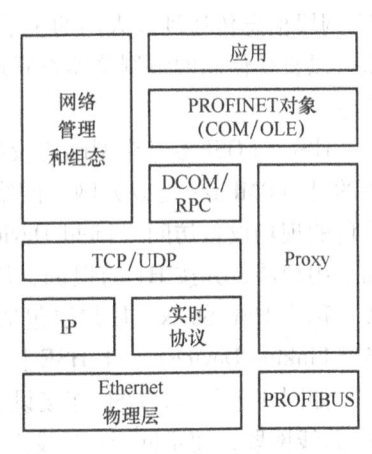

图 9-4 PROFINET 网络通信模型

PROFIBUS 系统和新型的智能现场设备。如图 9-5 所示，现有的 PROFIBUS 网段可以通过一个代理设备（Proxy）连接到 PROFINET 网络当中，使整套 PROFIBUS 设备和协议能够原封不动地在 PROFINET 中使用。

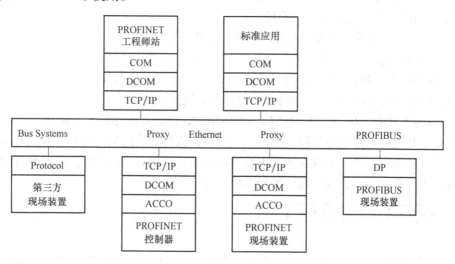

图 9-5 PROFINET 工业以太网系统结构

传统的 PROFIBUS 设备可通过 Proxy 与 PROFINET 上面的 COM 对象进行通信，并通过 OLE 自动化接口实现 COM 对象之间的调用。

3. Ethernet/IP

Ethernet 表示采用 Ethernet 技术，也就是 IEEE 802.3 标准，IP 表示工业协议，以区别于其他 Ethernet 协议。不同于其他工业 Ethernet 协议，Ethernet/IP 采用了已经被广泛使用的开放协议，也就是控制与信息协议（Control and Information Protocol，CIP）作为其应用层协议。所以，可以认为 Ethernet/IP 就是 CIP 在 Ethernet、TCP/IP 基础上的具体实现。这一关系如同 DeviceNet 就是 CIP 在控制器局域网（CAN 总线）上的具体实现一样。

图 9-6 所示为 Ethernet/IP 的分层模型。Ethernet/IP 是以太网、TCP/IP 以及 CIP 的集成，Ethernet/IP 和 DeviceNet 以及 ControlNet 采用了相同的应用层 CIP 规范，只是在 OSI 协议七层模型中的低 4 层有所不同。Ethernet/IP 在物理层和数据链路层采用 Ethernet 技术，在传输层和网络层采用 TCP（UDP）/IP 技术。

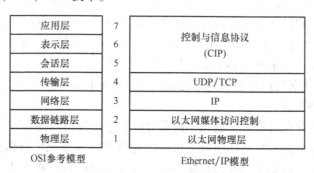

图 9-6 Ethernet/IP 的分层模型

由于在应用层采用了 CIP，Ethernet/IP 也具备 CIP 网络所共有的一些特点，包括：

1）能够传输多种不同类型的数据，包括 I/O 数据、配置和故障诊断、程序上下载等。

2）面向连接，通信之间必须建立连接。

3）用不同的方式传输不同类型的报文。

4）基于生产者/消费者模型，提供对多种通信的支持。

5）支持多种通信模式，如主从、多主、对等或者三者的任意组合。

6）支持多种 I/O 数据触发方式，如轮询、选通、周期或状态改变等。

7）用对象模型来描述应用层协议，方便开发者编程实现。

8）为各种类型的 Ethernet/IP 设备提供设备描述，保证互操作性和互换性。

Ethernet/IP 支持显性和隐性报文，使用的是目前流行的商用以太网芯片和物理媒体。如图 9-7 所示，Ethernet/IP 工业以太网采用有源星形拓扑结构，一组装置点对点地连接到交换机，具有接线简单、故障查找容易和维护方便等优点。

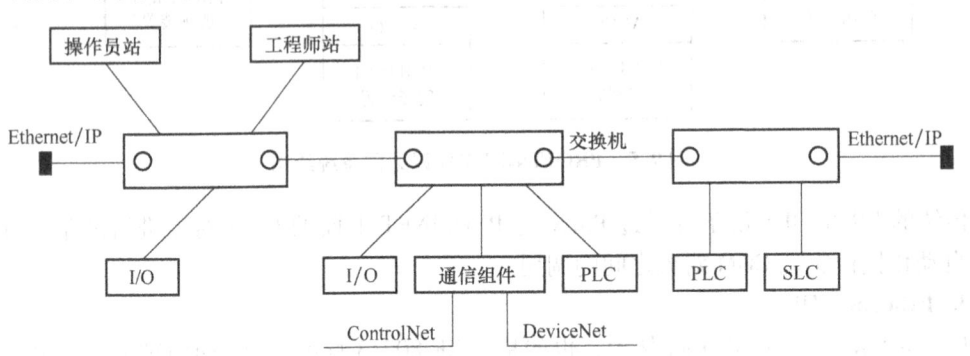

图 9-7　Ethernet/IP 工业以太网系统结构

9.3　工业以太网应用

9.3.1　PROFINET CBA 技术

1. 概述

PROFINET 基于组件的自动化（Component-Based Automation，CBA）技术是一种实现分布式装置、机器模块和局部总线等设备级智能模块自动化应用的概念。如果做一个比较，就会马上对 CBA 有一个初步的认识。PROFINET IO 的控制对象是工业现场分布式 IO 点，这些 IO 点之间进行的是简单的数据交换；而 CBA 的控制对象是一个整体的装置、智能机器或系统，它的 IO 之间的数据交换在它们内部完成，这些智能化的大型模块之间通过标准的接口相连，进而组成大型系统。

工业生产过程中存在着许多功能相同的装置或工艺过程相似的环节，自动化领域的发展已经进入创建模块化装置和机器的阶段，可以把这些典型装置或环节做成标准的组件模型，在使用它们时只需要进行简单的外部连接即可完成复杂的控制任务。PROFINET CBA 就是使用基于预组装组件的技术来完成分布式自动化任务的。

如图 9-8 所示，在一个典型的饮料生产线中，可以把清洗、灌装、封口和包装等环节都各自看成单独的一个整体环节，每个环节完成自己的任务，工作按顺序依次进行，这些不同的子系统或设备可以由一家或多家制造商来开发测试和投入运行。工程技术人员所关心的仅仅是每个模块与外界的接口规定，而不必去关心它们内部是如何完成各自控制任务的。

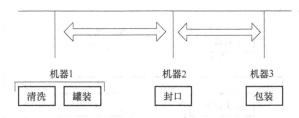

图 9-8　典型的饮料生产线流程举例

由此可以看出 PROFINET CBA 具有以下优点：

1）大大减少了设计工作量。

2）组件之间只需少量的接口完成级联。

3）每个模块都具有高度的自治性，从测试到诊断都无须对整个系统进行操作。

4）单个组件调试可提前进行，从而使系统总体调试简单化。

5）系统维护变得容易。

2. 工艺技术模块和组件模块

在以上饮料生产线的例子中，每个独立的环节在组成上都有相似的地方，那就是它们都是由机械、电气/电子设备和控制逻辑（软件）来实现其功能的。由这些要素构成的整体单元就是工艺技术模块（Technology Module），所以说一个工艺技术模块代表的是一个专用的组件，它包括机械的、必需的电控装置和相关软件。

在划分和定义工艺技术模块时，必须周密地考虑在不同使用设备中它们的可复用性、成本和实用性。划分得过小过细，就会定义太多的 IO 参数，增加设计成本和管理难度；划分得过大过粗，则会降低其复用性的程度。

从用户的角度出发，工艺技术模块必须具有可操作的功能，即通过接口从外部对其进行操作。所以 PROFINET 组件就是用户可从外部操作的工艺技术模块，也就是具备外部接口的工艺技术模块。图 9-9 所示是 PROFINET 组件表示填充（fill）工艺技术模块的例子。每个组件有一个接口，它包含多个能与其他组件进行交换或用其他组件激活的变量，PROFINET 组件接口是按照 IEC 61499 来规定的。

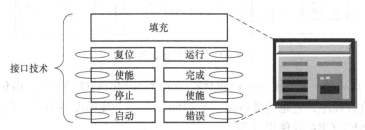

图 9-9　PROFINET 组件表示填充（fill）工艺技术模块举例

3. 现场设备的结构

现场设备是组件的另外一种称呼，在最简单的情况下，PROFINET 组件就是现场设备，但是也可以把多个现场设备组合成一个组件。具有特定功能的现场设备和组件是由制造商为用户开发出来的，一般情况下，用户不必知道现场设备内部的详细情况。

组件模型中 PROFINET 现场设备的结构如图 9-10 所示。

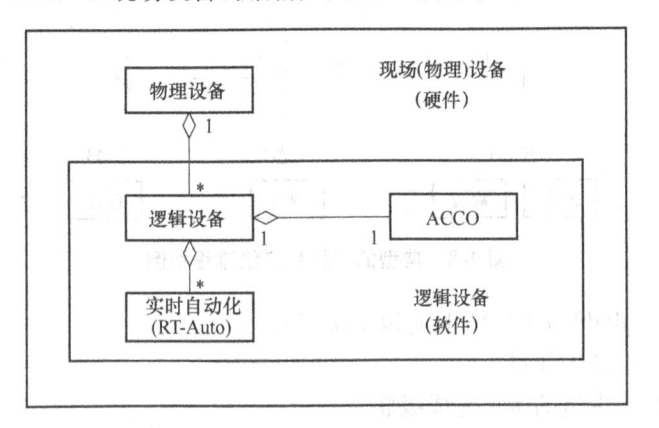

图 9-10 组件模型中 PROFINET 现场设备的结构
(注：1 表示单个，＊表示多个。)

一个现场设备至少由以下几部分组成：

（1）一个物理设备（PDev）　PDev 提供对以太网的访问进口，它包含 MAC 地址和 IP 地址，每个组件都使用 PDev 来寻址，与该组件发生联系的其他设备就是通过 PDev 来登入的。

（2）一个或多个逻辑设备（LDev）　LDev 是实际应用（用户程序）的登入点，和 RT-Auto 中的可执行的用户程序相对应。每个 LDev 有一个活动控制链接对象（Active Control Connection Object，ACCO），它是 PROFINET 组件的核心部分。ACCO 集成在每个 CBA 设备内，既可以作为数据提供者，也可以作为数据消费者。ACCO 确保 PROFINET CBA 设备中数据交换的协调，负责建立所组态的通信关系。对于 CBA，所有的通信都是由 ACCO 发起的。作为提供者，它自动地准时向消费者发送其所请求的数据；作为消费者，它向相应的 RT-Auto 提供所接收的数据。图 9-11 所示为 ACCO 的工作原理。

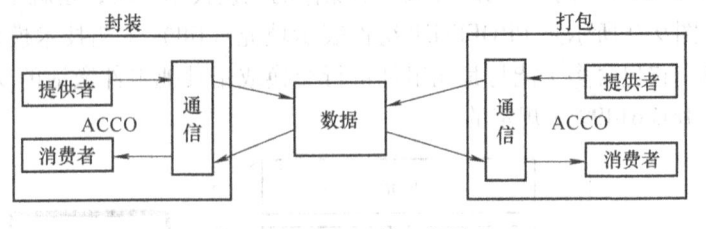

图 9-11 ACCO 的工作原理

（3）每个 LDev 有一个或多个运行期对象　实时自动化（RT-Auto），即包含着工业技术功能要求的可执行程序，它总是被指定一个 LDev，在一个现场设备中可以有多个 RT-Auto。

4. PROFINET CBA 的使用过程

对 PROFINET CBA 在一个系统中的应用来说，其创建或设计过程一般包括下面三个阶段：

1）创建组件。

2）组件互联。

3）把互联信息下载到现场设备。

标准的组件是由机器制造商为用户提供的，有些情况下需要系统工程师亲自去创建一个组件。组件用标准化的 PCD（PROFINET Component Description）来描述，PCD 就和 DP 中 GSD 文件的作用一样。PCD 使用 XML 来描述 PROFINET 组件和其接口技术，以 XML 文件的形式存储。XML 可以使描述数据与制造商和平台格式无关，所有 PROFINET 工程工具都能理解 XML 格式的文件。

在创建组件时，相关的工具还生成全球唯一的标识符（Universal Unique Identifier，UUID），UUID 用来标识组件及其功能，可以保证只有功能相同的组件才有相同的 UUID。

组态工程师在进行组态时，其工作就变得相当简单了，只要使用 PROFINET 互联编辑器，把使用 PCD 文件描述的 PROFINET 组件按控制系统功能的要求连起来就可以了，所做的工作大部分是操作鼠标把相关 PCD 从库中取出，拖放到相应应用中。

接下来的工作是给现场设备分配 IP 地址。IP 地址在工程工具中分配，它包含两部分内容，一是网络部分（Network ID），二是用户部分（Host ID）。在完成互联组件和分配地址后，工程工具将通信需要的所有数据下载到相关的现场设备中，这样，每个设备都知道其对等的通信伙伴和通信关系以及所要交换的信息了。到此，PROFINET CBA 就可以应用了。

9.3.2　基于工业以太网的抄表系统

工业企业所需能源一般包括水、电、蒸汽和煤气等，随着工业现代化的发展，企业对这些能源的需求也越来越大，同时企业对这些能源的使用情况也需要有一个比较及时、详细、准确的了解，以实现对企业能耗的分析及对设备状况的考查和班组的考核等。这些给能源抄表带来了一定的压力，能源表一般安装都比较分散，传统的人工抄表方式一直存在着抄表不到位、实抄率低、抄表质量差和抄表不及时等问题，这就对抄表技术提出了新的要求，所以亟需一种自动化的抄表技术来满足企业对能源管理的要求，于是基于工业以太网的自动抄表系统便应运而生。

1. 系统总体结构

本系统集电量数据采集、显示、打印和远程抄表于一体，图 9-12 所示为基于工业以太网的抄表系统拓扑结构图。

（1）仪表设备　布置在现场，负责实时采集数据、记录现场情况等，它通过 EIA-485 通信接口挂在某个集中器上。在本系统中，采用多功能智能仪表作为底层现场设备，可以同时记录温度、流量和压力三种数据，最小采样周期可以随意设置成不小于 1min 的值（范围为 1～255min），用户可根据需要设置各种参数来实现指定的仪表功能、运算等。该智能仪表还有故障检测与处理功能，如果 2s 没有接收到任何数据就视为故障，连续 5 次没有接收到任何数据视为断线。该仪表保留有扩展数据，可用于扩展功能需传递的信息，具体的数据类型、长度等由厂商提供相关协议。

（2）集中器站点　负责数据中转任务。与底层通信通过 EIA-485 接口完成，与抄表中心之间通信根据具体情况有三种不同的方式：电话网（MODEM）、以太网和无线网。

（3）抄表中心　负责数据抄送与管理，根据不同的集中器设计不同的通信接口。抄表中心的功能模块有以下几个方面的功能：设备管理包括设备的添加、删除、查找和参数修改等功能；用户管理包括添加/删除用户、设置/修改密码和用户权限等功能；通信管理负责抄送

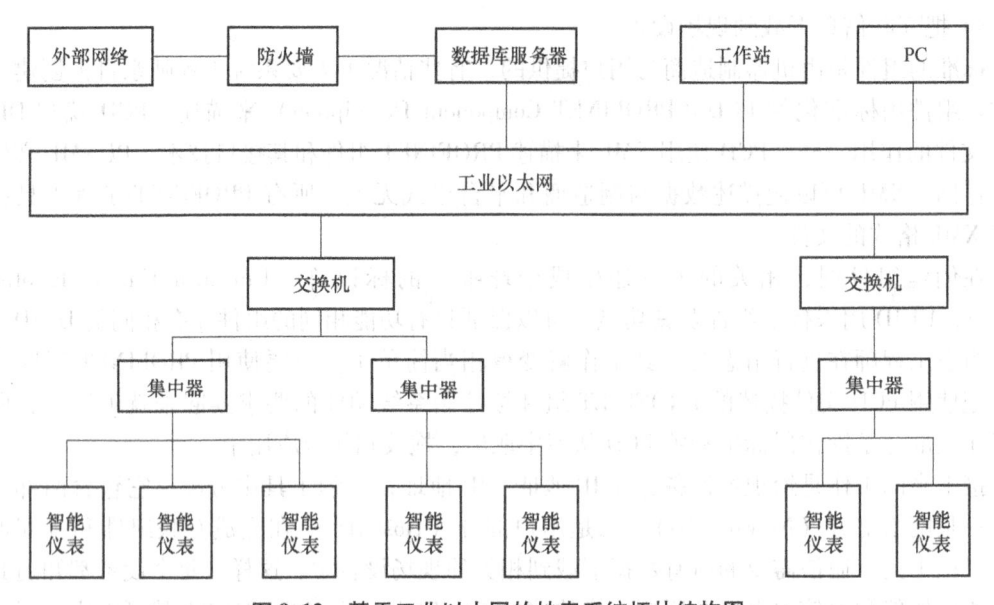

图 9-12 基于工业以太网的抄表系统拓扑结构图

数据和读取/修改底层设备的各种参数，比如采样周期等；历史数据管理负责后台数据库的建立与管理、历史数据的统计与分析和历史报表的打印等。

2. 系统硬件设计

本系统采用 Z-World 公司生产的以 Rabbit2000 微处理器为核心的 RCM2100 模块来开发集中器。集中器硬件结构如图 9-13 所示。

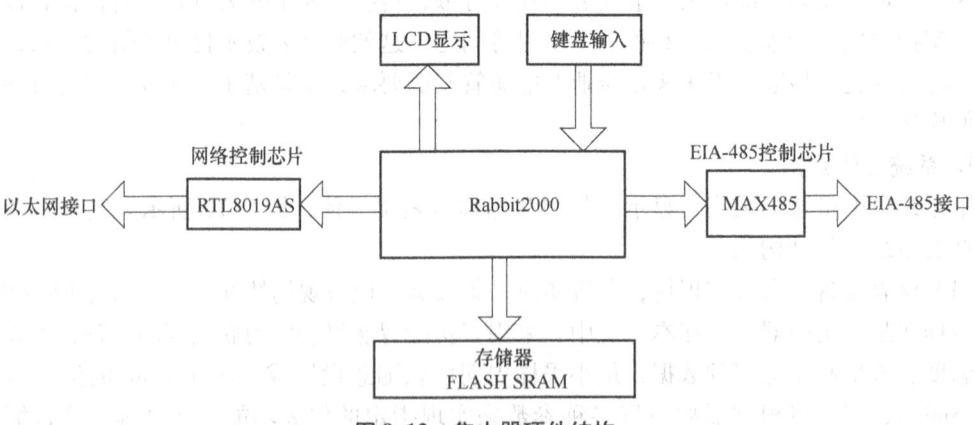

图 9-13　集中器硬件结构

（1）Rabbit2000　Rabbit2000 是 Rabbit 半导体公司为嵌入式环境设计的高性能低价位的 8 位微处理器，以其具备支持 C 语言友好指令集和快速数字处理功能而受到瞩目。Rabbit2000 模块的工作频率为 22.1MHz，带有 512KB 的 FLASH ROM、512KB 的 SRAM 以及 RJ-45 以太网接口，并且可以根据需要扩展 EIA-232 接口。Rabbit2000 模块有 A、B、C、D、E 这 5 个并行口，即 40 位 I/O 可供使用。但为了实现以太网的接口，D 和 E 口中预先用掉了 6 位 I/O 口，用户真正可以使用的 I/O 口一共有 34 位，其中输入口为 10 位，输出口为 6 位，剩下的 18 位 I/O 口用户可以通过软件来设定它们的输入、输出状态。

（2）MAX485 总线　让 Rabbit2000 与 485 总线相连接是 485 通信模块的主要功能，使控制器可以通过 485 总线与仪表进行通信，对底层仪表进行数据采样、参数设置等。

（3）以太网接口　网络模块的主要功能是使 Rabbit2000 具有与以太网通信的功能，使其可以连接到以太网上，与远程服务器进行通信。这里设计使用 RTL8019AS 以太网接口芯片（10Mbit/s）来实现这一功能。由于 Rabbit2000 只有 8 位的数据线，所以也只用到 RTL8019AS 芯片的低 8 位地址线。Rabbit2000 的 PE7、PE6、PE1 分别用作读信号控制线、写信号控制线和复位控制线。网络模块的结构原理如图 9-14 所示。

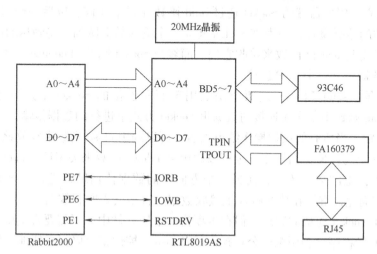

图 9-14　网络模块的结构原理

3. 系统软件设计

（1）上位机软件设计　传统的工业控制软件都是针对某一特定控制对象直接开发的，这就有一个比较大的缺点：工业被控对象一旦变动就必须改动源程序，极大浪费了人力和时间。组态软件的出现很好地解决了这个问题，通用组态软件支持的底层设备有智能仪表、智能模块、PLC 和板卡等，同时还支持 OPC 服务器和 DDE 设备。虽然一般的通用组态软件都没有支持本系统中底层设备的驱动，但只要开发出 OPC 服务器或 DDE 设备，就能利用组态软件来开发形象直观的控制界面了。因此提出相对可行的软件设计方案：组态软件 + OPC 服务器，组态软件负责监控界面的设计、历史数据分析与管理、报表生成与打印、报警事件处理和用户管理等功能；OPC 服务器则负责从现场仪表采集数据并按照 OPC 规则给其客户程序（这里是指组态软件）提供实时数据。

（2）通信模块　这一模块主要包括：根据不同的方式与三种不同集中器进行通信，完成读写仪表参数、查询状态、抄送当前和历史数据等功能。在无线网和电话网抄送方式中，与 GSM 模块和 MODEM 的通信是通过串口控件（MSComm）完成的，而在以太网抄送方式中则通过 Winsock 控件完成。

Socket 的通信原理如下：

Socket 套接字分两种，流式 Socket 和数据报式 Socket。流式 Socket 是一种面向连接的 Socket，针对面向连接的 TCP 服务应用；数据报式 Socket 是一种无连接，对应于无连接的 UDP 服务应用。用 Socket 套接字进行数据传输主要包括以下几个步骤：

1）Socket 建立。调用 Socket 函数，该函数返回一个类似于文件的描述符句柄。Socket 描述符是一个指向内部数据结构的指针，它指向描述符表入口。两个网络程序之间的一个网络连接包括五种信息：通信协议、本地协议地址、本地主机端口、远端主机地址和远端协议端口。

2）Socket 配置。在使用 Socket 进行网络传输之前，必须配置该 Socket。面向连接的 Socket 客户端通过调用 connect 函数保存本地和远端信息。无连接 Socket 的客户端和服务端以及面向连接 Socket 的服务端通过调用 bind 函数来配置本地信息。

3）连接建立。服务器端的 Socket 通过 bind 函数配置本地信息以后，调用 listen 函数使 Socket 处于被动的监听模式，并为该 Socket 建立一个输入数据队列，将到达的服务请求保存在此队列中，并等待 accept 函数来接收它们。而客户 Socket 则使用 connect 函数来配置 Socket 并与远端服务器建立一个 TCP 连接。

4）数据传输。send 和 recv 这两个函数用于面向连接的 Socket 上进行数据传输，而 sendto 和 recvfrom 函数用于在无连接的数据报 Socket 方式下进行的数据传输。

5）结束传输。当所有的数据操作结束以后，可以调用 close 函数来释放该 Socket，从而停止在该 Socket 上的任何数据操作。也可以调用 shutdown 函数来关闭该 Socket。该函数只允许停止在某个方向上的数据传输，而另一个方向上的数据传输继续进行，比如可以关闭某 Socket 的写操作而允许继续在该 Socket 上接收数据，直至读入所有数据。

以上介绍了 Socket 通信的原理，但在本项目的上层软件中，不需要直接调用这些低级的 Socket APIs 来开发程序，利用微软公司提供的 Winsock 控件就可以很方便地与各站点建立通信连接。

（3）上、下层软件通信协议　上层软件与 Rabbit2000 通信是通过基于 TCP/IP 的 Socket 实现的，这里主要介绍 TCP/IP 之上的应用层协议。当抄表中心与 Rabbit2000 站点建立 Socket 连接之后，抄表中心就可以发送各种命令来实现相应的操作。抄表中心发送的命令必须按照约定的格式组成数据帧，否则 Rabbit2000 站点将无法识别。抄表中心发给 Rabbit2000 的数据格式见表 9-1。

表 9-1　抄表中心发给 Rabbit2000 的数据格式

说　明	代　码	长度/B
帧起始符	CCH	1
设备标志位[①]	01（Rabbit）	1
地址域[②]	ADDR（表地址）	1
功能码[③]	F	1
数据长度域	LEN	2
数据域	DATA	NN
校验码	CS	2
帧结束符	EEH	1

[①] 设备标志位：01 表示 Rabbit2000 抄表系统；02 表示电话抄表系统；03 表示无线抄表系统。

[②] 地址域：表地址的范围是 1～255，最多可接 255 个表。地址 0 保留，作为广播地址，即向与 Rabbit2000 相连的所有表发送设置信息或采样数据命令。

[③] 功能码：用以区分各种操作命令，如 02 表示设置 Rabbit2000 所挂表的个数。

Rabbit2000 站点接收到抄表中心发送过来的命令后，就对接收到的数据帧进行校验，如果校验和出错就丢弃数据帧，如果校验和正确就按照约定的协议分析数据，针对不同的功能码去取相应的数据，再将取得的数据按照表 9-2 的格式封装好返回给抄表中心。如果抄表中心发送的命令是设置仪表参数，那么 Rabbit2000 站点还将通过 EIA-485 总线与现场仪表通信，将从抄表中心那里接收到的命令重新封装再转发给现场仪表。设置参数成功以后仪表会返回确认信号，Rabbit2000 站点则需再将这个确认信号转发回抄表中心。

表 9-2　Rabbit2000 返回给抄表中心的数据格式

说　明	代　码	长度/B
帧起始符	CCH	1
设备标志位①	01（Rabbit）	1
地址域②	ADDR（表地址）	1
功能码③	F	1
数据域	DATA	14
校验码	CS	2
帧结束符	EEH	1

① 设备标志位：01 表示 Rabbit2000 抄表系统；02 表示电话抄表系统；03 表示无线抄表系统。

② 地址域：表地址的范围是 1～255，最多可接 255 个表。地址 0 保留，作为广播地址，即向与 Rabbit2000 相连的所有表发送设置信息或采样数据命令。

③ 功能码：用以区分各种操作命令，如 02 表示设置 Rabbit2000 所挂表的个数。

（4）控制器程序　控制器的程序是用 Rabbit 半导体公司提供的 Dynamic C 开发平台所开发的。Dynamic C 是一个专门为 Z-World 产品创建的集成的 C 编译器、编辑器、链接器、装载器和调试器。它还配备了完善的 TCP/IP 栈、各种 I/O 驱动函数库、完善的文件管理系统等，使得软件的开发与调试非常方便。

由于控制器位于整个抄表系统的中间层，它既要通过 EIA-485 总线与底层仪表通信，又要通过以太网与服务器通信，所以控制层软件必须同时兼顾到两层上的信息传输。采用 Dynamic C 所提供的一个特有功能"协作式多任务"（Cooperative Multitask），其主要作用就是可以让多个任务互相协调来共同使用 Rabbit2000。在控制器程序中设置两个任务：一个任务负责 485 通信，另一个任务负责网络通信。在每个任务执行时，一旦不需要使用 Rabbit2000，该任务都会主动放弃对 Rabbit2000 的控制权，让另一个任务获得 Rabbit2000 以执行程序，如此循环。这样就很好地解决了控制器与服务器和仪表之间的通信问题。

对于用户的按键输入，采用的是中断响应的方法，即用户在要通过按键对控制器进行设置时，要先按下 Set 键，产生一个外部中断，在中断服务请求（Interrupt Service Request，ISR）中使控制器处于设置状态，一旦控制器进入设置状态，LCD 上就会显示出控制器的各个参数，此时就可以通过其他按键对控制器的各个参数进行设置。设置完成后，控制器会将新的参数读入系统继续运行。控制器的程序流程图如图 9-15 所示。

225

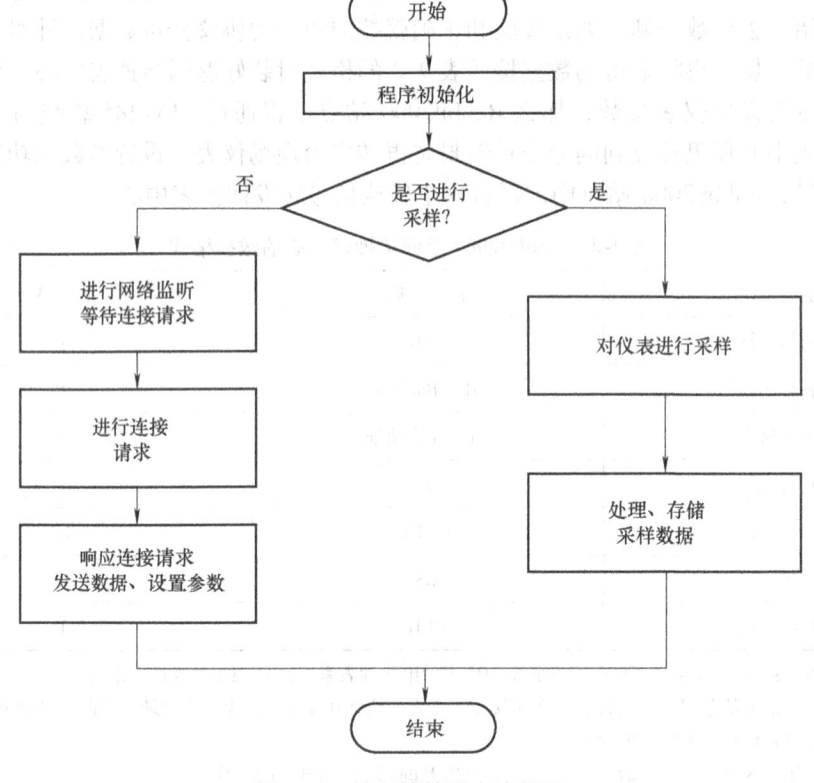

图 9-15　控制器的程序流程图

第 9 章习题

9-1　目前工业以太网技术的发展体现在哪几个方面？

9-2　列举几种工业以太网协议，并简述之。

9-3　PROFINET CBA 可以带来哪些方面的好处？

9-4　除本书所述之外，工业以太网还可以用到哪些地方？

第 10 章

控制网络集成与 OPC 技术

现场总线控制系统（FCS）是一种分布式的网络自动化系统，采用的是层次化的网络结构。与此同时，Intranet 和 Internet 发展迅速。在这样的背景下，就更要发展 FCS 和网络集成技术。

在现场总线国际标准制定的过程中，2000 年初共有 8 种现场总线同时成为 IEC 现场总线标准的子集，可见多种总线共存的局面在很长一段时期内仍是无法避免的。为了适应各种不同的现场总线协议，必须实现各种现场总线控制系统的集成。主要解决方案有两种：一种是以专用网关实现控制量的对应转换，另一种是进行协议上的修改，以尽可能地实现兼容。例如，由 ISP 和 World FIP 合并的基金会现场总线本身就是遵循现场总线间协议统一的产物。各个公司顺应这一情况，也相继推出能够让多种现场总线协同工作的控制系统。Smar 公司的 System 302 能够同时支持 FF、PROFIBUS 和 HART 等总线协议；法国 Alstom 公司的 Alspa 8000 系统由 Ethernet、World FIP 为主构成，并用一个网关与智能仪表相连。多种现场总线集成并协同完成复杂测控任务，是目前组成自动化系统的重要方式。对于不同协议的现场总线系统进行集成，总体上讲可以采用硬集成与软集成两大类：硬集成主要指采用相应的网关加以实现，软集成通常可以采用将对象链接与嵌入技术用于过程控制，即 OPC 解决方案。

10.1 控制网络集成

FCS 的基础是现场总线，它是现场通信网络与控制系统的集成，是用于过程自动化和制造自动化最底层的现场仪表或现场设备互连的通信网络。FCS 是利用现场总线技术逐步发展形成的，它的基础是传统的仪表控制系统和集散控制系统（DCS）。

目前工业中依然使用着大量的模拟仪表和 DCS，现场总线式数字仪表不可能完全取代模拟仪表，FCS 也不可能完全取代 DCS。根据现状，可以预测现场总线式数字仪表将逐步取代常规的模拟仪表，FCS 将逐步改造传统的 DCS 结构直至完全取代 DCS。在这段过渡期内，FCS 和 DCS 集成是技术更新的必由之路。

目前世界上有很多种现场总线，每种现场总线既然能存在，就必有其优势。现场总线的标准是多元化的，因此发展多种现场总线之间的集成技术是大势所趋。

从实用角度来看，现场总线控制系统集成要解决的两个重要问题是其如何与 DCS 无缝连接以及如何与 Intranet、Internet 等网络无缝连接。

10.1.1 FCS 和 DCS 的集成方法

DCS 已广泛地应用于生产过程自动化，现场总线和 FCS 的应用要借助于 DCS，这样既丰富了 DCS 的功能，又推动了现场总线和 FCS 的发展。FCS 和 DCS 的集成方法有三种：现场总线和 DCS 输入输出总线的集成、现场总线和 DCS 网络的集成以及 FCS 和 DCS 的集成。

1. 现场总线和 DCS 输入输出总线的集成

DCS 的控制站主要由控制单元（Control Unit，CU）和输入输出单元（Input Output Unit，IOU）组成，这两个单元之间通过 I/O 总线连接。控制单元的功能主要有：

1）通过 I/O 总线与输入输出单元通信，建立 I/O 数据库。

2）实现运算和控制功能，完成用户组态的控制策略。

3）与 DCS 网络（DCSNet）通信。

输入输出单元的 I/O 总线上挂接了各类 I/O 模板，其中常用的有模拟量输入、模拟量输出、数字量输入和数字量输出模板，通过这些模板与生产过程建立 I/O 信号联系。在 I/O 总线上挂接现场总线接口板和现场总线接口单元（Fieldbus Interface Unit，FIU），如图 10-1 所示。现场仪表或现场设备通过现场总线与 FIU 通信，FIU 再通过 I/O 总线与 DCS 的控制单元通信。这样便实现了现场总线和 DCS 输入输出总线的集成，即现场总线和 DCS 控制站的集成。例如，DeltaV 控制器就是采用此种集成技术，DeltaV 控制器的 I/O 总线上除了可插常规输入输出模板外，还可以插符合 FF 规范的低速 H1 现场总线接口板，从而将 H1 现场总线集成在 DeltaV 控制器中。H1 接口板有两个端口，每个端口可以接一条 H1 总线。

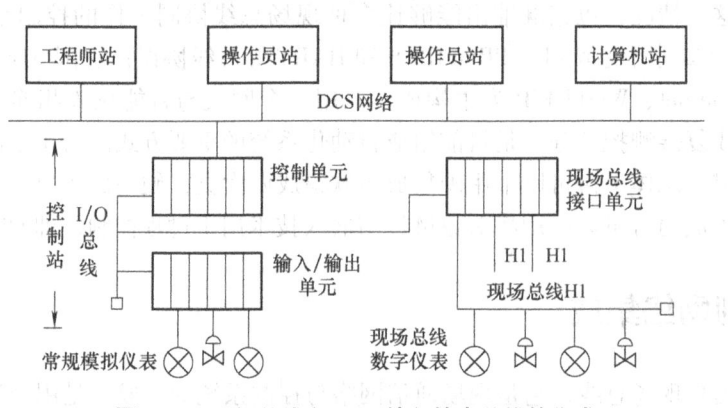

图 10-1　现场总线和 DCS 输入输出总线的集成

现场总线和 DCS 输入输出总线的集成具有以下三个特点：

1）除了安装现场总线接口板或现场总线接口单元外，不用再对 DCS 做其他变更。

2）充分利用 DCS 控制站的运算和控制功能块，因为初期开发的现场总线仪表中功能块的数量和种类是有限的。

3）利用已有 DCS 的技术和资源，投资少、见效快，便于现场总线的推广应用。

2. 现场总线和 DCS 网络的集成

一种最基本的初级集成技术是在 DCS 控制站的 I/O 总线上集成现场总线，还可以在 DCS 的更高一层集成，即在 DCS 网络上集成现场总线，如图 10-2 所示。

现场总线服务器（Fieldbus Server，FS）挂接在 DCS 网络上，并安装了现场总线接口卡和 DCS 网络接口卡，它是一台完整的计算机。

现场设备或现场仪表通过现场总线与其接口卡通信，现场仪表中的输入、输出、控制和运算等功能块可以在现场总线上独立构成控制回路，而不必借用 DCS 控制站的功能。

FS 通过其 DCS 网络接口卡与 DCS 网络通信，也可以把 FS 看作 DCSNet 上的一个节点或

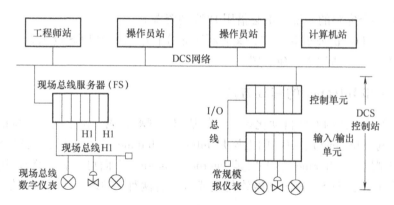

图 10-2　现场总线和 DCS 网络的集成

DCS 的一台设备，这样 FS 和 DCS 之间可以互相共享资源。FS 可以不配备操作员站或工程师站，而直接借用 DCS 的操作员站或工程师站。

现场总线和 DCS 网络的集成具有以下 4 个特点：

1）除了安装现场总线服务器外，不用再对 DCS 做其他变更。

2）在现场总线上可以构成独立控制回路，实现彻底的分散控制。

3）FS 中有一些高级功能块，可以与现场仪表中的基本功能块统一组态，构成复杂控制回路。

4）利用已有 DCS 的部分资源，投资少、见效快，便于现场总线的推广应用。

3. FCS 和 DCS 的集成

在上述两种集成方式中，现场总线借用 DCS 的部分资源，也就是说，现场总线不能自立。FCS 参照 DCS 的层次化体系结构组成一个独立的开放式系统，DCS 也是一个独立的开放式系统，如此，这两个系统之间可以集成。

FCS 和 DCS 的集成有两种方式：一种是 FCS 网络通过网关与 DCS 网络集成，在各自网络上直接交换信息，如图 10-3 所示；另一种是 FCS 和 DCS 分别挂接在 Intranet 上，通过 Intranet 间接交换信息。

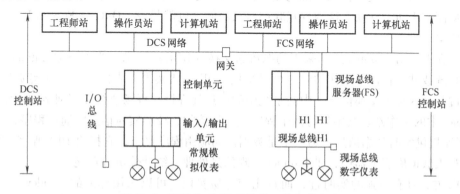

图 10-3　FCS 和 DCS 系统的一种集成方式

FCS 和 DCS 的集成具有以下 4 个特点：

1）独立安装 FCS，对 DCS 几乎不做变更，只需在 DCSNet 上接一台网关。

2）FCS 是一个完整的系统，不必借用 DCS 的资源。

3）既有利于 FCS 的发展和推广，又有利于充分利用现有的 DCS 资源。

4）系统投资大，适用于新建装置。

10.1.2 FCS 和 Intranet 的集成方法

FCS 是一种分布式的网络自动化系统，其基础是现场总线，位于网络结构的最底层，因而被称为底层网（Infranet）。FCS 的上层是 Intranet，Intranet 下面可以挂接多个 FCS 或 DCS 的底层网或控制网络。Intranet 的上层是 Internet，Internet 下面可以挂接多个 Intranet。用网络集成的概念来分析 FCS，FCS 和网络的集成方式有两种：FCS 和 Intranet 的集成以及 FCS 和 Internet 的集成。

1. FCS 和 Intranet 的集成

FCS 和 Intranet 的集成方法有以下 4 种：

（1）FCS 和 Intranet 之间通过网桥或网关等网间连接器互联　这种方式通过硬件来实现，即在底层网段与中间监控层之间加入中继器、网桥和路由器等专门的硬件设备，使控制网络作为信息网络的扩展与之紧密集成。硬件设备可以是一台专门的计算机，依靠其中运行的软件完成数据包的识别、解释和转换；对于多网段的应用，它还可以在不同网段之间存储转发数据包，起着网桥的作用。此外，硬件设备还可以是一块智能接口卡，艾默生公司过程管理的 DeltaV 控制器就是通过一块机柜中的 H1 接口卡，完成现场总线智能设备与以太网中监控计算机之间的数据通信的。

转换接口的集成方式功能较强，但是实时性较差。信息网络一般是采用 TCP/IP 的以太网，而 TCP/IP 没有考虑数据传输的实时性，当现场设备有大量信息上传或远程监控操作频繁时，转换接口都将成为实时通信的瓶颈。

（2）OPC 技术　对象连接嵌入（OLE）技术已广泛应用，OPC 是用于过程控制用对象连接与嵌入技术。OPC 采用客户/服务器（Client/Server）结构，其服务器对下层设备提供接口，使得现场控制层的各种过程信息能够进入 OPC 服务器，从而实现向下互联。另外，OPC 服务器还对上层设备提供标准的接口，使得上层 Intranet 设备能够取得 OPC 服务器中的数据，从而实现向上互联。这两种互联都是双向的，也就是说，OPC 是 FCS 和 Intranet 之间连接的桥梁。

（3）在 FCS 和 Intranet 之间采用动态数据交换（DDE）技术　当 FCS 和 Intranet 之间具有中间系统或共享存储器工作站时，可以采用 DDE 方式实现二者的集成，其实质是各应用程序通过共享内存来交换信息，中间系统中的信息处理机是现场总线控制网络的工作站，也是 Intranet 中的工作站。其中运行两个程序：一是接收、校验实时信息的通信程序，为 Intranet 数据库提供实时数据信息；另一个是数据访问应用程序接口，它接收 DDE 服务器实时数据，并写入数据库服务器中，供 Intranet 实现信息处理、统计分析等功能。

DDE 方式具有较强的实时性，而且比较容易实现，可以采用标准的 Windows 技术，但是 DDE 的速度不是很快，因此这种方式仅适合配置简单的小系统。

（4）FCS 和 Intranet 采用统一的协议标准　这种方式将成为现场总线控制网络和 Intranet 完成集成的最终解决方案。由于控制网络和信息网络采用了面向不同应用的协议标准，因此二者集成时总需要某种数据格式的转换机制，这将使系统复杂化，也不能确保数据的完整性。如果信息网络的协议标准是提高其实时性，而控制网络的协议标准是提高其传输速度，二者的兼容性就会提高。信息网络与控制网络合二为一，这样从底层设备到远程监控系统，都可以使用统一的协议标准，不仅确保了信息准确、快速、完整地传输，还可以极大地简化系统设计。这种最终解决方案的产物之一就是发展成熟后的工业以太网。目前，像 FF、PROFIBUS 和 LonWorks 等现场总线致力于使自己的通信协议尽量兼容 TCP/IP，因此可以方便地实现以太网和 Intranet 的集成，使控制网络和信息网络紧密地结合在一起，最终实现统一的网络结构。

2. FCS 和 Internet 的集成

网络已经把社会、企业和家庭连接在一起，Internet 也已经把世界联系得更加紧密。如果控制网络（FCS 或 DCS）中的实时控制信息和数据网络中管理决策信息结合起来，那将使网络功能得到充分发挥。

FCS 和 Internet 的集成可以有两种方式：一种是 FCS 通过 Intranet 间接和 Internet 集成；另一种是 FCS 直接和 Internet 集成。FCS 和网络的集成构成了远程监控系统，实现了 Infranet、Intranet 和 Internet 的互联。人们通过网络对远处生产过程进行监督和控制，对现场设备进行诊断和维护以及对生产企业进行管理和指挥。

3. FCS 和现场总线的集成

世界上有多种现场总线，仅国际电工委员会（IEC）通过的现场总线标准 IEC 61158 第四版就包含 20 种类型。另外还有其他国际和国家标准现场总线，如 CAN、LonWorks 和 WorldFIP 等。现场总线是 FCS 的基础，怎样把多种现场总线集成于 FCS，是 FCS 开发者研究的课题。

FCS 和现场总线的集成方式有两种：一种是通过网关给各个现场总线之间提供转换接口，另一种是给各个现场总线提供标准的 OPC 接口。前者开发工作量大，不具有通用性，而后者开发工作量小，具有通用性。

在现场总线协议尚未完全统一的情况下，可以利用网关对协议进行转换识别，但是这样做既加大了硬件投入，又增加了网络延迟，所以这种方法仅仅是过渡措施。现场总线协议的统一工作虽然艰难，有许多问题需要解决，但可以预测将来会采用统一标准，到那时不同制造商的总线模块产品能够完全兼容，现场总线无疑会进入一个更加迅猛发展的新阶段。

10.2　OPC 技术

10.2.1　OPC 技术基础

OPC 可实现控制系统现场设备级与过程管理级之间的信息交换，是实现控制系统开放性的重要方法，为多种现场总线之间的信息交换以及控制网络与信息网络之间的信息交互提供了较为方便的途径。

1. OPC 规范基础

（1）COM/DCOM 简介　随着计算机软件科学的发展，应用系统功能日趋复杂，程序愈加庞大，软件开发的难度也更大。为此，需要将应用程序划分为多个功能独立的模块，由各模块协同完成实际的任务。这些模块称为组件，它们可以进行单独设计、编译和调试，因此具有开放性、易升级和易维护等优点。

COM（Component Object Model）是一个由微软公司推出的开放的组件标准。COM 标准包括规范和实现两大部分，规范部分定义了组件之间通信的机制，这些规范不依赖任何特定的语言和操作系统，具有语言无关性；实现部分是 COM 库，COM 库为 COM 规范的具体实现提供了一些核心服务。由于 COM 以客户/服务器模型为基础，因此具有良好的稳定性和很强的扩展能力。

DCOM 提供了一种使 COM 组件加入网络环境的透明网络协议，实现了在分布式计算环境下不同进程之间的通信与协作，它是建立在 COM 之上的一种规范和服务。客户程序和 COM 组件程序进行交互的实体是 COM 对象，COM 对象类似 C++语言中对象的概念，它是某个类（Class）的一个实例，包括一组属性和方法。COM 对象提供的方法就是 COM 接口，它是一组逻辑相关函数的集合，客户程序必须通过 COM 接口才能获得 COM 对象的服务。

（2）OPC 对象与接口　OPC 规范描述了 OPC 服务器需要实现的 COM 对象及其接口，它定义了定制接口（Custom Interface）和自动化接口（Automation Interface）。每种不同的 OPC 规范又分为定制接口规范和自动化接口规范两部分，以方便开发者设计和实现 OPC 服务器程序或客户程序。OPC 客户程序通过接口与 OPC 服务器通信，间接地对现场数据进行存取。OPC 服务器必须实现如图 10-4 所示的定制接口，也可有选择地实现自动化接口。一般来说，自动化接口能为 Visual Basic（VB）等高级语言客户程序提供极大的便利，但数据传输效率较低，而定制接口则为用 C/C++语言编写的客户程序带来灵活高效的调用手段。在有些情况下，OPC 基金会提供了标准的自动化接口封装器，以方便自动化接口和定制接口之间的转换，使采用自动化接口的客户程序也可以访问只实现了定制接口的服务器。

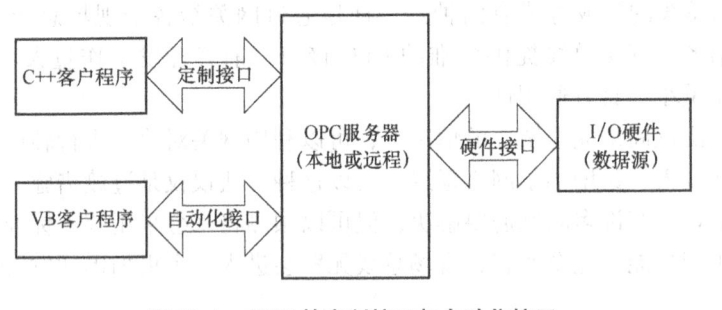

图 10-4　OPC 的定制接口与自动化接口

OPC 规范定义了 COM 接口，规定了服务器程序和客户程序通过接口交互的标准，但并未说明具体实现的方法，OPC 服务器供应商必须根据各自硬件特性实现这些接口的成员函数。不论定制接口还是自动化接口都可分为必选接口和可选接口，必选接口包括了客户程序与服务器进行交互的最基本功能，因此必须实现；可选接口则规定了一些额外的高级功能，可根据需要有选择地实现。客户程序应通过查询接口的方式来判断服务器程序是否实现了可选接口功能。

2. OPC 数据存取规范

OPC 数据存取规范是 OPC 基金会最初制定的一个工业标准，其重点是对现场设备的在线数据进行存取。该规范也分为定制接口规范和自动化接口规范两部分，两种接口完成的功能类似，下面主要介绍定制接口规范中的基本对象和接口功能。

OPC 数据存取服务器主要有三个对象：服务器对象、组对象和项对象。OPC 服务器对象维护有关服务器的信息，并作为 OPC 组对象的包容器，可动态地创建或释放组对象；OPC 组对象除了维护有关其自身的信息之外，还提供了包容 OPC 项的机制，逻辑上管理 OPC 项；OPC 项则表示了与 OPC 服务器中数据的连接。图 10-5 示意了这几个对象间的相互关系以及它们和 OPC 客户程序的关系。

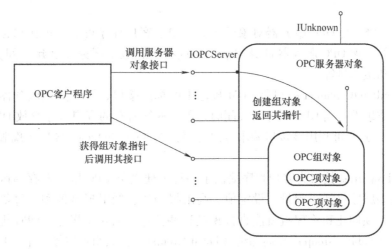

图 10-5　OPC 数据存取服务器中的对象及其与 OPC 客户程序的相互关系

　　从定制接口的角度来看，OPC 项并不是可以由 OPC 客户直接操作的对象，因此 OPC 项没有定义外部接口，所有对 OPC 项的操作都是通过包容该项的 OPC 组对象进行的。而 OPC 服务器对象和组对象是聚合关系，即 OPC 服务器对象创建 OPC 组后，将组对象的指针传递给客户，由客户直接操纵组对象。这样既提高了数据存取的速度，也易于功能扩展，体现了组件软件的重要性。

　　（1）OPC 服务器对象　OPC 服务器对象是 OPC 服务器程序暴露的主要对象，客户程序首先创建该对象再通过其接口完成所需功能。图 10-6 所示为标准 OPC 服务器对象及其定制接口。

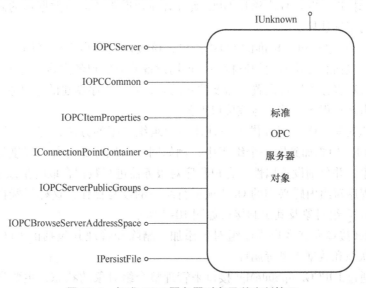

图 10-6　标准 OPC 服务器对象及其定制接口

IUnknown 接口是所有 COM 组件都必须实现的一个基本的标准接口，它为客户程序提供了 QueryInterface 的方法进行接口查询，并且应用计数的方法决定 COM 对象的生存周期。

IOPCCommon 接口是各类 OPC 服务器都使用的接口，通过该接口可为某个特定的客户/服务器对话设置和查询本地标识（LocalID）。这样，一个客户程序的操作将不会影响其他客户程序。

IOPCServer 接口是 OPC 服务器对象的主要接口。客户程序可通过该接口创建、查询和删除组对象，并了解 OPC 服务器自身的信息。这些信息包括服务器创建时间、运行状态、组对象的个数和版本号等。

IConnectionPointContainer 接口是 COM 规范中的标准接口，用于实现服务器程序向客户程序发送通知或事件。当 OPC 服务器关闭时，需要通知所有的客户程序释放 OPC 组对象和其中的 OPC 项，此时可利用该接口调用客户程序方的 IOPCShutdown 接口实现服务器的正常关闭。

IOPCItemProperties 接口为客户程序提供了一种方便浏览 OPC 服务器存储区中数据项属性的方法，这些属性包括工程量、设定值、高限报警值、低限报警值和注释等。通过该接口，OPC 客户无须创建和管理组就能直接得到这些信息，简化了操作。OPC 规范中组对象可分为公共组（Public Group）和局部组（Local Group），公共组可以被多个客户共享，而局部组只能被一个客户使用，因此可采用特定的 IOPCServerPublicGroups 可选接口来管理公共组。公共组可以由 OPC 服务器程序或客户程序创建，对客户程序而言，它总是先创建一个局部组，然后再转化为公共组。客户程序可通过该接口改变公共组对象的激活状态，设置其中 OPC 项的数据类型等，但这些操作并不影响已与公共组连接的其他客户程序。与局部组不同的是，客户程序不能添加或删除公共组内的 OPC 项。

IOPCBrowseServerAddressSpace 可选接口为 OPC 客户程序提供了浏览服务器中有效数据项的机制，这些数据项往往和现场设备相关联，代表某个现场信息。OPC 服务器总是先浏览这些数据项，然后将需要的数据项作为 OPC 项添加到 OPC 组对象中进行数据存取。如果没有实现该可选接口，客户程序添加 OPC 项时必须知道服务器中数据项的确切名称才能建立起与数据源的正确连接。

IPersistFile 可选接口也是标准的 COM 接口，该接口允许客户程序调入或存储服务器的设置，这些设置包括服务器通信的波特率、现场设备的地址和名称等。这样，当系统重新启动时，不需要再对服务器进行设置。需要注意的是，客户程序创建的组对象名称、项对象名称等信息应该由客户程序存储，与该接口无关。

（2）OPC 组对象　　OPC 组提供了一种让客户组织数据的方法，客户可以将逻辑相关的一组数据作为 OPC 项添加到同一个组当中，例如同一个反应器的各点温度等。客户程序可创建多个组对象，并分别设置属性。客户程序对服务器进行数据存取时是以组对象为单位进行的，即客户程序对组内感兴趣的 OPC 项进行统一的读写操作，这样无疑提高了数据通信的效率。标准 OPC 组对象及其定制接口如图 10-7 所示。

IOPCItemMgt 接口允许客户程序组对象添加、删除和管理其包括的 OPC 项，例如设置 OPC 项的激活状态和数据类型等属性。

客户程序通过 IOPCGroupStateMgt 接口来管理整个组对象的状态，主要设置组对象向客户程序提交数据变化的刷新速率、激活状态等。IOPCPublicGroupStateMgt 可选接口则允许客

图 10-7　标准 OPC 组对象及其定制接口

户程序将局部组转化为公共组。

　　OPC 客户程序对 OPC 服务器中数据的存取方式分为同步读写方式和异步通报方式。客户程序可按照一定的周期调用 IOPCSyncIO 接口对服务器程序进行数据同步存取操作，此时客户方的调用函数一直运行到所有数据读写完成。IOPCAsyncIO2 和 IOPCAsyncIO 是异步通报方式中使用的接口，其中前者是在 2.0 版本中新定义的，并与 IConnectionPointContainer 接口一起使用，具有更高的通信能力；后者则是和 IDataObject 接口结合使用的。在异步通报方式下，服务器程序定期刷新 OPC 项，并判断其数值或品质是否发生变化，如果有变化，则调用客户程序方的 IOPCDataCallback 接口，将变化后的数据发送给客户程序。异步通报方式中，允许服务器将读写操作排队，使客户方的调用函数可立刻返回，当服务器读写操作完成后，再通知客户程序。显然，异步通报方式的通信效率更高，但有多个客户程序与服务器相连时，同步读写方式更具时效性。对于每个组对象，客户程序可根据需要采用其中一种数据存取方式，而不能两者都使用。

　　（3）OPC 项对象　OPC 项对象表示与 OPC 服务器中数据的连接，包括值（Value）、品质（Quality）和时间戳（Time Stamp）三个基本属性。值的属性类型为 VARIANT，表示实际的数值，品质标识数值是否有效，时间戳则反映了从设备读取数据的时间或者服务器刷新其数据存储区的时间。

　　需要指出的是，OPC 项并不是实际的数据源，只是表示与数据源的连接。OPC 规范中定义了两种数据源：内存数据（Cache Data）源和设备数据（Device Data）源。

　　每个 OPC 服务器都有数据存储区，存放着值、品质、时间戳以及相关设备信息，这些数据称为内存数据，而现场设备中的数据则是设备数据。OPC 服务器总是按照一定的刷新频率通过相应驱动程序访问各个硬件设备，将现场数据送入数据存储区，这样对 OPC 客户而言，可以直接读写服务器存储区中的内存数据。这些数据是服务器最近一次从现场设备获得的数据，但并不能代表现场设备中的实时数据。为了得到最新的数据，OPC 客户可以将数据源指定为设备数据源，这样服务器将立刻访问现场设备，并将现场数据反馈给 OPC 客户。由于需要访问物理设备，所以 OPC 客户读取设备数据时速度较慢，往往用于某些特定的重要操作。

3. OPC 报警与事件规范

OPC 报警与事件规范（Alarms and Events Specification）提供一种由服务器程序将现场报警和事件通知客户程序的机制，使工控软件可以按照统一的标准处理现场的各种报警事件。过程控制中，报警和事件概念在不严格的场合下可以互换，二者意义上的区别并不明显。在 OPC 规范中，报警是一种需引起客户程序注意的非正常状态（Condition），这种状态可以用 OPC 报警与事件服务器对象或其包容的对象来表示，例如服务器内定义的标签 FC101（设备位号为 101 的流量控制）可以与水平报警和波动报警相关。对某个状态还可以定义它的子状态，例如水平报警可分为上线报警、上上线报警、正常、下线报警、下下线报警。事件则是一种可以检测到的变化情况，它可以和某种状态相关，也可以不相关，例如液位从正常变为上线报警就是一种与状态相关的事件，而操作员的操作、系统组态变化以及系统错误则是与设定状态不相关的事件，OPC 规范中用 OPCCondition 和 OPCEventNotification 分别表示状态和事件，并详细规定了它们的属性。报警与事件规范主要支持两种类型的服务器：一种是简单事件服务器，它可以检测报警事件并通知 OPC 客户程序；另一种是复杂事件服务器，它除了提供以上功能外，还可对报警和事件进行分类和过滤等高级操作。

OPC 事件服务器主要包括 OPC 事件服务器（OPCEventServer）对象、OPC 事件预定（OPCEventSubscription）对象以及 OPC 事件区域浏览（OPCEventAreaBrowser）对象，三者的关系如图 10-8 所示。

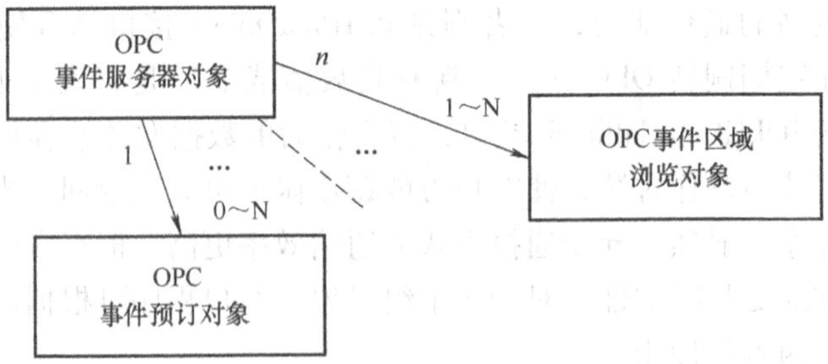

图 10-8　OPC 报警事件服务器中对象的相互关系

OPC 事件服务器对象是服务器程序暴露的主要对象。OPC 客户可以通过该对象的 IOPCEventServer 接口查询服务器提供的事件类别和参数，对状态进行管理。任何支持 IOPCEventServer 接口的 COM 对象都可作为 OPC 事件服务器，因此可以通过在 OPC 数据存取服务器中增加 OPC 事件服务器对象来发挥双重作用，当客户程序指定某个需要得到通知的特定事件时，它通过 OPC 事件服务器对象创建事件预定对象。

一个客户可以指定多个事件，因此可以创建多个对象。事件预定对象允许客户程序设置

OPC 通知事件的各种属性，例如过滤条件。当客户程序指定事件发生时，该对象通过其 IConnectionPiontContainer 接口建立起与客户方的连接，并调用客户方的 IOPCEventSink 接口，将事件通知客户。

OPC 事件区域浏览对象是一个可选对象，也是由 OPC 事件服务器对象创建，它主要为客户程序提供一种浏览服务器中生产过程区域的方法。在实际生产过程中，往往将现场设备有组织地分为不同区域，由不同的操作者负责相关操作。这样，当不同客户需要得到事件通知时，它首先可以浏览服务器中设定的生产过程区域，然后再设置相应的过滤属性，将不属于自己职权范围内的事件过滤掉。某些简单事件服务器程序有可能不能实现该可选对象，也不提供相应的功能。

4. OPC 历史数据存取规范

OPC 历史数据存取规范（Historical Data Access Specification）提供一种通用的历史数据引擎，可以向感兴趣的用户和客户程序提供额外的数据信息。目前大多数历史数据系统采用专用接口分发数据，这样无法在即插即用的环境中增加或使用已有的历史数据解决方案，限制了其应用的范围和功能。OPC 历史数据存取规范将历史信息看成某种类型的数据，用统一的标准把不同应用层次的数据集成起来。

根据支持接口功能的不同，历史数据服务器可分为多种，目前 OPC 规范主要支持简单趋势数据服务器和复合数据压缩与分析服务器两种。前一种历史数据服务器只提供简单的原始数据存储功能，比较典型的是将 OPC 数据存取服务器提供的数据以时间、数值、品质多元组的形式存储。后一种服务器既可以存储原始数据，也可以进行数据压缩，同时还提供数据汇总和数据分析功能，例如计算平均值、最大值和最小值等。它还支持数据刷新和历史记录更新，此外，在保存实际历史数据的同时还可以保存相应的注释信息。

OPC 对象和接口：由于历史数据和实时数据不同，历史数据存取规范只定义了历史服务器对象（OPCHDA Server Object）和历史浏览器对象（OPCHDA Brower Object）。图 10-9 示意了这两个对象及其定制接口，该规范同时还定义了与客户程序方相应的回调函数接口。

237

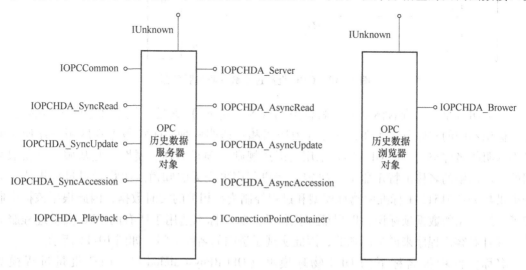

图 10-9 OPC 历史数据服务器对象、历史数据浏览器对象及其定制接口

历史数据服务器对象提供了同步和异步存取历史数据的方法，客户程序可以调用相应的接口对历史数据库进行数据的查询、修改、插入、替换和删除等操作，具体的历史数据类型以及这些操作的内部实现过程则完全由服务器供应商决定。

历史数据浏览器对象为客户程序提供了浏览历史数据地址空间的方法，它通过历史数据服务器对象的 IOPCHDA_Server 接口创建。历史服务器中数据的地址空间可分为层次型和扁平型，可以方便客户程序快速地找到需要进行操作的历史数据。可应用于大型的历史数据库是该对象特别重要的一个作用。

5. OPC 批量过程规范

OPC 批量过程规范（OPC Batch Specification）是基于 OPC 数据存取规范和 IEC 61512-1 国际批量控制规范标准（对应的美国标准为 ISA-88）制定的，它提供了一种存取实时批量数据和设备信息的方法。该规范的目的不是为批量过程控制提供某种解决方案，而是使异构计算环境下不同的生产控制方案能有效地协同工作。如图 10-10 所示，一个批量过程服务器可以从其他 OPC 数据存取服务器或专用的批量过程控制软件获得数据，然后提供给客户软件。

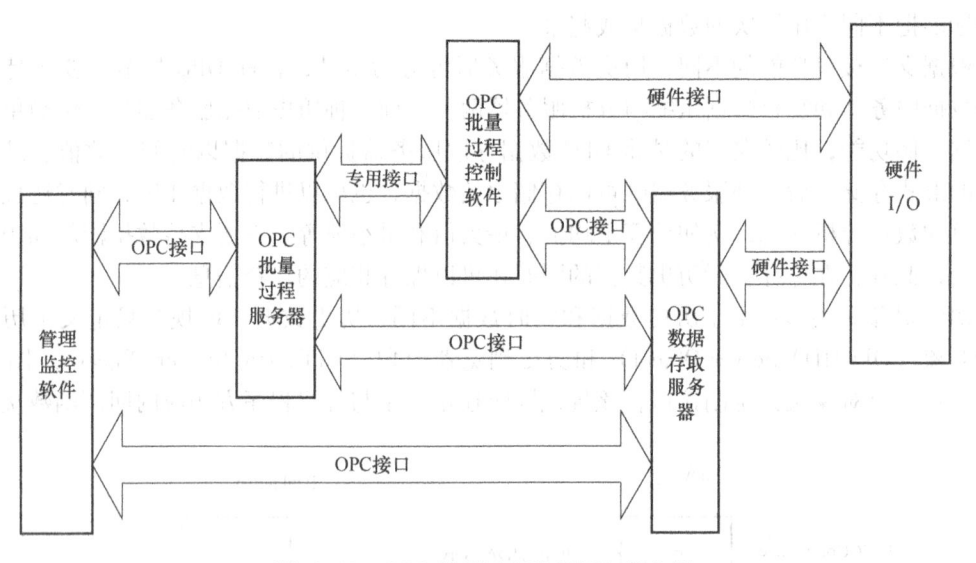

图 10-10　OPC 批量过程数据源与服务器

（1）OPC 批量过程名称空间　名称空间（Namespace）就是一组定义好的名称的集合，用于标识不同的实体及其属性，它可分为透明和不透明两种。OPC 数据存取服务器使用的是不透明的名称空间，即 OPC 客户采用的语法规则（项目名称、属性）是从服务器获取数据的，数据项的名称由特定服务器决定，客户程序事先无法知道。OPC 批量过程规范致力于提供与 IEC 61512-1 标准中物理模型和过程控制模型相关的实时数据，因此根据该标准制定了一组通用的数据项标识，以保证互操作性。这些标识适用于所有的 OPC 批量过程服务器，并且对客户程序来说是已知的，因此实现了透明的名称空间，如图 10-11 所示。

名称空间中根名称下的 OPC 物理模型（OPCBPhysicalModel）、OPC 批量过程模型（OPCBBatchModel）和 OPC 批量标识列表（OPCBBatchIDList）是所有 OPC 批量过程服务器必须支持的标识名。客户程序再通过查找这些标识名下的子项来获得站点、生产单元、设备

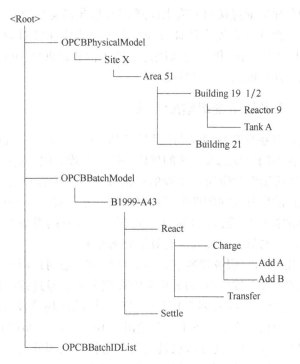

图 10-11　OPC 批量过程服务器名称空间

模型和控制模型等信息。

（2）OPC 对象与接口　　OPC 批量过程服务器是在数据存取服务器对象上增加 IOPCBatch-Server、IEnumOPCBatchSummary 和 IOPCEnumerationSets 接口扩展而来的，因此必须实现数据存取服务器对象中所有的必选接口。客户程序可以通过新增的接口了解批量生产过程的进行、等待、完成情况及相关现场信息。由于服务器采用了只读的名称空间，所以客户程序中不能任意地为 OPC 数据项命名，必须遵循国际标准。

6. OPC 安全性规范

OPC 服务器为应用提供了重要的现场数据，如果这些参数被误修改将会产生无法预料的后果，因此需要防止未授权的操作。OPC 安全性规范（Security Specification）就提供了这样一种专门的机制来保护这些敏感数据。

安全性规范采用与 Windows NT 安全模型兼容的安全性参考模型，该模型包括访问主体、访问标识、安全对象、参考监视器、访问通道和安全控制列表等部分。OPC 服务器中数据的安全机制是通过在 OPC 服务器对象上增加 IOPCSecurityNT 和 IOPCSecurityPrivate 可选接口来实现的。

IOPCSecurityNT 接口采用 Windows NT 安全认证进行访问控制，即客户使用 Windows NT 的访问标识（Access Token）获得对 OPC 对象的访问权限，并由操作系统进行验证；IOPC-SecurityPrivate 接口则采用专用的安全认证，客户需要获得由 OPC 服务器指定的访问标识才能对 OPC 对象进行访问，验证过程也是由 OPC 服务器对象作为参考监视器实现的。这两个接口实现了不同层次的安全性，任何需要安全认证的 OPC 服务器应至少实现一个接口，但若要允许没有 Windows NT 访问标识的客户进行访问，则两个接口都必须实现。和其他可选接口一样，OPC 客户程序应通过接口查询来检测 OPC 服务器实现的安全功能。

OPC 安全性规范重点在客户安全认证方面，但没有规定哪些对象需要设置安全性，而是将这些问题留给 OPC 服务器的供应商来决定。该规范和以前的 OPC 应用程序保持兼容，允许有多个安全级别，并且增加了安全性能。

10.2.2　基于 OPC 技术的系统级集成方法

OPC 技术是实现控制系统现场设备与过程管理信息进行交互，实现控制系统开放性的关键技术，同时它也为不同现场总线系统的集成提供了有效的软件实现手段。

OPC 以 OLE/COM 机制作为应用程序级的通信标准，采用客户/服务器（Client/Server）模式，把开发访问接口的任务放在硬件生产厂家或第三方厂家，以 Server 的形式提供给 Client，并规定了一系列的接口标准，由 Client 负责创建 Server 的对象及访问 Server 支持的接口，从而把硬件生产厂商与软件开发人员有效地分离开来。

OPC 客户可以与几个 OPC 服务器通信，多个 OPC 客户也可以同时与一个 OPC 服务器交互。因此，针对不同的现场总线的开发应用的 OPC 服务器，通过连接这些针对不同现场总线的 OPC 服务器，应用软件（OPC 客户）就可以从不同的现场总线系统读取数据，实现不同现场总线系统之间的通信和交互。图 10-12 给出了 DeviceNet、PROFIBUS 现场总线系统采用 OPC 技术集成的结构示意图。这种做法具有简单易行、工程开发量小的优点。但是它也存在明显的缺点：总线系统中节点间的通信比较慢，而且必须由应用软件来管理；另外，应用软件必须连接多个不同的服务器；更为严重的是，它的实时性差，功能的实现依赖于上位机，未能体现现场总线控制功能分散的优点。

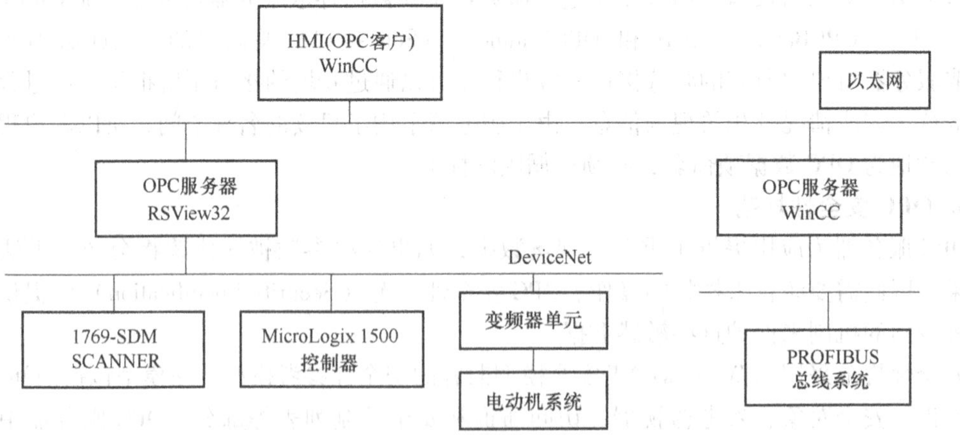

图 10-12　DeviceNet、PROFIBUS 现场总线系统采用 OPC 技术集成的结构

10.3　OPC 应用示例

1. 不同控制网段之间的数据交换

现场总线技术发展至今仍然是多种总线共存的局面，这使系统集成和异种控制网段之间的数据交换面临许多困难。采用网关等硬件接口卡实现异种总线段之间的物理连接被称为硬

件解决方案。这需要开发不同总线之间的接口网关，而且只要其中任意一种总线协议升级，连接该总线和其他几种总线的多种网关就要相应地升级。

借助 OPC 技术可以形成软件解决方案，如图 10-13 所示。如果每种总线段都提供各自的 OPC 服务器，那么任何 OPC 客户端软件都可以通过一致的 OPC 接口访问这些 OPC 服务器，从而获取各个总线段的数据。所有总线段的信息都可以集中到一个客户端软件，并由这个客户端软件充当信息的集散地。例如，可以通过 OPC 服务器 1 从 FF 总线段读取到数据 a，然后再将数据 a 通过 OPC 服务器 2 写到 PROFIBUS 总线段。通过这种方法可以实现异种总线段之间的信息交互。此外，如果其中某种总线作了升级，只需要相应地升级负责访问该总线段的 OPC 服务器，其他 OPC 服务器不需要做任何改动。

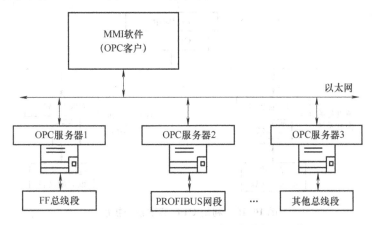

图 10-13　利用 OPC 实现异种网段的数据交换

2. 利用 OPC 连接 FCS、DCS 与 PLC

OPC 除了能连接异种控制网段之外，还可以连接不同类型的控制系统与设备。图 10-14 描述了自动化系统中利用 OPC 的客户服务器体系结构，为来自不同供应商的设备、系统提供即插即用的功能。

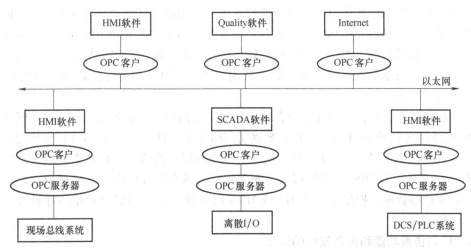

图 10-14　利用 OPC 连接不同类型的控制系统和设备

图中通过 OPC 连接了传统的离散 I/O 系统、广泛应用的 DCS 和 PLC 系统以及现场总线控制系统 FCS。底层设备信息通过 OPC 服务器进入上一层的人机界面（HMI）和 SCADA。这些系统与最上层的质量控制软件、生产管理软件和 Internet 应用软件再通过 OPC 接口互换信息，从而使信息能够在各个系统之间充分流动。

3. 利用 OPC 增强系统的可扩展性

如果系统具备 OPC 的应用条件，则当现有系统需要添加新设备时，只需将新设备接入系统，安装用于访问该设备的 OPC 服务器，扩展后的系统便可正常工作。新设备的添加并不影响系统其他部分的运行和使用。图 10-15 表明了利用 OPC 实现系统扩展的简单示例，可以看到，采用 OPC 技术可以增强系统的可扩展性，使系统的扩展更为简单。

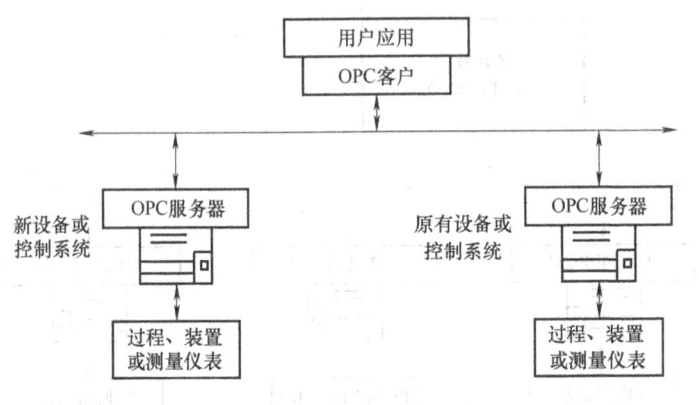

图 10-15　利用 OPC 实现系统扩展

同样，也可以利用 OPC 在原有控制系统的基础上增加一个新的控制系统。这两个控制系统可以是同种类型，也可以是不同类型，它们通过 OPC 连接成一个更大的控制系统。扩展后的控制系统内部各个子系统之间可以采用 OPC 互相传递数据，实现无缝的信息集成。

4. 利用 OPC 访问监控软件的专有数据库

在实际应用中，许多监控软件都采用专有的实时数据库或历史数据库。对这类数据库的访问不像访问通用数据库那么容易，只能通过调用 API 函数或其他一些特殊方式。不同数据库的 API 函数是不一样的，包括它的函数名、需要传递的参数类型和个数等。这就带来和硬件驱动器开发类似的问题：要访问不同监控软件的专有数据库，需要编写不同的代码，而且还要分别了解各个数据库提供的 API 函数的调用方法，这显然是十分烦琐的。采用 OPC 能有效地避免这些问题。

如果监控软件专有数据库的开发商在提供数据库的同时，也能提供一个可以访问该数据库的 OPC 服务器（见图 10-16），通常是数据访问服务器（Data Access，DA）或历史数据访问服务器（History Data Access，HAD），那么当有用户要访问这个工厂数据库时，只需要按照 OPC 规范的要求编写 OPC 客户端程序，而无须了解该专有数据库特定的接口要求。更重要的是，只要这些数据库提供了 OPC DA 或 HDA 服务器，这个 OPC 客户端程序就能够用来访问不同的数据库。

5. OPC 与仿真功能和控制软件的连接

当没有连接实际的现场设备时，OPC 服务器可以提供仿真功能。它可以仿真简单的信号发生器，通过仿真获得某个设备或过程的运行数据，这时候 OPC 服务器不再从外部设备

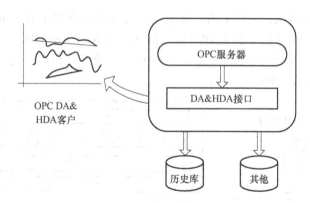

图 10-16　利用 OPC 访问专有数据库

和应用（例如数据库）读写数据，而是直接与服务器内部用于实现仿真功能的仿真函数进行数据交互。当 OPC 客户请求"写"数据时，OPC 服务器就通过参数传递的方式将数据"写"到仿真函数；当 OPC 客户请求"读"过程变量时，OPC 服务器则从仿真函数处得到被控量的当前仿真值，并回传给客户。所有这些都可以通过 OPC 服务器的编程实现。无论是用于仿真还是用于连接真正的设备，OPC 客户与 OPC 服务器的交互方式都是一致的。

如图 10-17 所示，当 OPC 用于连接各种控制算法软件时，控制算法软件作为 OPC 客户，从 OPC 服务器获得需要的数值，经过控制算法运算后，再将控制输出传递给 OPC 服务器。将 OPC 用于先进控制也是为了解决不同的控制软件与不同的仪表、装置和其应用软件之间的数据交换问题，同样可避免接口的重复开发，使数据的交互更为畅通。

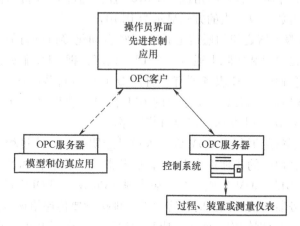

图 10-17　OPC 与仿真和控制软件的连接

6. 互联网上的 OPC

前面已经介绍过，OPC 的服务器和客户可以跨网络分布在不同的计算机内，即利用 OPC 可以实现跨网络的数据交换。OPC 提供两种在 Internet 和 Intranet 上交换数据的方案：OPC-DCOM 和 OPC-XML。OPC-DCOM 大都用在局域网内部，而 OPC-XML 可以完成跨越防火墙的数据交互。下面简要介绍采用 OPC-DCOM 和 OPC-XML 在互联网上进行信息交互的解决方案。

（1）OPC-DCOM 方案　图 10-18 是采用 OPC-DCOM 实现在互联网上进行信息交互的一

243

个实例。如图 10 - 18 所示，网络上的一台笔记本式计算机要利用 IE（Internet Explorer）实时地从 A 公司的 OPC 服务器（称为 OPC 服务器 A）和 B 公司的 OPC 服务器（称为 OPC 服务器 B）中读取数据。假设 OPC 服务器 A 和 OPC 服务器 B 运行在不同的计算机上，并且这些计算机的操作系统都是 Windows NT。

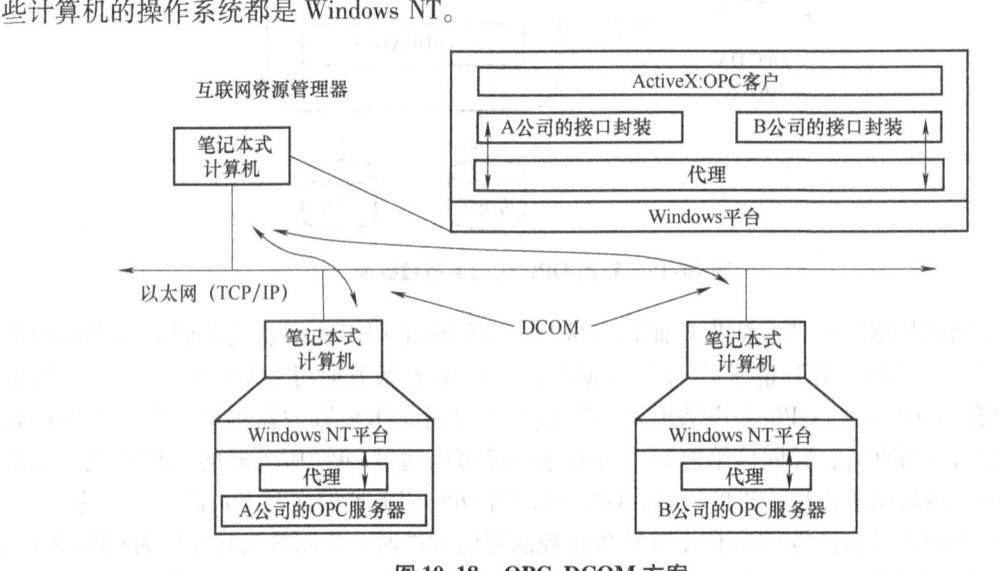

图 10-18　OPC-DCOM 方案

以下简要分析一下这个系统的数据传递情况。在客户端计算机的 IE 浏览器中运行着一个 ActiveX 控件，它充当 OPC 客户的角色。ActiveX 控件通过 OPC 自动化接口从 OPC 服务器获得数据，然后将所得数据以适当的方式显示给 IE 用户。

由于 OPC 客户和服务器之间的通信是通过 OPC 自动化接口进行的，所以需要经过自动化接口封装。自动化接口封装实际上通过一个 DLL 程序，把 OPC 服务器的自定义接口封装成自动化接口，不同公司的 OPC 服务器有各自的 DLL 接口封装程序。当 ActiveX 控件要访问 A 公司的 OPC 服务器时，就载入 A 公司的 DLL 接口封装程序；当要访问的是 B 公司的 OPC 服务器时，则载入 B 公司的 DLL 接口封装程序。

OPC 客户与服务器端的通信对 COM 编程人员是透明的，具体过程由客户和服务器端的代理来完成。其中，客户端的代理称为 Proxy，服务器端的代理称为 Stub。代理实际上也是一个 DLL 程序，它由 OLE/COM 生成。客户端代理（Proxy）和 OPC 客户程序位于同一个进程内。当客户调用服务器的接口函数时，客户端代理接管要传递给该函数的所有参数，并将这些参数打包成 32 位的数据结构，然后生成某种远程处理调用 RPC，并发送到 OPC 服务器所在的机器（或进程）中。在 OPC 服务器端也有一个代理（Stub），这个代理和服务器属于同一个进程，它保存着指向服务器对象的真实指针。当 Stub 接收到 Proxy 发送过来的 RPC 请求后，首先将打包后的数据结构解包，然后将解包后得到的函数调用参数压入堆栈，最后调用服务器对象中的接口函数。等到函数执行完毕返回后，Stub 又将函数返回值和输出参数打包发送给 Proxy，Proxy 再将信息解包，然后回传给 OPC 客户。这个打包、解包和传递的过程对 OPC 服务器和客户来说都是透明的，它们可以像调用同一进程内的对象那样调用本地（在同一台计算机，但是不同进程内）和远程（在不同计算机内）对象，具体的实现过程由 COM/DCOM 负责完成。通常当 OPC 客户和服务器位于同一计算机内时，采用 COM 已经可以完成通信，但本例中客户和服务器应用位于网络上的不同计算机内，因此需要借助 DCOM 技术。

Web 浏览器中的 ActiveX 控件通过自动化接口封装和 COM/DCOM 提供的代理机制就可以访问到 A 公司或 B 公司的 OPC 服务器，然后将获得的信息在浏览器上以网页的形式显示给客户。

OPC-DCOM 也存在一些不足。首先是并非所有的操作系统都支持 COM/DCOM，例如 UNIX 等非 Windows 平台就不支持 COM，因此，运行在不支持 COM/DCOM 操作系统中的应用就无法通过 OPC-DCOM 来访问 OPC 服务器。如果图 10-18 所示系统中浏览器是安装在 UNIX 操作系统下，它就无法访问 A 公司或 B 公司的 OPC 服务器，因而也就无法显示它们的信息。

另外，DCOM 在分布式组件对象之间进行通信时所用的传输方式是 RPC，而目前 Internet 上应用最广泛的传输协议是超文本传输协议（Hypertext Transfer Protocol，HTTP）。HTTP 在设计时没有考虑到 RPC，因此调用 RPC 在 Internet 上不易被接收。此外将 RPC 用在 Internet 上还会遇到安全性问题，因为防火墙和代理服务器通常都会拒绝 RPC 类型的通信，所以如果在图 10-18 所示系统的 OPC 服务器端设置防火墙，OPC-DCOM 方案就无法实现数据的正常通信。通常，企业为了防止企业网外部的用户攻击内部系统或窃取机密数据，都会在企业内部的 Internet 和外部的 Internet 之间设置防火墙。因此，OPC-DCOM 方案在应用中受到限制。

为了解决上述两个问题，OPC 基金会成立了 OPC-XML 工作组，将 XML 技术用于 OPC，使得 OPC 技术应用到更广泛的领域，并且发挥出更大的作用。

（2）OPC-XML 方案　如果为基于 COM/DCOM 的 OPC 服务器和客户加上 XML 特性，使它们之间的通信不再采用常规的 COM/DCOM 方案，就可以有效地解决 OPC 技术在 Internet 上应用时所碰到的安全性等问题。图 10-19 所示为 OPC-XML 方案示意图。

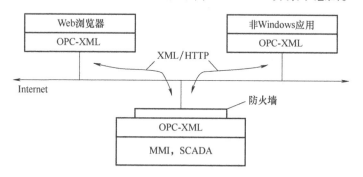

图 10-19　OPC-XML 方案示意图

在 OPC-XML 方案中，客户和服务器之间的通信不通过 RPC，而是采用 HTTP（或 Internet 上的其他传输协议）来传递 XML 文件。XML 文件中包含了诸如调用的接口函数名、传递的参数类型和数值、函数调用的返回值等信息。

XML 和 HTML 一样都是与平台无关的标记语言。就像任何操作系统都能支持 HTML 文件一样，所有操作系统都可以浏览 XML 文件。这就使 OPC 技术可以扩展到所有操作系统上，而不仅仅限于 Windows 系统。尽管 UNIX 系统并不支持 COM/DCOM，但 UNIX 操作系统

245

下的 Web 浏览器仍然可以通过 XML 文件和 OPC 服务器交换信息，从而使 OPC 服务器的数据能够进入非 Windows 系统。

此外，XML/HTTP 的传输文件一般不会被防火墙过滤掉，因此，防火墙之外的 OPC 客户端也能够通过 XML/HTTP 访问位于防火墙之内的 OPC 服务器。从安全性的角度考虑，大多数情况下的 OPC 服务器都位于防火墙之内，因此采用 OPC-XML 方案在应用中更具有普适性。

第 10 章习题

10-1　FCS 和 DCS 的集成方法有哪些？比较各集成方法的特点。

10-2　FCS 和 Intranet 的集成方法有哪几种？简述各方法的优缺点。

10-3　OPC 数据存取服务器主要有几个对象？试详细描述各对象。

10-4　OPC 的应用主要有哪些？试举例说明。

10-5　比较 OPC-DCOM 和 OPC-XML 两种数据交换方式的优缺点。

参 考 文 献

［1］ 阳宪惠. 工业数据通信与控制网络［M］. 北京：清华大学出版社，2003.

［2］ 汪晋宽，马淑华，吴雨川. 工业网络技术［M］. 北京：北京邮电大学出版社，2007.

［3］ 王永华，AVerwer. 现场总线技术及应用教程——从 PROFIBUS 到 AS-i［M］. 北京：机械工业出版社，2007.

［4］ 饶运涛，邹继军，王进宏，等. 现场总线 CAN 原理与应用技术［M］. 2 版. 北京：北京航空航天大学出版社，2007.

［5］ 甘永梅，刘晓娟，晁武杰，等. 现场总线技术及其应用［M］. 北京：机械工业出版社，2008.

［6］ 钟耀球，张卫华. FF 总线控制系统设计与应用［M］. 北京：中国电力出版社，2010.

［7］ 王俊杰，王序，等. AS-i 现场总线原理和系统［M］. 北京：机械工业出版社，2012.

［8］ 郭琼，姚晓宁. 现场总线技术及其应用［M］. 2 版. 北京：机械工业出版社，2014.

［9］ 肖军. DCS 及现场总线技术［M］. 北京：清华大学出版社，2011.

［10］ 赵新秋. 工业控制网络技术［M］. 北京：中国电力出版社，2009.

［11］ 李正军. 现场总线与工业以太网及其应用技术［M］. 北京：机械工业出版社，2011.

［12］ 刘泽祥，李媛. 现场总线技术［M］. 2 版. 北京：机械工业出版社，2011.

［13］ 陈在平，岳有军. 工业控制网络与现场总线技术［M］. 北京：机械工业出版社，2006.

［14］ 张云贵，王丽娜，张声勇，等. LonWorks 总线系统设计与应用［M］. 北京：中国电力出版社，2010.